万水 ANSYS 技术丛书

ANSYS AQWA 软件入门与提高

主 编 高 巍

副主编 董 璐 黄 晶

中国水利水电出版社
www.waterpub.com.cn

·北京·

内 容 提 要

本书着眼于 ANSYS AQWA 软件实际操作，在基本理论介绍基础上对使用 AQWA 软件进行浮体分析进行了介绍并辅以工程实例，力图以一种全新的方式将海洋工程浮体分析工程实际与工程软件使用结合起来并呈现给读者。

本书共分 6 章，主要内容包括：主流分析软件介绍、海洋工程浮体分体理论基础、经典 AQWA 的建模、使用经典 AQWA 进行浮体分析、AQWA 与 Workbench、分析实例。

本书面向的目标读者为从事海洋工程浮体分析工作，以及使用 AQWA 软件的学生和工程技术人员。

本书配有资源文件，读者可以到中国水利水电出版社网站和万水书苑上免费下载，网址为 http://www.waterpub.com.cn/softdown/和 http://www.wsbookshow.com。

图书在版编目（ＣＩＰ）数据

ANSYS AQWA 软件入门与提高 / 高巍主编. -- 北京：中国水利水电出版社，2018.1（2021.3 重印）
（万水ANSYS技术丛书）
ISBN 978-7-5170-6106-9

Ⅰ. ①A… Ⅱ. ①高… Ⅲ. ①有限元分析－应用软件
Ⅳ. ①O241.82-39

中国版本图书馆CIP数据核字(2017)第304616号

责任编辑：杨元泓　　加工编辑：孙 丹　　封面设计：李 佳

书　　名	万水 ANSYS 技术丛书 ANSYS AQWA 软件入门与提高 ANSYS AQWA RUANJIAN RUMEN YU TIGAO
作　　者	主编 高巍 副主编 董璐 黄晶
出版发行	中国水利水电出版社 （北京市海淀区玉渊潭南路 1 号 D 座　100038） 网址：www.waterpub.com.cn E-mail：mchannel@263.net（万水） 　　　　sales@waterpub.com.cn 电话：（010）68367658（营销中心）、82562819（万水）
经　　售	全国各地新华书店和相关出版物销售网点
排　　版	北京万水电子信息有限公司
印　　刷	三河市鑫金马印装有限公司
规　　格	184mm×260mm　16 开本　21.5 印张　525 千字
版　　次	2018 年 1 月第 1 版　2021 年 3 月第 2 次印刷
印　　数	3001—4500 册
定　　价	75.00 元

前　　言

本书着眼于软件实际操作，在浅显易懂的理论介绍基础上对使用海洋工程浮体分析软件 AQWA 进行浮体分析进行了详细介绍并辅以工程实例，力图以一种全新的方式将海洋工程浮体分析工程实际与工程软件使用结合起来并呈现给大家。

本书分为六章，主要内容包括：

第 1 章：主流分析软件介绍。本章介绍了主要几种主流的海洋工程浮体分析软件的情况，比较了这几种软件的特点，着重介绍了 AQWA 软件的发展历史、主要功能以及运行界面等情况；

第 2 章：海洋工程浮体分析理论基础。本章结合工程实际简要介绍了海洋工程环境条件、流体动力学、耐波性与系泊定位分析理论并穿插介绍部分常用规范；

第 3 章：经典 AQWA 的建模。本章介绍了基于经典 AQWA 进行船体水动力模型建模与混合水动力模型建模的方法、主要流程以及部分建模技巧；

第 4 章：使用经典 AQWA 进行浮体分析。对经典 AQWA 的运行模式、命令卡片的含义等进行了解释，并以一个实例说明使用经典 AQWA 进行浮体分析的主要流程与数据处理方法；

第 5 章：AQWA 与 Workbench。对基于 Workbench 进行 AQWA 水动力分析的运行模式和方法进行了介绍，并以一个实例说明使用 Workbench 界面进行浮体分析的主要流程与数据处理方法；

第 6 章：分析实例。以四个较为完整的实例对使用 AQWA 进行多体水动力分析、混合模型水动力计算分析、靠泊分析、单点 FPSO 系泊分析的主要流程与方法进行了介绍。

希望通过本书，能够使初步接触海洋工程浮体分析以及初次接触 AQWA 软件的朋友们能够建立起浮体分析的基本概念与分析思路，快速地掌握软件操作以及分析浮体问题的方法。

本书在编写过程中参阅了大量同行专家的著作与科研成果，在此向他们表示感谢。

限于编者水平，本书难免出现错误与不当之处，恳请读者提出宝贵意见，不吝赐教。

编　者
2017 年 7 月

目　　录

1

主流分析软件介绍

1.1 AQWA 软件简介

1.1.1 发展历史

20 世纪 60 年代，西欧北海海域发现了储量丰富的海洋油气资源，随着 1973 年第二次石油危机的到来，欧洲国家能源自主的呼声日益高涨，推进了北海油气资源的开发进程，更进一步地推动了海洋工程技术发展。为了应对日益增长的海洋工程业务需求，英国的 WS Atkins（阿特金斯集团）在 1975 年开发了 AQWA（Advanced Quantitative Wave Analysis）软件。AQWA 软件主要解决北海油气开发，乃至范围更广的世界范围内海洋油气开发中浮式结构物设计分析问题，包括耐波性、安装作业、海上定位等多个方面。

20 世纪 80 年代，WS Atkins 将逐渐发展成熟的 AQWA 软件推向市场，这也使得 AQWA 成为海洋工程领域第一款商业化的浮体分析软件。AQWA 软件在发展过程中功能不断丰富，历经了许多项目的考验，深受业界认可。2001 年 AQWA 软件的运营权转交给 Century Dynamics Ltd.。2005 年 ANSYS 集团收购 Century Dynamic，2008 年发布的 AQWA V5.7d 是 Century Dynamic 独立开发的最后一个 AQWA 版本。2009 年，ANSYS 推出的 ANSYS 12.0 首次将 AQWA 作为其重要的计算模块之一重新推向市场。在被 ANSYS 收购以后，AQWA 随着版本不断更新，其与 ANSYS Workbench 系统的整合程度不断提高，界面、计算功能、计算效率都有了较大提升。

当前，AQWA 软件已经成为大学、研究机构、海洋工程设计公司的重要浮体分析工具之一，随着软件开发力度和推广力度的不断增强，AQWA 在海洋工程浮体分析软件领域将扮演更加重要的角色，将更专业、更广泛地服务于海洋工程行业。

1.1.2 软件理论基础与主要功能

AQWA 软件主要解决浮体在环境载荷作用下的运动响应、系泊定位、海上安装作业、船舶航行以及波浪载荷传递等方面的问题，其理论基础主要有：

- 船舶静力学：解决浮体静水/非静水状态下的水刚度问题；
- 刚体动力学：解决浮体在环境载荷影响下的运动响应问题；
- 三维势流辐射—绕射理论：求解相对于波浪不可忽略的浮体结构所受波浪载荷，解法为低阶面源法；
- Morrison 方程：解决小直径波长比状态下杆件在波浪中的受力问题；
- 缆索动力学：解决浮体系泊状态下缆绳动力响应问题。

AQWA 功能强大，几乎能够解决海洋工程浮体分析领域的所有问题，其能够实现的计算功能如图 1.1 所示。

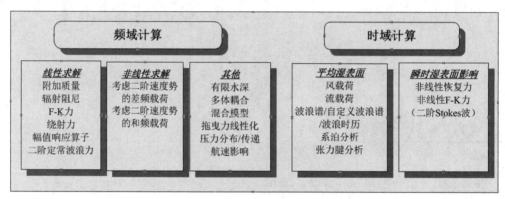

图 1.1　AQWA 能够实现的计算功能

AQWA 的频域水动力分析可以求解浮式结构物的静水刚度、附加质量、辐射阻尼、一阶波浪力（包括绕射力）、二阶定常波浪载荷。在求解二阶差频、和频载荷中可以考虑二阶速度势的影响。

AQWA 能够分析有航速情况下船舶在波浪中的运动响应、计算固定结构物在波浪所受到的载荷、多物体耦合水动力计算分析等多种复杂水动力问题。另外，AQWA 具备不规则频率去除功能和驻波抑制功能，能够提高复杂水动力分析结果的精度。AQWA 可以将作用在船体上的波浪速度势、压力以及所处流场的波面升高等数据输出，用于结构分析和耐波性分析。

AQWA 的时域分析分为两种：基于平均湿表面的时域求解可以分析浮式结构在风、流、一阶波浪载荷和二阶波浪载荷作用下的运动响应及连接部件的响应状态；基于非线性瞬时湿表面时域分析可以考虑浮体瞬时湿表面变化所带来的影响。

AQWA 可以建立系泊缆、铰、护舷、绞车、滑轮、张力腱等多种连接部件，能够进行复杂的系泊分析与安装分析计算。

AQWA 具有外部程序接口，用户可以通过编程实现自定义计算。

AQWA 软件主要包括九个模块（子程序），模块名称及对应功能分别为：

- Line 频域水动力求解模块
- Librium 静平衡计算模块
- Fer 频域分析模块
- Drift 平均湿表面时域计算模块
- Naut 瞬时湿表面时域计算模块
- AGS 后处理模块

- Wave 波浪载荷转换程序
- Flow 流场数据读取程序
- AQL AQWA 与 Excel 的接口程序

对于经典界面的 AQWA，ANSYS-APDL（即经典 ANSYS）、AQWA-AGS 是前处理程序。Line、Fer、Librium、Drift、Naut 是 AQWA 的核心计算模块。Wave、Flow、AGS 以及 AQL 是 AQWA 的后处理程序。如图 1.2 所示。

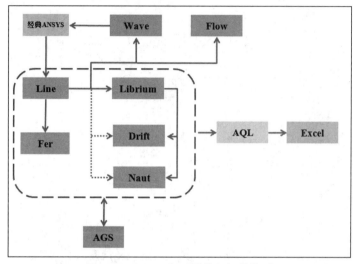

图 1.2　AQWA 主要模块之间的关系

1.1.3　运行界面

经典 AQWA 软件的计算运行界面比较简单，如图 1.3 所示。双击 AQWA 图标后要找到*.DAT 模型文件来实现运行计算。软件运行过程中会有进度条提示框。当显示 100%时表明计算完成。

经典 AQWA 的结果后处理通过 AGS 模块进行，打开 AGS 可以通过 PLOT 查看模型，通过 Graphs 查看计算结果并进行数据处理和数据输出。如图 1.4 所示。

图 1.3　经典 AQWA 打开界面

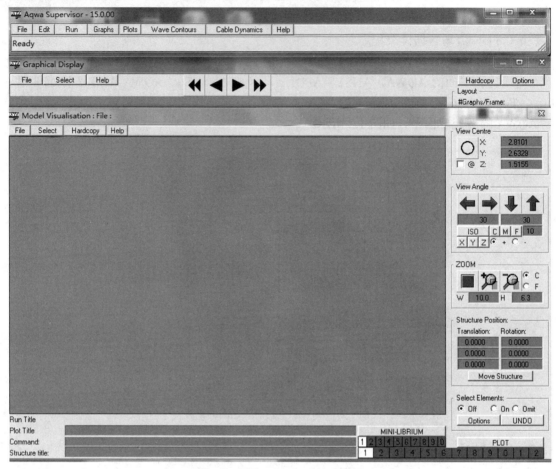

图 1.4　经典 AQWA 后处理界面

AQWA Workbench 通过拖拽 Hydrodynamic Diffraction 模块完成水动力计算模型、参数设置并完成水动力计算；通过拖拽 Hydrodynamic Time Response 进行时域分析。分析流程按照 Geometry→Model→Setup→Solution→Results 的顺序进行，整个界面相比于经典界面更美观、简洁，较为适合初学者使用。如图 1.5 所示。

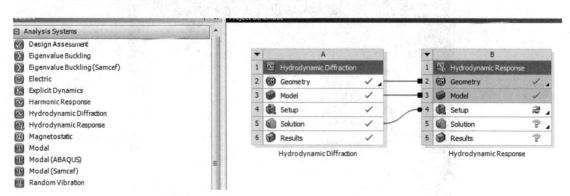

图 1.5　AQWA Workbench 界面（源自 ANSYS）

1.1.4 前处理

AQWA 的水动力计算模型可以通过第三方软件（如 ANSYS、Workbench DM）或者其他建模工具实现；船舶类型的计算模型模型可以使用其内置的 AGS-Line Plan 通过描绘船体型线来建立，如图 1.6 所示。系泊缆、护舷、铰、张力腱等连接件的建模可以通过修改模型文件或者通过 Workbench 来实现，如图 1.7 所示。

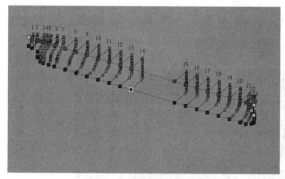
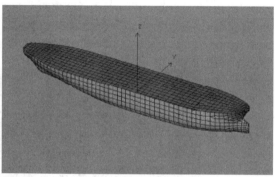

图 1.6　通过 AQWA AGS Line Plan 建立水动力计算模型（源自 ANSYS）

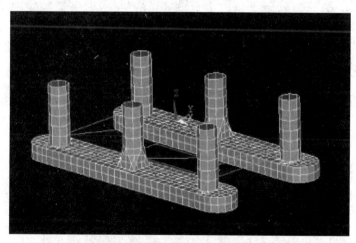

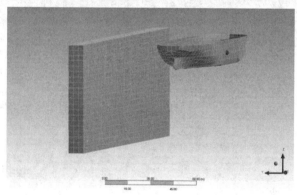

图 1.7　通过经典 ANSYS 和 Workbench 建立 AQWA 水动力计算模型（源自 ANSYS）

1.1.5 后处理

AQWA 软件的后处理功能十分强大。经典 AQWA 的 AGS 模块可以实现浮体水动力计算结果和时域计算结果的曲线显示和数据输出。时域计算结果可以通过 AGS 自带的数据处理功能实现诸如高低频分离、响应谱转化、概率分布拟合（瑞利分布和威布尔分布）、时域曲线代数运算等一系列功能。AGS 可以输出浮体运动、波浪压力变化、波面扰动等方面的仿真动画。

Workbench 可以实现 AGS 的大多数功能，计算数据可以直接以报告格式输出。Workbench 界面美观，其输出的图表非常精美，无须处理可以直接使用，较为方便。如图 1.8 至图 1.12 所示。

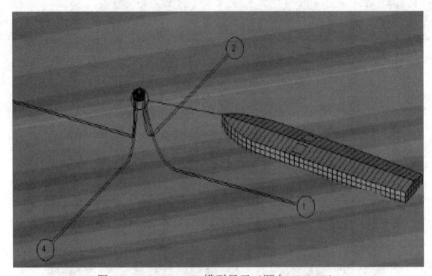

图 1.8　AQWA AGS 模型显示（源自 ANSYS）

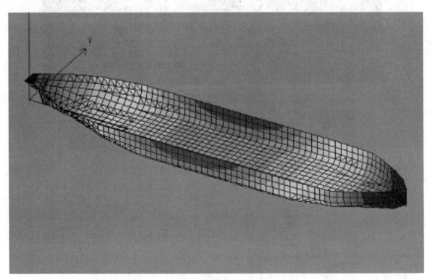

图 1.9　AQWA AGS 压力分布显示（源自 ANSYS）

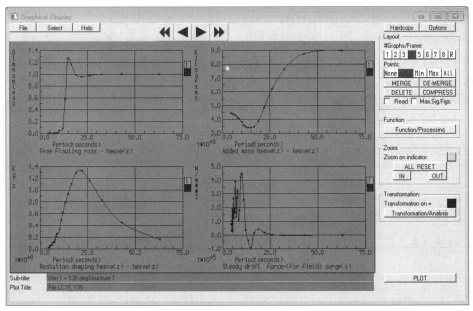

图 1.10　AQWA AGS 的计算结果曲线（源自 ANSYS）

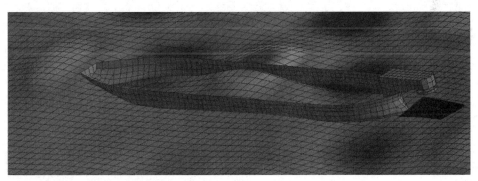

图 1.11　AQWA Workbench 的波面显示（源自 ANSYS）

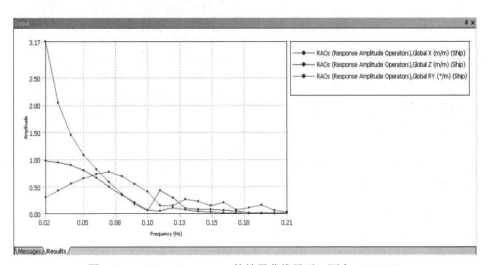

图 1.12　AQWA Workbench 的结果曲线显示（源自 ANSYS）

AQWA 配备 Excel 接口 AQL（AQWA Interface for Excel），AQL 可以实现浮体重心坐标输出、RAO 数据输出、时域计算结果输出等功能，通过 Excel-VBA 的编程可以实现大量数据的批量处理，从而提高工作效率。如图 1.13 所示。

相比于 VBA，通过使用 C#等编程软件直接读取 AQWA 的二进制水动力计算文件进行数据处理的效率更高，对于经常使用 AQWA 进行浮体分析的工程人员可以综合考虑通过 AQL-VBA 或者 C#等编程软件来提高计算数据的处理与分析效率。

MPV global motion analysis

Model Data

path:	C:\MPV\1.Hydrody\
model file name	MPV
model file path	C:\MPV\1.Hydrody\MPV

No.of structure:	1
Results for struct no.	1

	X	Y	Z
Cog position:	38.67	0	2.2

Give Picture

AQWA-lines results check

No. of freq	40
No. of dirt	13

Motion RAO		Dirt NO.	1		Wave directiion		-180 degree		
Freq No.	Freq	Period	X	Y	Z	Rx	Ry	Rz
1	0.20	31.42	1.644	0.000	0.992	0.001	0.393	0.005
2	0.23	27.32	1.454	0.000	0.988	0.001	0.463	0.004
3	0.26	24.17	1.312	0.000	0.984	0.001	0.538	0.003
4	0.29	21.67	1.204	0.000	0.979	0.001	0.620	0.003
5	0.32	19.63	1.119	0.000	0.973	0.002	0.709	0.002
6	0.35	17.95	1.052	0.000	0.965	0.003	0.807	0.002
7	0.38	16.53	0.997	0.000	0.955	0.003	0.915	0.002

AQWA drift

Model name	ad15bt	Statistic Start
Model path	C:\MPV\1.Hydrody\ad15bt	
Struct	1	Mooring line results

Analysis time step :	5
Total time step :	54000

Global motion

Freedom	Mean	Stb	Max	Min	
Surge	87.16	2.28	99.06	77.16	
Sway	0.00	0.00	0.00	0.00	
Heave	-113.51	0.57	-111.84	-115.80	2.29
Roll	0.00	0.00	0.00	0.00	
Pitch	0.05	0.99	4.80	-3.75	
Yaw	0.00	0.00	0.00	0.00	

Mooring Tension   total mooring line number: 9

Mooring line NO.	Max tension t	Min laidlength m	Max Uplift t	MEAN
1	559.0	1.2	130.6	495.6
2	560.4	1.2	131.8	496.5
3	559.0	1.2	130.6	495.6
4	371.3	15.1	3.4	365.4
5	368.5	17.3	2.7	361.7
6	366.0	20.0	2.1	358.2
7	366.0	20.0	2.1	358.2
8	368.5	17.3	2.7	361.7
9	371.3	15.1	3.4	365.4

Motion Check

Max surge	Min surge	Stb	Max offset
21.67	7.40	2.26	22.93
Max sway	Min sway	Stb	
7.51	-1.90	1.19	
Max heave	Min heave	Stb	Max Amp
-109.03	-112.79	0.63	7.01
Max roll	Min roll	Stb	Max Amp
0.25	-0.35	0.08	0.35
Max pitch	Min pitch	Stb	Max Amp
3.05	-3.05	0.84	#VALUE!
Max yaw	Min yaw	Stb	Max amp
0.80	-0.53	0.17	#VALUE!

Between line Hs 12

Seed1 results

Freedom	Mean	Stb	Max	Min
Surge				
Sway				
Heave				0.00
Roll				
Pitch				
Yaw				

In line Hs 12

Seed2 results

Freedom	Mean	Stb	Max	Min
Surge				

Mooring line check

Max tesnion	Min line
830.85	
	Min li

图 1.13   AQL 与 Excel VBA 开发的数据处理程序

1.1.6 局限性

AQWA 自商业化以来经历了 30 余年的考验，其多样化的能力和良好计算精度得到了广泛的认可，但不可避免，AQWA 也存在自身的一些局限性：

- AQWA 没有舱室的概念，不能进行自由液面修正，无法解决诸如液舱晃荡等水动力分析问题；
- 只有小倾角稳性计算功能，不能进行稳性规范校核，限制了其在安装领域的应用；
- 二阶波浪载荷求解算法较老，没有控制面的概念，使得其二阶和频、差频载荷的计算精度严重依赖模型网格划分情况，计算结果的精度难以控制；
- 数据批量后处理功能较弱，需要用户自行编程或者通过接口进行二次开发；
- 软件对模型网格大小、数目限制严格，对于一些特定问题（诸如 TLP 的水动力计算）适应性较差；
- 多体分析的能力有限，复杂的多体耦合分析计算精度不高。

尽管如此，AQWA 仍能够完全胜任大多数海洋工程浮体分析领域的工作，不失为一款非常优秀的海洋工程浮体分析软件。

1.2 部分主流分析软件介绍

1.2.1 WAMIT

WAMIT（Wave Analysis MIT）是计算零航速浮式结构物与波浪相互作用的分析软件，由麻省理工学院的 J.N Newman 先生开发，于 1987 年首次推出。1999 年，C. H. Lee 与 Newman 共同成立 WAMIT 公司。

WAMIT 发展中比较重要的版本是 2000 年推出的 WAMIT 6.0 及其升级版。在该系列版本中，WAMIT 具备了高阶面源计算方法。WAMIT 的高阶模块具备了不同周期、不同波浪来向作用下的二阶载荷波浪计算分析的能力。WAMIT 当前最新版本为 7.0，该版本主要增加了并行运算功能。

WAMIT 自诞生以来逐渐成为浮体分析计算领域的标志性软件，其计算结果经常作为计算结果精度对比的参照物，足以证明 WAMIT 软件在业界所具有的广泛影响力和认可度。当前，全世界共有超过 100 家公司和研究机构在使用 WAMIT。

WAMIT 有两个不同模块，一个是基本模块，另一个是高阶模块。WAMIT 本质上是一个进行频域水动力计算的软件，其功能仅限于计算，软件自身并不具备前处理和后处理功能，运行界面如图 1.14 所示。

WAMIT 基本模块具备的计算内容主要包括：浮式结构物静水刚度、附加质量、辐射阻尼、波浪力（包括绕射力）、二阶定常波浪力等。

WAMIT 高阶模块计算内容主要包括：高阶面源法、考虑二阶速度势影响的二阶差频以及和频载荷。WAMIT 在求解二阶差频、和频载荷时可以通过压力积分求解（同 AQWA 解法），也可以通过自由表面法（Free Surface）来进行计算。相比而言，通过自由表面法得到的结果更精确，但是也需要付出更多的计算时间。

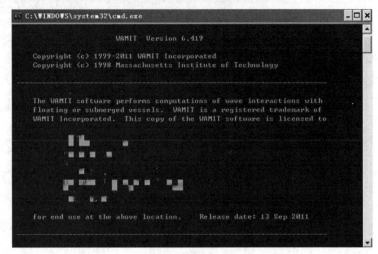

图 1.14　WAMIT 运行界面（源自 WAMIT）

　　WAMIT 可以通过广义刚度法实现更广泛的计算功能，譬如多个结构物铰接、添加月池阻尼等，如图 1.15 所示。WAMIT 可以考虑液舱晃荡的影响，其计算结果能够较好地反映出液舱共振运动对于结构物整体运动性能的耦合影响。如图 1.16 所示。

图 1.15　WAMIT 主要计算功能

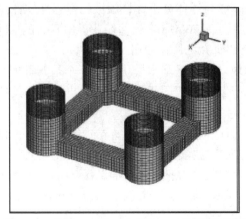

图 1.16　使用 WAMIT 建立的 TLP 面源模型[23]

WAMIT 没有前处理功能，计算模型需要通过第三方软件建立。当 WAMIT 运行完毕后，软件会输出面元模型文件，但这个文件需要通过其他程序查看，譬如 Tecplot。WAMIT 计算结果以文本格式输出，用户可以通过其他软件或者自己编程来读取这些结果文件以实现后处理。

需要注意的是，WAMIT 软件的计算结果（如浮体的运动 RAO）是关于自由水面的，这与一般软件的定义有所差别。

WAMIT 可以计算液舱晃荡影响，但不能直接考虑液舱阻尼或者能量耗散的影响，液舱共振周期峰值很高，与实际不符。这一点可以通过广义刚度法来给液舱添加阻尼，但需要用户掌握广义刚度分析方法。

WAMIT 在当今海洋工程研究和分析领域具有非常重要的地位，正如其网站的广告语所说的 *The State of the Art in Wave Interaction Analysis*，WAMIT 已经成为了经典，其蕴含的理论发展思想值得业界思考和借鉴。未来，WAMIT 依旧是海洋工程水动力分析领域的标杆。

1.2.2 MOSES

MOSES（Multi-operational Structural Engineering Simulator）由 Ultramarine 公司开发，该软件的第一个版本于 1977 年推出。在软件漫长的发展历程中，MOSES 逐渐成熟，其功能涵盖了海上安装、水动力计算、稳性校核、结构计算等众多方面。当前 Ultramarine 被 Bentley 集团收购，MOSES 软件与 SACS、Maxsurf 组成了 Bentley 旗下的船舶海洋工程分析工具包，成为 Bentley 发展海洋工程软件，为争夺相关市场份额提供强有力的支持。

MOSES 可以建立舱室模型，可以实现船舶或浮式平台的压载调载计算，同时能够胜任导管架拖拉上船、下水、扶正等安装分析工作。MOSES 针对组块浮托安装定义了 LMU、DSU 单元，可以方便地实现海上组块浮托安装分析，如图 1.17 所示。MOSES 能够进行水动力计算，计算理论包括三维势流理论、切片理论和 Morrison 方程，能够方便快速地进行浮体频域运动分析。MOSES 内置多种缆索单元类型，可以进行系泊、海上吊装、铺管等多种涉及缆索动力学的分析。

图 1.17　MOSES 软件组块浮托安装（源自 Bentley）

MOSES 最大的特点在于其自身拥有一套文件编制方法，具有独特的编程规则，其本身可以认为是一种脚本语言。通过编写运行文件，用户可以依据自己的需要实现自定义计算，通过其内置的接口可以将文件以文本、表格、动画、图片等多种格式输出。MOSES 与 SACS 具有数据接口，可以方便地进行导管架结构的相关分析。

MOSES 有四大模块：静水力计算、水动力计算、频域时域分析与后处理、结构计算。对于船舶，MOSES 可以采用田中公式（Tanaka Method）进行横摇黏性阻尼的计算。MOSES 可以使用远场法、近场法来计算浮体二阶定常波浪力。MOSES 的水动力计算结果可以另存为文本文件，进行其他计算时可以直接调用该文件而不用重新计算，节省了计算时间。MOSES 软件不具备不规则频率消除功能，其水动力计算结果精度较差。

MOSES 的频域分析和时域分析可以进行浮体运动、系泊以及动态压载的计算和模拟。MOSES 还具有结构计算功能，但随着其他海洋工程结构分析软件的发展，该功能有所弱化。

MOSES 长期以来作为海洋工程安装分析领域的首选软件而被业界所熟知，由于其与 SACS 软件具有数据接口，因而几乎垄断了导管架安装分析市场。MOSES 在组块浮托安装分析中也基本处于垄断的地位。由于 MOSES 软件水动力计算精度不高，其在复杂水动力分析诸如浮式平台系泊分析、多体耦合水动力分析等方面不尽如人意。另外，由于软件是以命令行文件形式进行运行，设定和选项数量庞大复杂，加之界面简单、可操作性低，使得初学者非常难以入门。但用户一旦充分理解和掌握了 MOSES 的分析流程和思路，会发现 MOSES 从某种程度上来讲是随心所欲、无所不能的。

MOSES 软件被 Bentley 收购后，其软件界面方面得到了很大改善，如图 1.18 和图 1.19 所示，与 SACS、Maxsurf 软件的整合方面也取得一定进步。按照 Bentley 的发展思路，MOSES 软件将专注于海洋工程浮式结构物水动力计算、静水力分析和海上安装分析，其与 SACS 的接口将界面化，可操作性大大加强。未来，MOSES 软件作为 Bentley 公司海洋工程分析软件包中重要的核心成员，将在海洋工程分析领域发挥更大的影响力。

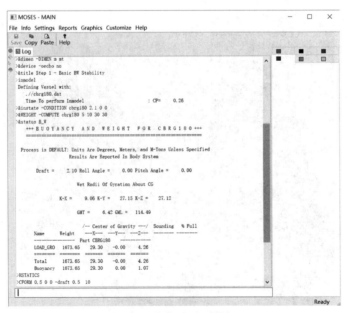

图 1.18　MOSES 传统界面（源自 Bentley）

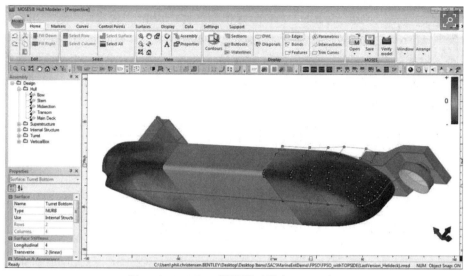

图 1.19　MOSES 新界面（源自 Bentley）

1.2.3　Hydrostar 与 Ariane

Hydrostar 是法国船级社（BV）推出的水动力计算软件，主要由陈晓波博士主持开发，第一个版本于 1991 年推出，当前版本为 7.25（2014 年）。

Hydrostar 理论和算法上与 WAMIT 不相伯仲，具有 WAMIT 的所有功能。在二阶载荷的计算理论上，Hydrostar 融入了陈晓波博士的中场法理论，该理论也是近年来为数不多的具有重要影响力的二阶载荷分析理论。中场法避免了远场法和近场法各自的缺点，是 Hydrostar 独有的计算理论。

Hydrostar 除了常规频域水动力分析功能外，还具有消除不规则频率、考虑能量耗散的耐波性/液舱晃荡耦合分析、二阶载荷中场理论、多方向下低频载荷计算等功能，如图 1.20 所示。Hydrostar 拥有较完备的后处理功能，可以以多种形式输出计算结果，可以方便地查看计算模型和波面变化情况并进行短期/长期预报分析。最新版本 Hydrostar 支持并行计算，计算效率显著提高。

图 1.20　Hydrostar 主要计算功能

Hydrostar 由许多模块组成：hslec 读取面源模型文件；hsbln 平衡模型文件，可以按照吃水切割面源模型；hsrdf 进行辐射绕射计算；hstnk 计算液舱影响；hsmcn 计算浮体运动；hsdft 计算多方向二阶载荷；hsmdf 计算同方向二阶载荷；hsprs 计算压力分布；hswld 计算截面波浪载荷；hspec 频域短期/长期分布计算等，如图 1.21 所示。主要模块下还有子模块，可以实现更多的设置、计算与后处理功能。

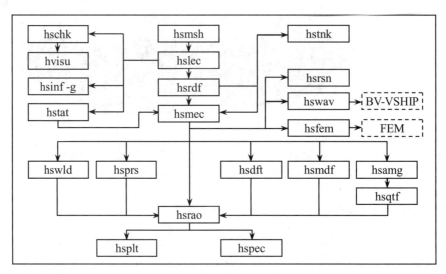

图 1.21　Hydrostar 主要模块（源自 Hydrostar）

HydroStar 具有一定的前处理功能，其内部针对一般常见浮式结构物均有建模支持，用户通过选择需要进行分析的浮体类型并指定浮体主尺度，即可建立面源计算模型，如图 1.22 所示。用户可以依据需要调整模型网格情况，通过第三方建模软件也可以将模型导入到 Hydrostar 进行计算分析。

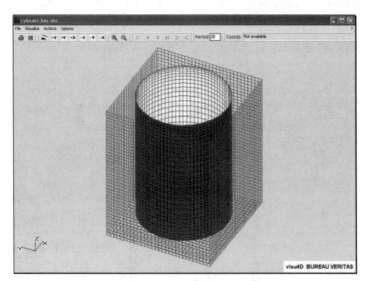

图 1.22　Hydrostar 圆柱模型与计算域（源自 Hydrostar User Manual）

通常情况下，液舱晃荡的分析可以准确捕捉液舱运动特性与耦合计算时整体运动共振情况。若不考虑液舱本身内部的能量耗散作用，液舱产生的共振幅值非常大，与实际不符。新版本的 Hydrostar 对耐波性/液舱晃荡问题进行了优化，通过考虑液舱内"阻尼"情况，最终给出更贴近实际的结果，如图 1.23 所示。

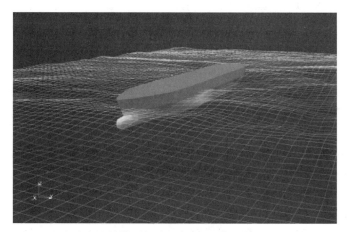

图 1.23　Hydrostar 水动力计算模型与波面相互影响（源自 Hydrostar User Manual）

Ariane 是 BV 与 MCS（当前为 Wood Group 旗下公司）合作推出的系泊分析软件，界面如图 1.24 所示。该软件可以针对 FPSO、半潜式平台、驳船等结构物进行系泊分析。Ariane 软件的计算理论较为简单，通过浮体运动 RAO 来计算平台的一阶运动，通过准静态法计算缆绳响应，是半耦合的系泊分析软件。由于理论的局限性，软件应用范围有限，不适用于复杂的系泊分析（诸如 Spar、TLP 等）。软件整体界面简单，计算结果精度一般。Ariane 的优点是数据输入较为方便、计算快，适合初期设计或者大量工况（譬如 10 万乃至几十万个工况）分析。软件后处理功能强大，可以以 Excel 文件或文本文件格式输出结果，方便用户进一步处理。

新版的 Ariane 8 将在计算理论上做出较大调整，将支持用户使用一阶波浪力来计算浮体一阶运动并支持动力定位系泊分析。

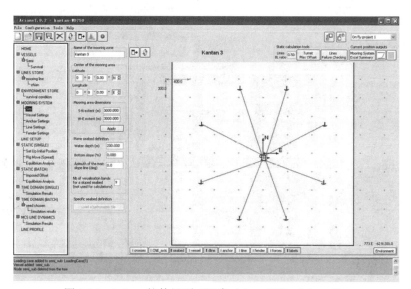

图 1.24　Ariane 软件界面（源自 Ariane 7 User Manual）

由于推广力度以及用户使用习惯等方面的原因，Hydrostar 自推出以来应用范围有限，Ariane 由于本身理论的局限性，一定程度上限制了发展。BV 当前积极推进 Hydrostar、Ariane、Hemo 等软件的整合程度，力图涵盖水动力分析、系泊分析、结构分析等几个主要海工分析方向，扩展软件和规范的应用范围。2013 年，BV 在新加坡成立了陈晓波博士领衔的海洋工程研究中心。未来，BV 开发的软件和海工规范将迎来更快的发展。

1.2.4 Sesam

Sesam 是由挪威船级社 DNV（今为 DNV-GL）推出的海洋工程分析软件。Sesam 的发展历史非常悠久。1966 年，挪威技术学院的学生 Pal Bergen 依据有限元方法编写了通用有限元程序，他将这套程序命名为"Sesam"。1968 年 DNV 从 Bergen 手中购买了这套软件，并投入人员进行开发。1969 年，第一个 Sesam 商业化版本 Sesam 69 发布。经过多年的发展，Sesam 已成为海洋工程结构分析的行业标准软件。

20 世纪 80 年代早期，DNV 推出新版 Sesam，它具有交互式几何建模方法和自动有限元网格生成技术以及交互式图表后处理能力。在之后的发展中，Sesam 逐渐增加了水动力分析、立管分析、导管架分析等功能，逐渐形成了以 GeniE、HydroD、DeepC 为核心的软件包，涵盖水动力分析、安装分析、导管架结构分析、浮式结构分析、混凝土平台分析、立管分析等几乎所有海洋工程所能涉及到的问题。随着 DNV 和 GL 的合并，Sesam 逐渐整合风机载荷分析软件 Bladed，未来 Sesam 在海上固定式风机和浮式风机领域的发展不可限量。

Sesam 主要模块组成如图 1.25 所示。GeniE 是 Sesam 的建模及前处理模块，HydroD 是水动力计算模块，其中 Wadam 为 HydroD 的水动力计算程序。此外，Sesam 还包括两个水动力计算模块 Waveship 和 Wasim。Waveship 主要针对船舶进行水动力分析，其理论为二维切片理论，可以进行零航速和中等航速状态下的计算，在分析中可以估算黏性横摇阻尼的影响并能够完成波浪压力的输出。Wasim 理论为三维势流理论，可以针对有航速船舶进行时域非线性水动力计算。

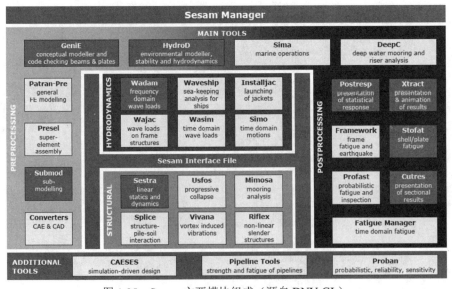

图 1.25 Sesam 主要模块组成（源自 DNV-GL）

Sesam 的水动力计算结果通过 Postresp 模块进行处理。Postresp 是 Sesam 的核心后处理程序，功能强大，能够将结果的以图表的形式输出，并进行频域短期预报和长期预报计算。用户可通过 Xtract 查看浮式结构物的运动模拟情况和波面变化情况。

Simo、Riflex、Mimosa 和 DeepC 组成了 Sesam 的系泊/立管分析模块。Simo 可以进行海上安装和系泊计算。Riflex 可以进行系泊缆或立管的动态响应分析。Mimosa 可以进行频域系泊计算分析。DeepC 整合 Simo 和 Riflex 进行立管/系泊系统耦合分析。

Sesam 模型如图 1.26 所示。

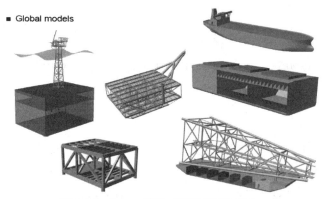

图 1.26　Sesam 模型（源自 DNV-GL）

多年的发展使得 Sesam 功能不断增加，模块数量庞大。对于熟悉 Sesam 分析流程的工程师而言，使用 Sesam 完成一项分析工作可能会涉及到多个模块的数据传递，需要具有熟练的使用经验。DNV 在软件开发过程中也意识到了这个问题，Sesam Manager 应运而生。Sesam Manager 按照工作流程排序，用户通过拖拽相应计算模块来构成分析骨架，每步分析按照顺序来做即可。整个界面直观大方，使用方便，如图 1.27 所示。

图 1.27　Sesam Manager（源自 DNV-GL）

Sesam 能够完成几乎所有的海洋工程分析工作，功能强大，界面友好，加之内部支持 DNV 规范校核，其发展势头一直非常强劲，当前越来越多的海洋工程公司选择 Sesam 作为主力分析工具。Sesam 模块众多，数据和模型管理起来有些繁琐，使用者需要进行一段时间的训练才能熟练掌握。

Wadam 本质上是较早版本的 WAMIT，近年来功能更新缓慢，使得 Wadam 难以满足一些特定问题的分析要求。另外，Sesam 的后处理程序 PostResp 界面占老、操作繁琐。Sesam 支持命令行运行，熟悉这项功能可以极大地提高工作效率。

整体而言，Sesam 是当今海洋工程分析软件领域中非常重要的一款软件。由于 DNV-GL 在海洋工程领域的领先地位，使得 Sesam 在实际项目和规范的双重推动下快速发展，占据了较大的市场份额，加之 DNV-GL 每年都会维持大额的软件研发投入，这使得 Sesam 一直处于不断更新的状态。可以预见，Sesam 在未来海洋工程行业的影响力将越来越大，继续扮演举足轻重的角色。

1.2.5 OrcaFlex

OrcaFlex 是由英国 Orcina 公司开发的动力学分析软件。1986 年，海洋工程结构和水动力咨询公司 Orcina 成立，同年推出了 OrcaFlex 的第一个版本。1989 年公司推出了 OrcaBend 和 OrcaLay。经过多年的发展，Orcina 公司已经成为世界领先的海洋工程动力学分析软件公司。OrcaFlex 软件以其友好的界面、持续不断的功能改进、多样的动力学分析能力，成为当今海洋工程动力学分析软件的领先者，其全球用户超过 260 家。OrcaFlex 的功能还在不断增强，当前最新的版本为 OrcaFlex V10。

OrcaFlex 主要功能包括海洋工程缆索动力分析、立管动力分析、浮式平台的动力分析等。可以解决的问题包括：船舶耐波性、系泊分析、系泊疲劳、立管强度、立管疲劳、立管 VIV（需要 shear 7 支持）、海上安装、铺管、结构物模态分析等。如图 1.28 所示为 OrcaFlex 模型三维渲染显示。

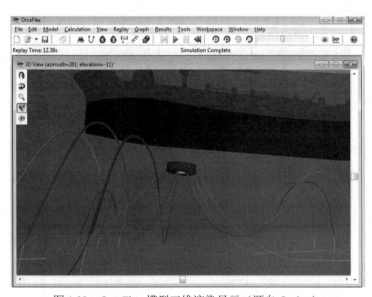

图 1.28 OrcaFlex 模型三维渲染显示（源自 Orcina）

OrcaFlex 并不能进行三维辐射－绕射水动力计算，用户可以将 WAMIT、AQWA、MOSES 等水动力计算软件的数据结果导入到 OrcaFlex 中进行后续分析。如图 1.29 所示为 OracaFlex 模型与结果显示。OrcaFlex 在浮体动力分析中可以考虑的载荷包括：一阶波浪载荷、二阶和频差频载荷、风载荷、流载荷、附加质量与辐射阻尼、用户添加的线性/非线性阻尼等。对于尺度/波长比较小的结构物，Orcaflex 可以通过定义 6Dbouy、3Dbouy 以莫里森法来对该类物体进行分析。

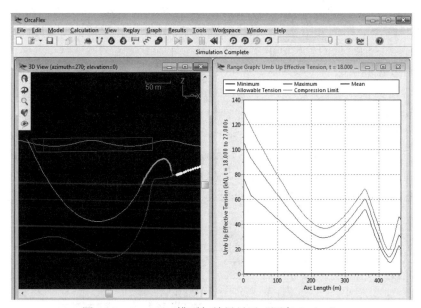

图 1.29　OrcaFlex 模型与结果显示（源自 Orcina）

OrcaFlex 的分析手段主要为时域分析，用户可以使用浮体 RAO 进行浮体运动响应计算或者通过波浪力来求解浮体运动。OrcaFlex 系泊分析方法是全耦合的，即载荷均以时域形式计算，平台运动与系泊系统耦合求解，同时考虑系泊缆的动态效应。

OrcaFlex 可以对复杂系统进行运动模态分析，可以对系泊缆、管道结构物进行基于规则波的疲劳分析和基于雨流计数法的疲劳分析。

管道分析是 OrcaFlex 的强项。软件可以很好地模拟张紧式立管（TTR）、不同类型悬链线外输管道（SCR）、海底管道、隔水管等海洋工程用管道。计算结果可以直接通过内置规范校核功能进行规范校核。通过 Shear 7 接口，软件可以进行立管涡激振动的分析。

OrcaFlex 的模型可以通过可视化界面快速建立，也可以通过命令行形式建立。软件内置的后处理功能非常强大，用户可以通过鼠标操作来得到用户几乎所有想要得到的结果。OrcaFlex 具备 MATLAB、Python、C++、VBA 的编程接口，用户可以通过外部编程实现快速建模、复杂数据快速处理和自定义计算等高级功能。

OrcaFlex 的开发公司 Orcina 只是一个不足 50 人的公司，就是这样的一个小公司，做出了如此伟大的产品，其成功的发展经验值得海洋工程界学习借鉴。当前 OrcaFlex 占据了大部分海工专业动力学分析软件市场，未来其开发公司 Orcina 还将继续推进 OrcaFlex 的深度开发与功能更新。值得注意的是，当前海工软件公司被大集团收购的现象层出不穷，未来 Orcina 能否保持长久以来的独立开发地位值得注意。

1.3 软件特点对比与发展趋势

1.3.1 主要海洋工程软件及其发展趋势与授权方式

经过几十年的工程实践和理论发展，当今的海洋工程已经能够完全通过计算机软件来完成大多数的设计工作。当前，海洋工程分析软件可以分为五大类：水动力分析软件、系泊分析软件、立管分析软件、结构分析软件、安装分析软件，另外还有一些具有特定计算功能的软件，如图 1.30 所示。目前常见的分析软件主要有：

- 水动力分析软件——AQWA、WAMIT、Hydrostar、MOSES、Waveload 等；
- 系泊分析软件——AQWA、Simo、OrcaFlex、Flexcom、MOSES、Harp、Mimosa、Ariane 等；
- 立管分析软件——OrcaFlex、Flexcom、DeepC、Harp、Abaqus、AQWA 等；
- 结构分析软件——Sesam、SACS、Abaqus、ANSYS、Homer、Nastran 等；
- 安装分析软件——MOSES、Sima、AQWA、OrcaFlex、Flexcom 等；
- 其他的分析软件还有 Offpipe、Shear 7、OSAP、Fluent、Fast 等。

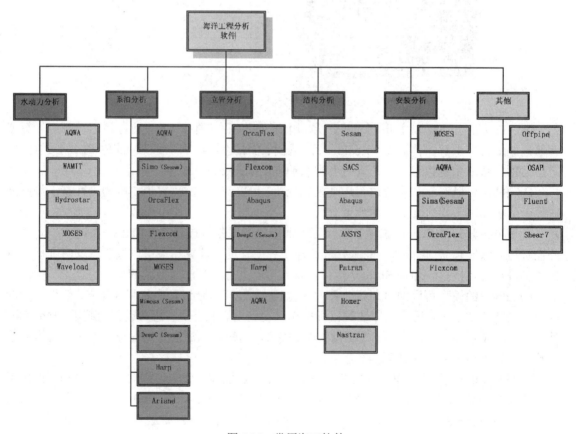

图 1.30 常用海工软件

针对不断发展的设计需要，海工分析软件具有以下发展趋势：

1. 功能多元

海洋工程分析软件能够实现的功能将来越多，各个软件开发商都力图通过推出功能多元化的软件产品来巩固既有市场，抢占其他市场。

2. 界面友好

过去囿于计算机性能，相关分析软件在用户界面上投入较少，前后处理都比较简陋。随着计算机技术的发展和用户对数据可视化、界面可操作性的要求逐渐增强，当前几乎所有的软件开发公司都在用户界面方面花大力气进行开发和改良。未来的海工软件将具备更加友好的界面和更加便捷的前后处理功能。

3. 模块集成

当前的海洋工程分析软件均以模块形式来实现分析功能，模块之间通过接口来实现数据传递，各个模块组成软件包来实现更多分析功能。由于功能越来越多，软件模块太过于复杂，使得用户使用起来有诸多不便。未来模块集成化，通过统一界面来实现多种计算功能将是软件的发展的趋势。

4. 竞争激烈

随着海工软件市场竞争逐渐激烈，近年来收购活动非常频繁，譬如开发了 Flexcom、Ariane 的爱尔兰 MCS 公司被 Wood Group 收购；开发了 MOSES 的 Utralmarine、开发了 SACS 的 EDI、开发了 Maxsurf 的 Formation Design Systems 被本特力（Bentley）收购；开发了 AQWA 的 Century Dynamic 被 ANSYS 收购。海工软件市场逐渐形成了四方争夺的局面，这四方和相应产品分别为：

（1）挪威船级社开发的 Sesam；

（2）Bentley 旗下的 SACS+MOSES+Maxsurf；

（3）ANSYS 旗下的 AQWA+ANSYS+Workbench；

（4）BV 开发的 Hydrostar+Ariane+Homer。

其中，Sesam、Bentley、ANSYS 占据了大部分市场，BV 的软件进入市场较晚，但具备后发优势。

由于海洋工程软件市场较为专业且封闭，市场规模有限，未来的竞争格局将更加激烈。这对于用户来说是个好消息，激烈的竞争必将产生更符合设计人员需求的软件，从而推动相关设计分析工作更加快速高效地进行。

一般而言，海工分析软件的授权方式分为证书文件和加密狗两种。多数软件具备局域网引用功能，即局域网内一台机器有证书或者加密狗，其他网内用户可以通过引用实现本机软件的授权使用，通常情况下局域网内一个证书同一时刻只能有一个用户使用。

海工软件的价格相对较高，软件一般分为基本功能和高级功能两个部分，个别软件是按照模块出售。小的软件譬如 WAMIT、OrcaFlex 等单一证书价格在二三十万人民币之间，Sesam 单个模块价格在百万人民币左右，这就意味着从事海工设计的机构或者公司需要一定的投资才能具备基本的计算机软件条件。

逐渐发展的海工软件对设计人员也提出了更高的要求。完成一项设计工作可能需要涉及多种软件的组合，有的情况下还需要工程师自行编程。譬如进行 FPSO 单点系泊设计，工程师不但要会使用水动力分析软件进行多工况的水动力分析，还要对系泊分析软件和相关分析方法非常熟悉,同时还需要根据结构工程师的要求提供设计载荷,必要的时候还需要编程提取计算结果。一名从事海洋工程设计工作的工程师不单单需要处理本专业的工作,对于其他专业的理论、分析方法、软件操作使用、规范要求都要有一定的理解,所有的这些都对工程师的理论功底和技能水平提出了更高的挑战。掌握多种软件,具备多种能力,才能在复杂纷繁的工作中游刃有余。

1.3.2　浮体分析软件功能对比

本节对之前介绍的七种软件在前处理、后处理、水动力分析能力、系泊分析能力、安装分析能力五个方面进行了对比并给出了综合评价,如表 1.1 所示。评价以★数目多少来表征,符号★较多的表明该软件在该方面能力相对突出。

表 1.1　几种浮体分析软件能力比较和评价

名称	前处理能力	后处理能力	水动力分析能力	系泊分析能力	安装分析能力	综合评价
AQWA	★★	★★	★★	★★★	★★	★★★
WAMIT	/	/	★★★	/	/	★★
MOSES	★	★	★	★	★★★	★★
Hydrostar	★★	★★	★★★	/	/	★★
Sesam	★★★	★★	★★	★★★	★★	★★★
Ariane	★	★	/	★★	/	★
Orcaflex	★★★	★★★	/	★★★	★★	★★

横向比较可以发现 AQWA 软件是比较出色的,它既具备较强的前后处理能力,又具备比较完整的分析功能。正如前文所说,往往完成一个项目的工作需要多种软件的共同配合,AQWA软件多样化的分析能力非常适合作为浮体专业人员的入门软件和主力分析工具,而这也是笔者编写本书的出发点。

2

海洋工程浮体分析理论基础

2.1　海洋工程环境条件

2.1.1　主要设计环境条件

在海洋工程浮体分析中主要的设计环境条件如表 2.1 所示。

表 2.1　海洋工程浮体分析基本设计环境条件

环境条件	主要内容
风 Wind	不同回归周期的极限风速
	极限风速对应风向
	风速、风向概率分布
	风剪切
	风谱与狂风
	……
波浪 Wave	不同回归周期的极限海况
	极限海况对应波浪传播方向
	波高累计概率分布
	波高—周期联合概率分布
	波高—波向联合概率分布
	波浪谱与短峰波扩散函数
	……
水面标高 Water Level	海图水深
	高潮位
	低潮位

续表

环境条件	主要内容
水面标高 Water Level	风暴增水
	平均水面
	……
流 Current	不同回归周期的极限流速
	极限流速对应流向
	剖面流速变化及方向变化
	内波流
	环流
	……
温度 Temperature	最大/最小空气温度
	最大/最小海水温度
	水深剖面温度变化
	……
海冰/降雪 Ice/Snow	最大雪厚度
	最大冰厚度
	……
海生物附着 Marine Growth	类型及附着厚度
海床 Seabed Inforamtion	海底坡度
	土壤信息
	……
盐度 Salinity	盐度百分比

在众多环境条件因素中，风、波浪、流是浮体分析中最主要的，也是影响最大的环境条件。水面标高、海生物附着、海冰、海床等环境条件在一定程度上也影响着设计工作的开展。

2.1.1.1　不同类型浮体运动特性与环境条件敏感性

不同类型的浮体结构物对于环境条件的敏感程度是不同的。

（1）半潜平台。

半潜平台是小水线面、大立柱跨距、大潜没结构的浮体形式。小水线面使得半潜平台升沉固有周期较长，从而能够远离波浪主要能量范围。较大的立柱跨距可弥补水线面面积的不足，保证平台较好的稳性。大潜没结构使得平台重心较低，从而得到较好的运动性能。

依据功能需要不同，半潜平台一般采用系泊系统定位或动力定位。平台在风、流的作用下会产生较大的平面位移。平台的运动主要是波频运动，并伴有一定的二阶低频波浪激励和风激励运动。一般半潜式平台横纵向尺度较为均匀，故其对于环境方向并不敏感。

半潜浮体形式多用于钻井平台、半潜起重船、油田支持船以及湿树油田开发方案中的生产平台，如图 2.1 所示。

图 2.1　半潜钻井平台 Ocean 500（源自 GustoMsc）与半潜生产平台

（2）张力腿平台。

张力腿平台（Tension Leg Platform，TLP）整体形式上类似于半潜平台，如图 2.2 所示，但其运动特性却大相径庭。张力腿平台通过张力腱拉紧平台使得平台浮力远大于自身重量，从而实现平台垂向、横摇、纵摇较小的固有运动周期（2～5s），实现远离波浪主要能量范围的目的。TLP 纵荡、横荡、艏摇固有周期较大，一般在百秒左右。TLP 平台的平面运动特性类似于半潜平台，但与半潜平台不同的是，TLP 的平面运动会产生重心下沉（Set-Down）导致平台气隙减小，如图 2.3 所示。TLP 垂向、横摇、纵摇运动易受到低周期一阶波浪激励影响，同时受到非线性二阶和频波浪载荷激励的影响，特别是二阶和频载荷，使得平台垂向、横摇、纵摇有可能产生共振从而造成严重的张力腿疲劳问题。

图 2.2　MOSES 型张力腿平台（源自 MODEC）

TLP 主要用于干树油田开发方案中的生产平台，也同时适用于作为湿树开发方案的生产平台。

（3）船型平台。

船型平台有着较大的水线面面积，长宽比较大，因而对环境方向非常敏感，当环境作用在船舷时，载荷较小；当环境作用在船体长度方向时，载荷量级非常大，因而在环境条件较差的海域，可以实现风向标效应（Weather Vane）的单点 FPSO 得到广泛应用。船型平台垂向、横摇、纵摇固有周期在波浪主要能量范围内，受到的波浪载荷影响较大。

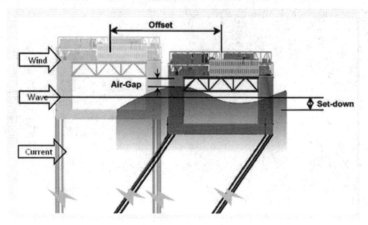

图 2.3　张力腿平台的重心下沉（Set-Down）现象

船型平台主要用于钻井船和从事油田生产的 FPSO，如图 2.4 所示。钻井船通常配备动力定位系统，FPSO 采用系泊定位，有的也同时配备动力定位系统实现辅助定位。

图 2.4　Turritella FPSO（源自 SBM）

（4）深吃水立柱平台 Spar。

Spar 平台通过大吃水、小水线面，通过大量的固定压载实现较大的运动固有周期和类似不倒翁效果的无条件稳性，如图 2.5 所示。Spar 平台采用系泊定位，主要受到低频二阶波浪载荷的影响，同时由于垂向、横摇、纵摇有可能构成 1:2:2 的固有周期关系，一定条件下会发生马修不稳定现象。由于 Spar 平台为小直径长度比的柱形结构，其在流的作用下易产生涡激运动（Vortex Induced Motion，VIM）。

Spar 平台主要用于干树油田开发方案的生产平台或湿树回接生产平台。

不同类型平台升沉运动固有周期与波浪主要能量范围的比较如图 2.6 所示。

2.1.1.2　浮式平台从安装到服役的不同阶段

浮式平台的生命周期经历多个不同的服役阶段，不同阶段的设计要求和安全准则不同，环境条件的严酷程度也不尽相同。

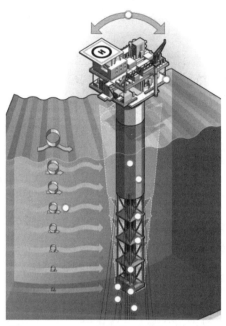

图 2.5　Truss Spar 平台（源自 Technip）

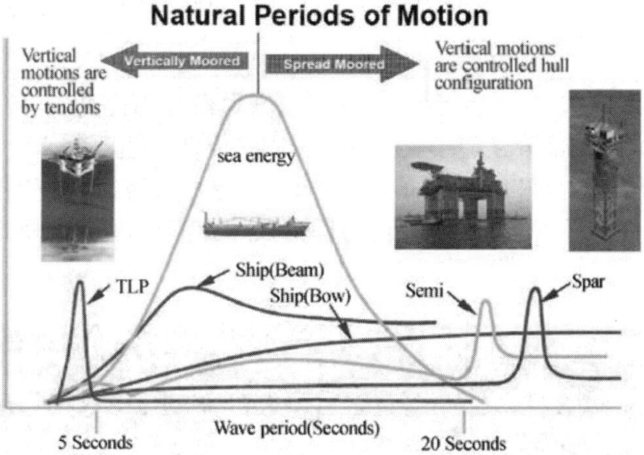

Natural Periods of Motion

图 2.6　不同类型平台升沉运动固有周期与波浪主要能量范围比较

（1）设计准则。

海洋工程平台的设计准则所需要考虑的环境条件大致分为两类：极限条件与疲劳条件。极限条件是设计人员评估结构在极限环境条件作用下，并同时考虑对应工况的安全系数以后结构的强度方面能否保证安全。疲劳是设计的另一个重要环节，它所要确定的是在疲劳环境条件作用下，结构在交变载荷的持续影响下能够具有足够的疲劳性能，以保证结构服役生命周期内的安全。

对于固定式结构，最大载荷响应所出现的最大波高和对应周期是比较好确定的。而对于浮式结构，由于其动力学特征更复杂，依赖于波高与周期的共同作用，因而为了找到结构的极限响应，往往需要针对一系列极限环境条件进行分析。

浮式结构物在保证结构强度和疲劳性能满足要求以外，还需要有足够的稳性以保证平台安全并具有持续作业能力。

在单点系泊系统中，风、浪、流环境条件的方向组合会让浮体产生不同的响应特征，而极限条件往往不出现在三者共线的条件下，如图2.7所示。针对单点系统需要更多地考虑不同环境方向之间的相互关系与不同组合。

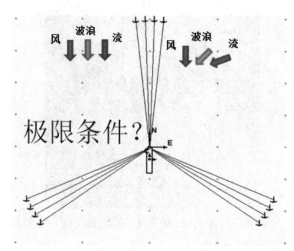

图2.7　单点FPSO的系泊分析要进行多个环境角度组合的"扫掠分析"[29]

（2）建造阶段。

众多固定式平台和浮式平台的建造和安装需要在遮蔽港湾内完成。在遮蔽海湾内进行安装作业面临两方面的问题：部分建造模块具有不规则的浮性，遮蔽港湾内的环境条件并不总是风平浪静的，相比于波浪，风和流（譬如潮汐）的影响更加显著。这一阶段的设计环境条件与作业环境条件选取与分析需要一定的工程经验作为保障。例如如图2.8所示的重型半潜船的浮卸作业。

图2.8　重型半潜船的浮卸作业（源自Dockwise）

（3）运输阶段。

一般的固定导管架结构和上部组块需要通过运输船舶进行运输。如果大型浮式结构物拖航距离较长，需要依靠重载半潜船进行远洋拖航运输，即"干拖"。如果浮式平台的建造场地与安装地点距离较近，可直接放入水中由拖轮拖航至作业地点，即"湿拖"。自升式钻井平台、半潜式钻井平台等钻井设备可通过湿拖实现运输。无论干拖还是湿拖，运输船舶和运输物都不可避免地要面对海上复杂环境条件的考验。

对于短途拖航，只需要在天气良好的天气窗口进行作业即可，对于恶劣环境条件可以有预见地进行规避，以保证安全。

对于远洋拖航，由于运输距离较远，运输船舶要途径多个海区，经历不同特点的环境条件考验。同时，由于拖航时间较长、航速较慢，这使得运输途中遭遇恶劣海况的概率增大，这时设计者必须对航路途径海域的环境条件有着清晰的认识。

影响运输作业的环境条件主要包括作业点或运输途径航路点的全年各个月及全年的：风速－风向联合分布、波高－周期联合分布、流速－流向联合分布等。这些数据主要用来评估和确定进行运输作业的季节以及对应的作业概率。另外，根据规范要求，运输作业需要一定回归周期对应的极值海况数据与对应风速、流速环境条件数据进行相关计算分析工作。

图 2.9 导管架平台拖航运输作业（源自 COOEC）

海上运输作业通常需要以作业时间 10 倍以上回归周期的环境条件来进行设计分析。如果航行作业持续一个月以上，则十年一遇的月波浪条件极值以及相应的波浪周期、风速条件将作为设计条件。另外一种设计要求是超越概率，即以特定超越概率来确定航行过程中的环境条件。当然，如果遇到恶劣海况或者航路经过设计能够避开恶劣海况，则对应的运输设计准则可以适当降低。

在运输分析中，风速往往以定长力进行模拟，此时风速一般为十分钟平均极限风速。设计有义波高对应一个与有义波高相关的波浪周期范围。

（4）海上安装作业。

无论是固定式平台还是浮式平台，海上安装作业都强烈依赖于温和的环境条件（天气预报很大程度上关系到作业的成败）。

海上安装作业需要的环境条件往往不同于一般设计条件。相关作业需要有保证作业顺利进行的天气窗口，同时还需掌握天气窗口的持续时间与天气窗口的回归周期，这对于作业的备案与应急处置尤为重要。

海上作业需要工程设计与海上操作两方面的密切配合。工程设计为海上安装作业提供极限参考作业条件与极限设计值并完成作业手册的编制；海上操作依据工程设计结果，参考实际环境条件，依据作业手册来实时地做出安装动作。

　　某些海上作业对环境条件非常敏感。譬如吊装作业中，浮吊受到涌浪的影响会产生大幅度运动，使得吊装物运动加剧，吊装缆绳张力增大，威胁到作业安全；导管架组块浮托安装过程中安装驳船对波浪周期敏感，大波高、大周期的波浪环境会使得驳船运动响应增大，威胁对接作业的安全进行，如图 2.10 所示。

图 2.10　浮托安装中组块插尖与导管架腿的对接准备（源自 COOEC）

　　海上安装作业需要的环境条件一般包括：设计风速、设计波高与波浪周期、设计流速；风、浪、流三者的方向分布与组合；浪高—周期的月分布数据。具体到实际作业，需要准确的天气预报以确定作业时间、作业计划以及应急预案等。

　　海上作业天气窗一般允许的波高条件都比较小，波高对应的波浪周期范围较大，以便于充分预测作业船舶可能发生的运动响应。

2.1.2　全球各主要海区的环境条件特点

2.1.2.1　全球风环境特点

　　（1）风的生成。

　　地球由大气层包裹，大气层受到地球重力影响，贴近地表的大气层变化、运动最为剧烈，也就是通常所说的对流层，对流层与地表、海面的相互作用最为剧烈，也是对人类日常生活影响最大的大气层。

　　大气作用在地球表面的压力大概为 1013.2mb（毫巴）。气压是时间和空间的函数，地球表面的气压分布是不均匀的。通过绘制等压线的方式可以表明某一时刻的气压分布，也就是气压场。如图 2.11 所示。

　　由于气压在水平方向上的分布不均匀而产生空气由高压区向低压区的流动，即为风，如图 2.12 所示。由于纬度、地表特性以及太阳辐射到达地面时的大小不同，使得气温产生水平差异，温度高的区域空气向温度低处运动，从而使得空气密度发生变化。某一地区有大量空气流入或流出，当流入大于流出时，该地区气压上升；反之下降。由此可知，相同距离内气压差越大，风速越大；反之风速越小。

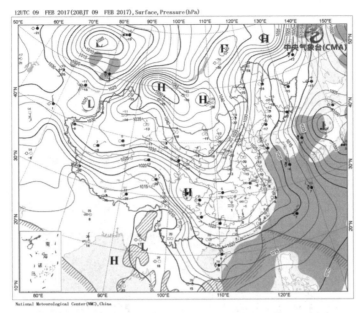

图 2.11　2017 年 2 月 9 日中国大陆与周边天气图（源自中央气象台）

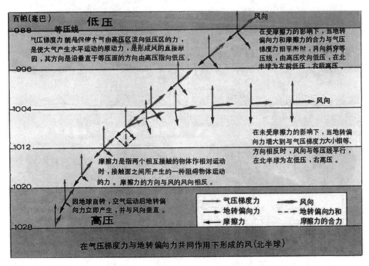

图 2.12　风的生成（北半球）（源自 teachers.com）

（2）中尺度气候特征。

温度梯度、压力梯度与风速大小之间的直接关系使得地球表面存在很多较大尺度的、与海洋工程密切相关的大气气候特征。

1）温带气旋。

温带气旋，又称为"温带低气压"或"锋面气旋"，是活跃在温带中高纬度地区的一种近似椭圆型的斜压性气旋。从尺度上讲，温带气旋的尺度一般较热带气旋大，直径从几百公里到 3000 公里不等，平均直径为 1000 公里。

温带气旋对中高纬度地区的天气变化有着重要影响。温带气旋常带来多风多雨天气，时常伴有暴雨、暴雪或其他强对流天气，有时近地面最大风力可达 10 级以上。

2）季风。

由于大陆和海洋在一年之中增热和冷却程度不同，在大陆和海洋之间大范围的、风向随季节有规律改变的风，称为"季风"。形成季风最根本的原因是地球表面性质不同，热力反应具有差异。季风由海陆分布、大气环流、大陆地形等因素共同造成，是以一年为周期的大范围的冬、夏季节盛行风向相反的现象。季风分为夏季风和冬季风。比较著名的季风海域有中国沿海、阿拉伯海、北澳大利亚等。

3）热带气旋。

热带气旋是发生在热带、亚热带地区海面上的气旋性环流（一般水温超过 27℃），是地球物理环境中最具破坏性的天气系统之一。热带气旋的体量是巨大的，直径小的有 300～400km，大的达 1000～2000km。如图 2.13 所示为 1985－2005 年全球热带气旋路径。

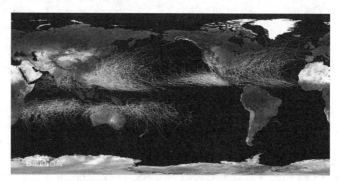

图 2.13　1985－2005 年全球热带气旋路径（源自百度百科）

热带气旋的生成和发展受海水温度、大气环流和大气层三方面因素影响。全球每年平均有 80 个热带气旋生成，主要产地及影响区域包括（如图 2.14 所示）：

- 西北太平洋：主要影响中国东南沿海、朝鲜半岛、日本列岛、菲律宾、中南半岛等。每年西北太平洋生成的热带气旋占全球三分之一，而中国沿岸是全球热带气旋登陆个数最多的地方。
- 东北太平洋：主要影响墨西哥、夏威夷、北太平洋岛国，一般情况下会由墨西哥太平洋沿岸向西北方向的太平洋深处移动，较罕见的情况下会向中美洲移动。
- 北大西洋：包括加勒比海、墨西哥湾。每年生成数目差距很大，每年平均大约有 10 个生成。主要影响美国东海岸及墨西哥湾沿岸各州、墨西哥及加勒比海各国，最远影响可达委内瑞拉和加拿大。2005 年的飓风"文斯更"以热带低气压的强度登陆西班牙，这个热带气旋是有记录以来唯一一个个登陆欧洲的北大西洋热带风暴。
- 西南太平洋：主要影响大洋洲各国。
- 北印度洋：包括孟加拉湾和阿拉伯海，主要在孟加拉湾生成。北印度洋的风季有两个巅峰：一个在季风开始之前的 4 月和 5 月，另一个在季风结束后的 10 月和 11 月。热带气旋影响印度、孟加拉、斯里兰卡、泰国、缅甸和巴基斯坦等国，有时甚至会影响阿拉伯半岛。
- 西南印度洋：主要影响东非的马达加斯加、莫桑比克、毛里求斯、留尼汪岛、坦桑尼亚、科摩罗、索马里以及肯尼亚等地。
- 东南印度洋：影响印度尼西亚及澳大利亚西北部。

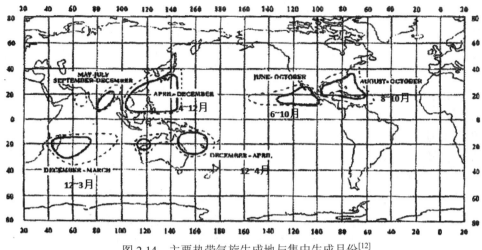

图 2.14 主要热带气旋生成地与集中生成月份[12]

当热带气旋形成并稳定发展，其较大的风力会使得海面产生较大的风浪，其中心最大风力可达 160～240km/h。历史上强度最大的热带气旋是台风 Tip，其最高风速达到了 305km/h，台风直径 2200km。热带风暴一般在登陆过程中会有所减小。热带气旋的中心处气压较低，伴随着强降雨。较强的热带风暴还会带来风暴增水（Strom Surge），威胁沿岸地区以及海上平台的安全。

4）信风。

信风（trade wind，又称贸易风）指的是在低空从副热带高压带吹向赤道低气压带的风。信风带一般分布在南北纬 5°～25°附近，并仅限于对流层的下层，平均厚度在 4000m 左右。北半球吹东北风，南半球吹东南风，风的方向很少改变。由于信风是向纬度低、气温高的地带吹送，所以没有水汽凝结条件，属性干燥，一般被季风所排挤掉。如图 2.15 所示为气压带与风带的分布。

信风多发生在阿拉伯海、南中国海南部、孟加拉湾等地。

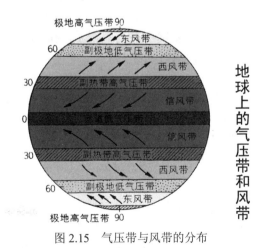

图 2.15 气压带与风带的分布

5）热带辐合带与赤道无风带。

热带辐合带，南北半球信风气流形成的辐合地带的总称。它是热带地区重要的大型天气系统，对热带地区长、中、短期天气变化影响极大。热带辐合带位置的季节变化，主要是季风辐合带的变化，信风辐合带位置的变化并不明显。

季风辐合带冬季在南半球；夏季在北半球，自非洲延续到西太平洋约东经 150°处。特别是 10 月份，南北半球各出现一个季风辐合带。季风辐合带的季节变化同海陆分布和地形特征都有密切的关系。它随冬夏季的交替在南北两半球间做明显的季节性位移，其短期变化主要表现为不规则的南北进退和强弱的变化，这种变化与台风的发生、发展和移动密切相关。

赤道无风带是指赤道附近南纬、北纬 5°之间的地带。这里太阳终年近乎直射，是地表年平均气温最高地带。由于温度的水平分布比较均匀，水平气压梯度很小，气流以辐合上升为主，风速微弱，故称为"赤道无风带"。

（3）小尺度气候特征。

1）海陆风。

海陆风是因海洋和陆地受热不均匀而在海岸附近形成的一种以日为周期发生变化的风系。在基本气流微弱时，白天风从海上吹向陆地，夜晚风从陆地吹向海洋。前者称为海风，后者称为陆风，合称为海陆风，周期为一昼夜。白天地表受太阳辐射而增温，由于陆地土壤热容量比海水热容量小得多，陆地升温比海洋快得多，因此陆地上的气温显著地比附近海洋上的气温高。日落以后，陆地降温比海洋快，到了夜间，海上气温高于陆地，就出现与白天相反的热力环流而形成低层陆风和铅直剖面上的陆风环流。海陆的温差，白天大于夜晚，所以海风较陆风强。

以水平范围来说，海风深入大陆在温带地区约为 15～50km，热带地区最远不超过 100km，陆风侵入海上最远 20～30km，近的只有几公里。以垂直厚度来说，海风在温带约为几百米，热带也只有 1～2km；只是上层的反向风常常要更高一些。至于陆风则要比海风浅得多了，最强的陆风，厚度只有 200～300m，上部反向风仅伸达 800m。

2）上坡风与下降风。

上坡风大多出现在日出之后 15～45min 内，并在正午或地面受到的太阳能量最强时达到最大风速。一般南坡接到的能量最大，上坡风最强，北坡则无上风出现。上坡风通常指向山涧和峡谷。

下坡风，相对较为温和而稳定，多发生在近地表面，在日落之后的 15～45min 内开始起风，一直到次日的日出，从山顶刮向峡谷的底部。

下沉风，即"冰川风"。它往往出现在冰川上，不受昼夜变化的影响，因为冰川的表面温度总是低于其上面的空气温度，所以它总是沿着下坡刮起，但在冰川向斜坡延伸的末端处，也会出现上坡风，这种风的强度往往受冰川范围大小的控制。

峡谷风，这是受地形控制的风，也是上坡风与下坡风的混合风，主要出现在斜坡表面有缺口的半封闭式山谷附近。它也受日照温差的控制，即中午多为上谷风，入夜转为下谷风，而且山谷风往往会呈现极强阵风的状态。

3）龙卷风。

龙卷风是大气中最强烈的涡旋现象，它是从雷雨云底伸向地面或水面的一种范围很小而风力极大的强风旋涡，常发生于夏季的雷雨天气时，尤以下午至傍晚最为多见，影响范围虽小，但破坏力极大。

水蒸气上升到天空后冷凝，形成了云，在高空云团温度比较低，周围的水蒸气不断被冷却，体积也不断缩小，使得周围空气中的水蒸气不断地补充因冷凝缩小后的剩余空间。由于云团下面上升的水蒸气是直向上升的，而水蒸气分子在上升过程中受冷，体积收缩越来越小，受地转偏向力作用，逐渐呈漏斗状，此时云下气体分子不断地补充到空间中去，气压差值越来越大，从而产生大风，周围一些空间的气体来时不均匀便形成龙卷风。

4）飑风（Squalls）。

飑风是一种风速突然急剧增大、持续时间通常在 1 分钟至几分钟的天气现象，通常伴有暴风雨、雷暴、大风冰雹等灾害。

飑线（Squall Lines）的产生多是由于冷空气行进至暖湿地区时造成了上冷下暖的格局，使对流层上下热力结构不同，产生高强度的强对流天气。具有不同特征的两个气团相互碰撞是飑线产生的必要条件。最常见的情况是冷气团碰撞，但也有的时候是干湿空气碰撞。

（4）全球主要海区风环境特点。

1）北大西洋。

北美大陆常产生温带气旋，冬季强度较大、产生更频繁。热带气旋常影响加勒比群岛、墨西哥湾、以及美国加拿大的东海岸。

2）北太平洋。

西北太平洋冬季盛行季风。从日本列岛至赤道附近，冬季西北季风强劲，相比而言夏季东南季风较弱。

西北太平洋是热带气旋的多发区域，年均发生 33 个，其中登录中国的平均为 8.3 个/年，且登录区域多为福建、广东、浙江以及海南附近。其中，台风及台风强度以上的占 36%，如表 2.2 所示。热带气旋对于我国海上结构物的安全具有相当大的威胁。

表 2.2　1949－2010 年热带气旋频数[13]

热带气旋强度分级	风速/（m/s）	西北太平洋		登陆中国大陆	
		个数	频率/%	个数	频率/%
超强台风	≥51	362	17.7	6	1.17
强台风	14.5～50.9	287	14.0	34	6.64
台风	32.7～41.4	385	18.8	147	28.71
强热带风暴	24.5～32.6	395	19.3	136	26.56
热带风暴	17.2～24.4	617	30.2	189	36.91
热带低压	10.8～17.1				
合计		2046	100	512	100

影响我国的热带气旋可以分为两类：一类是生成于西北太平洋赤道附近洋面，通常在向西北方向运动过程中强度逐渐加大，破坏力逐渐增强，但路径行程时间长，可以提前预报，有利于做好防台措施以降低台风破坏；另一类为生成于南海中部洋面的热带气旋（即局地台风，俗称南海土台风），强度较弱，但由于距离海岸线较近，预报时间短，运动速度慢，持续时间长，往往也会造成一定的破坏。

3）北印度洋（阿拉伯海与孟加拉湾）。

该海域盛行季风，阿拉伯海的东南向夏季季风较为强劲，冬季季风强度不大。在 4 至 12 月孟加拉湾会受到热带气旋的影响，由于孟加拉国地势较低，且背靠喜马拉雅山，强度一般的热带气旋就能给这一地区带来较大的破坏。

4）南半球海区。

南半球温带气旋全年都可发生，并伴随强烈中纬度西风影响，产生较大范围、较大规模的涌浪。南半球的热带气旋多影响大洋洲东北、西北以及南印度洋沿岸地区。

2.1.2.2 全球波浪环境特点

出于波浪在很大程度上是由风与海面水体的能量交换产生的，因而波浪在全球范围内的分布与风环境的分布呈现高度的相关性，如图 2.16 所示。

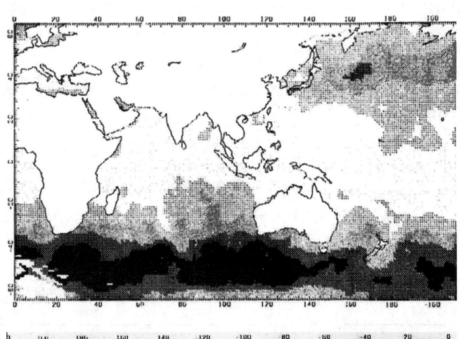

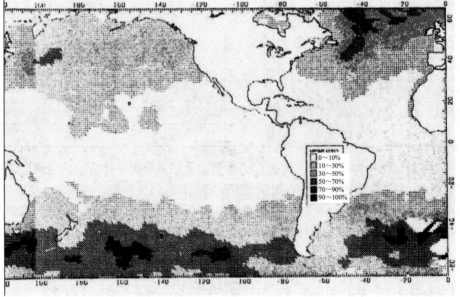

图 2.16 全球海域范围内有义波高大于 3.5m 的分布情况[14]

波浪主要由本地风所产生的风浪和外界传递到本地的涌浪两部分组成。

本质上，涌浪也是由风生成的，但涌浪是由远离观测地点的另一海域的风所产生的波浪，经过一段时间传递到观测地点。在波浪能量的传递过程中，波浪的能量逐渐耗散，波高减小。波浪中短周期的波浪逐渐消失，长周期的波浪成分能够传递更远的距离，因而通常涌浪呈现"小波高、长周期、能量集中"的特点。涌浪在全世界各地都频繁地出现，一般涌浪能量包含在风浪的能量范围内，但某些海区呈现较为明显的特征，使得波浪能量呈现两个明显的集中频率。一般而言，大多数海岸向西，面向海洋的海岸线附近及临近海域会较为明显地观测到涌浪环境的存在，譬如西非海域是比较著名的涌浪环境影响明显的区域。受到季风影响，阿拉伯海和中国临近海域也可较为频繁地观测到涌浪的出现。信风也会在东澳大利亚海岸以及南美产生一定的涌浪。

由于涌浪周期较长，相应地波长较长，其对于海上航行船只和大型浮式结构物的影响较大，需要在具体分析中加以重视。如图 2.17 所示为 Mol Comfort 集装箱从船舯断裂，沉没于也门外海 200 英里的阿拉伯海。

图 2.17　Mol Comfort 集装箱从船舯断裂，沉没于也门外海 200 英里的阿拉伯海（源自 Orix insurance）

2.1.2.3　全球流环境特点

海流是海洋中海水水平、垂直地从一个海区流向另一个海区的大规模流体质量传输活动。海洋表层流的产生主要受到风的驱使和海面受热、冷却、蒸发以及降水不均匀所导致的海水温度、盐度以及密度分布不均匀等因素所导致。

由于风在海面上吹过的时候对海面产生切应力，带动一定深度的海水产生运动，即风海流。风海流是海洋中最常见的一种海流。由于大尺度气候环境影响而产生的定常风海流称之为漂流（或者吹流）。

上升流是从海水表层以下沿直线上升的海流，是由表层流场产生水平辐散所造成。如风吹走表层水，由下面的水上升得以补充。相反，因表层流场的水平辐合，使海水由海面铅直下降的流动，称为下降流。上升流和下降流合称为升降流，是海洋环流的重要组成部分。

大洋环流是由有规律的环流系统，通常分为表层环流和深层环流。表层环流以风生大洋环流组成，深层环流以热盐环流为主。

表层环流主要受到行星风带的影响，在太平洋、大西洋以及印度洋形成类似的运动模式：

- 南北半球 10°～25°范围内，海水自东向西流动，到达西岸后分为两个分支各自北上和南下；
- 南北半球 40°～45°之间，海水由西向东流动，到达东岸后分为两个分支各自北上和南下；
- 以上运动形成两个分别位于南北半球的循环系统，北半球顺时针，南半球逆时针；
- 两个循环的中部，由于两股相反的水流交换，形成海水堆积下沉的下降流；
- 北半球 40°～50°的东海岸，受到极地东风影响形成逆时针的小环流；
- 南极大陆沿岸受到西风带的影响，海水恒定自西向东流动。

大规模的大洋环流方向较为恒定，一般受到涡流和局部风环境的影响所产生的改变较小。但印度沿海和中国沿海受到季风影响的时候会使得流向产生相反的变化，比较有代表性的有印度洋西岸的索马里沿岸以及位于南中国海西岸的越南沿岸。

2.1.3　风

描述风环境条件的参数主要有平均风速、风速廓线、风谱等。

- 平均风速：一段时间内（如三分钟、十分钟、一小时等）的风速平均值。在海洋工程领域一般以 10m 高度的平均风速作为参考；
- 风速廓线：由于粗糙度的变化，平均风速随着垂直高度而产生变化；
- 湍流和阵风：边界层内的风速并不是定常的。由于温度、密度、地表粗糙度等多种因素的存在，使得风速在更大的频率和距离范围内呈现随机性。

风对于海洋工程结构物的载荷特点有：

- 作用在受风结构上的平均风载荷；
- 作用在受风结构上的波动风载荷。

风对浮式平台上的操作人员安全、火炬烟气排放、消防、直升机甲板设计与操作等都具有一定程度的影响。另外，风对浮式平台稳性、系泊系统的影响也不可忽略。

在具体分析中，对于风载荷有两种考虑方式：在稳性分析中可以将风认为是定常载荷加入计算；在运动学分析、系泊分析、火炬臂的计算分析中，风通常需要考虑湍流变化。图 2.18 为大气边界层示意图。

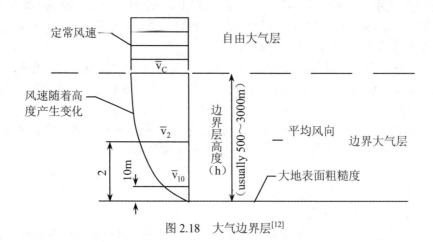

图 2.18　大气边界层[12]

2.1.3.1 风速长期分布

风速的统计分为短期分布和长期分布，长期分布一般指 10 年或者更长时间内风速的分布情况，在统计中风速一般以地面或水面以上 10m 高度位置的 10 分钟平均风速 U_{10} 来表达，其风速变化标准差以 σ_U 表示。

当以双参数 Weibull 分布来表示风速的长期变化时，其表达式为：

$$F_{U_{10}}(u) = 1 - \exp\left\{-\left(\frac{u}{A}\right)^k\right\} \tag{2.1}$$

式中 A 为尺度参数，k 为形状参数。

对于有台风/飓风过境的区域，使用上述公式进行风速长期分布需要根据实际数据进行修正。

对于没有台风/飓风以及热带气旋过境的区域，对于一年一遇最大 10 分钟平均风速可以采用以下公式进行估计：

$$F_{U_{10},\text{Max1Y}}(u) = (F_{U_{10}}(u))^N \tag{2.2}$$

其中 N=52596，表示一年出现 10 分钟的样本数目，即 356.25×24×6=52560 个 10 分钟风速样本。

当以 Gunbel 分布来进行极值推断时，其表达式为：

$$F_{U_{10},\text{Max1Y}}(u) = \exp\{-\exp[-a(u-b)]\} \tag{2.3}$$

对于大于一年的回归周期（Year Return Period，YRP）极端风速的估计，其在一年之内发生的概率为：

$$1 - \frac{1}{T_{YRP}} \tag{2.4}$$

对应风速由下式给出：

$$U_{10,T_{YRP}} = F_{U_{10},\text{Max1Y}}\left(1 - \frac{1}{T_{YRP}}\right)^{-1} \tag{2.5}$$

$F_{U_{10},\text{Max1Y}}$ 为年 10 分钟平均风速的累计概率函数。

根据海上风机设计经验，50 年一遇 10 分钟平均风速近似为一年一遇 10 分钟平均风速的 1.25 倍，是年平均风速的近似 5～6 倍。在强热带气旋影响的地区，这一比例有可能升高到 8 倍[13]。

2.1.3.2 风速廓线、风速平均周期/高度转换

风速廓线描述风速随着高度的变化，是高度的函数，其表达式为：

$$U(z) = U(H)\left(\frac{z}{H}\right)^\alpha \tag{2.6}$$

α 是空气层与大地/海面交界处粗糙度的函数，在海上一般情况下可认为 α=0.14[13]。对于开敞海域且有波浪的情况，α=0.11～0.12；对于陆地具有零星建筑物的情况，α=0.16；对于城市中心，α=0.4[15]。

由于计算分析的需要，往往要将风速进行不同平均周期与参考高度的转换，具体转换可参考下式[15]：

$$U(T,Z) = U_{10}\left(1 + 0.137\ln\frac{Z}{H} - 0.047\ln\frac{T}{T_{10}}\right) \tag{2.7}$$

U_{10} 为 10m 高处（$H=10$）的 10 分钟平均（T_{10}）风速。

表 2.3　不同风速平均周期的转换关系

平均时间 T	时间系数	时间系数[16]*
1 小时	0.916	0.943
10 分钟	1.000	1.000
1 分钟	1.108	1.113
15 秒	1.174	1.189
5 秒	1.225	1.236
3 秒	1.250	1.255

* 从 API RP 2SK 与 DNV C205 的结果对比可以发现，二者是存在差异的，在进行计算的时候需要设计者权衡考虑。

2.1.3.3　湍流强度与风谱

10 分钟平均风速 U_{10} 下的波动标准差 σ_U 与平均风速的比值称为湍流强度。关于湍流强度，IEC61400－1 规范有更详尽的解释，本书不再赘述。

对于海洋工程设计分析，一般使用海面以上 10m 高处的 1 小时平均风速并配以时变分量，以风谱的形式从能量的角度来描述风对于海洋工程结构物的影响。

当前被海洋工程界广泛使用的风谱主要是 API 和 NPD 谱。API 谱发表于 *API RP 2A* 的早期版本中。在 *API RP 2A* 的最新版本中，NPD 谱取代了 API 谱，但 NPD 风谱在描述阵风周期大于 500s 的风况时，具有较大的不确定性[16]。虽然 NPD 风谱成为 API 推荐风谱，但在具体使用中也应对采用哪种风谱加以权衡。

（1）NPD 风谱。

海平面以上 z 米处的 1 小时平均风速 $U(z)$ 为：

$$U(z) = U_{10}\left[1 + C\ln\left(\frac{z}{10}\right)\right] \tag{2.8}$$

$$C = 0.0573\sqrt{1 + 0.15U_{10}} \tag{2.9}$$

式中 $U(z)$ 为海平面以上 z 米的 1 小时平均风速，U_{10} 为海平面以上 10 米处的 1 小时平均风速。

NPD 谱描述了某点处纵向风速能量密度的波动，其表达式为：

$$S_{NPD}(f) = \frac{320\left(\dfrac{U_0}{10}\right)^2\left(\dfrac{z}{10}\right)^{0.45}}{\left(1 + \tilde{f}^{\,0.468}\right)^{3.561}} \tag{2.10}$$

式中，$S_{NPD}(f)$ 为频率 f 的能量谱密度，单位为 m^2/s。f 为频率，单位为 Hz。

$$\tilde{f} = \frac{172f\left(\dfrac{z}{10}\right)^{2/3}}{\left(\dfrac{U_0}{10}\right)^{3/4}} \tag{2.11}$$

（2）API 风谱。

API 风谱表达式为：

$$S_{API}(f) = \frac{\sigma(z)^2}{f_p \left(1 + 1.5\frac{f}{f_p}\right)^{5/3}} \tag{2.12}$$

式中，$S_{API}(f)$ 为频率 f 的能量谱密度，单位为 m^2/s。f 为频率，单位为 Hz。

$$\sigma(z) = I(z)U(z) \tag{2.13}$$

$$f_p = \frac{a}{z}U(z), \quad 0.01 \leqslant a \leqslant 0.1 \tag{2.14}$$

当风谱为测量风谱时，f_p 由 $a=0.025$ 求出。

$$I(z) = \begin{cases} 0.15\left(\dfrac{z}{z_s}\right)^{-0.125} & ,z \leqslant z_s \\[3mm] 0.15\left(\dfrac{z}{z_s}\right)^{-0.275} & ,z > z_s \end{cases} \tag{2.15}$$

式中，$z_s=20m$（边界层的厚度）。

2.1.3.4 瞬态风

瞬态风指的是风速或者风向在较短的时间内发生较大的变化，如图 2.19 所示，主要包括：

- 阵风：风速在 20s 以内的时间内迅速升高，随后增加趋势放缓或者下降，通常以风速升高时间、幅值与持续时间来表征。
- 飑风：在平均风速位置，10～60min 周期内风速突然升高和下降的过程，偶尔会伴随风向的变化。

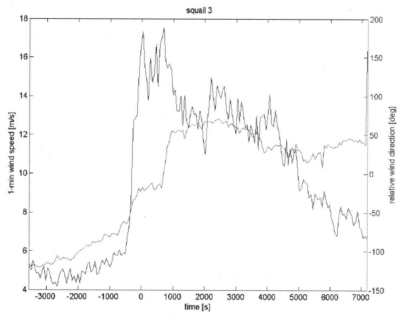

图 2.19　典型西非某海域出现的飑风：风速与相对风向同时发生变化

2.1.4 波浪

2.1.4.1 波浪的要素与分级

海洋中的水体波动现象由多种自然因素导致,包括风、气压、引潮力以及海底的火山爆发、海底地震等。按照波浪恢复力特征,可以将波浪按照周期长短划分为如下几类:

- 潮波:1 天或 1/4 天,主要由太阳或月球引力引起;
- 海啸:周期 20 分钟左右,由海底地震或火山爆发引起;
- 海湾中的假潮:在湖泊及封闭海区中,由于风及大气压力分布的变化及地区局部条件等原因使水域产生水体堆积,当该动力因素消失后,水面在重力作用下力图恢复到原来的平衡状态,周期为几个小时;
- 风浪:由风扰动与海面产生能量交换所产生的波浪,典型周期在 4~12s,如图 2.20 所示;

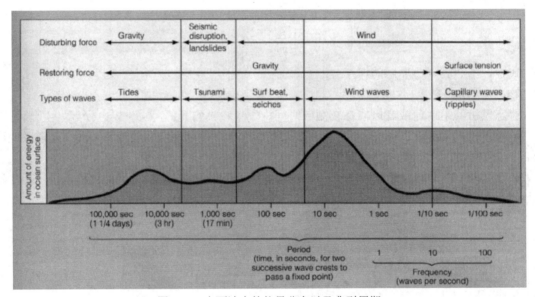

图 2.20 表面波中的能量分布以及典型周期

- 表面毛细波:周期小于 1s,阵风拂过平静湖面产生。

从能量分布角度来看,由风扰动产生的波浪是波浪中能量最集中的区域,也是对海洋工程结构物影响最频繁的。

风扰动产生的波浪包括风浪和涌浪。

- 风浪(Wind Sea):在风力直接作用下产生的并且在风力持续作用下向前传播的波浪。风浪在风的持续作用下波面粗糙,向风面与背风面不对称。
- 涌浪(Swell):风力减弱或停止后,依靠惯性力进行传播的波浪,在传播过程中短周期的能量成分消散,长周期的能量成分得以保留。

在工程与航海实践中,为了直观的判断海况严重程度,各国都推出过风级-波级对照参数表,其中最广泛使用的是蒲氏风级表。蒲氏风级对应海况如图 2.21 所示,对应风速与波高如表 2.4 所示。

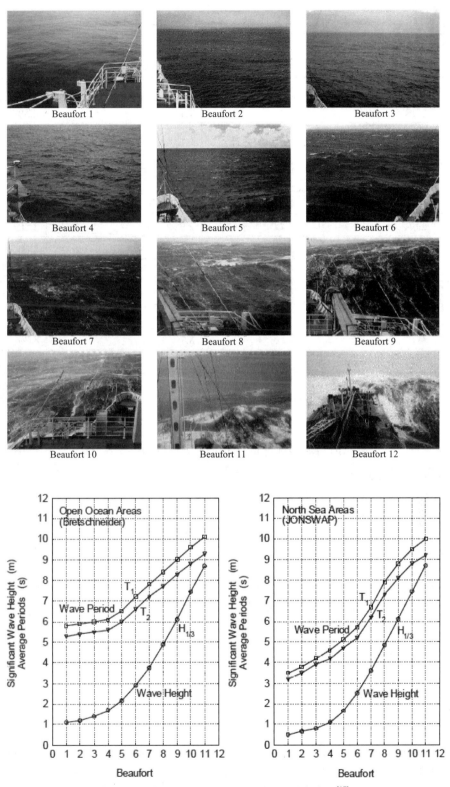

图 2.21　蒲氏风级（Beaufort scale）对应海况[17]

表 2.4 蒲氏风级对应风速与波高[17]

蒲氏风级	名称	风速 m/s	风速 Knots	北大西洋及北太平洋 开敞海域有义波高 m	北海海域 有义波高 m
0	无风	0~0.3	<1	0.00	0.00
1	软风	0.3~1.6	1~4	1.10	0.50
2	轻风	1.6~3.4	4~7	1.20	0.65
3	微风	3.4~5.5	7~11	1.40	0.80
4	和风	5.5~8.0	11~17	1.70	1.10
5	劲风	8.0~10.8	17~22	2.15	1.65
6	强风	10.8~13.9	22~28	2.90	2.50
7	疾风	13.9~17.2	28~34	3.75	3.60
8	大风	17.2~20.8	34~41	4.90	4.85
9	烈风	20.8~24.5	41~48	6.10	6.10
10	狂风	24.5~28.5	48~56	7.45	7.45
11	暴风	28.5~32.7	56~64	8.70	8.70
12	飓风	>32.7	>64	>10.25	>10.50

2.1.4.2 线性规则波

规则波波浪的主要要素有：

- 波高 H：相邻波峰顶与波谷底之间的垂向距离 $H=2A$；
- 周期 T：相邻波峰经过一点的时间间隔；
- 波浪圆频率周期 ω：$\omega=2\pi/T$；
- 波长 λ：相邻波峰顶之间的水平距离；
- 波速 C：波形移动的速度，等于波长除以周期 $C=\lambda/T$；
- 波数 k：$k=2\pi/\lambda$；
- 色散关系：$\omega^2=gk\tanh(kh)$，h 为水深，深水条件下公式可简化为 $\omega^2=gk$；
- 波陡 S：波高与波长之比 $S = 2\pi\dfrac{H}{gT^2}$；
- 浅水波参数 μ：$\mu = 2\pi\dfrac{d}{gT^2}$；
- 厄塞尔数 U_R：$U_R = \dfrac{H\lambda^2}{d^3}$

以上这些参数是研究规则波的基本参数，也是工程中经常使用的判断依据。譬如判断特定水深下规则波波长与周期的关系，需要使用色散关系；判断是否为浅水区，需要根据浅水波参数来进行判断；判断波浪是否会破碎，需要根据波陡的计算结果来推断等。

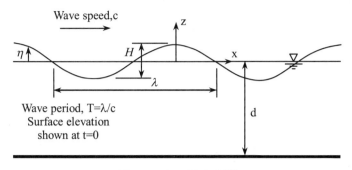

图 2.22　规则波参数[15]

艾立波（Airy Wave）有如下假设：相比于波长和水深，规则波的波幅 A 较小，波峰至水面的距离与波谷至水面的距离是相等的，即波高 $H=2A$。

对于艾立波，其波面的表达式为：

$$\eta(x,y,t) = \frac{H}{2}\cos(\omega t - kx) \tag{2.16}$$

这里将**深水条件下**的色散公式进行简化，可以得到：

$$T = \sqrt{\frac{2\pi}{g\lambda}} \tag{2.17}$$

根据色散关系可以得到深水条件下，对应波浪周期 T 的线性规则波波长 λ。浅水条件下应考虑水深变化所带来的影响，此时周期与波长之间的关系变为：

$$T = \left[\frac{g}{2\pi\lambda}\tan h\left(\frac{2\pi d}{\lambda}\right)\right]^{-\frac{1}{2}} \tag{2.18}$$

2.1.4.3　斯托克斯波（Stokes Wave）

斯托克斯波是对线性波的幂函数展开，一阶斯托克斯波与艾立波接近，在深水条件下，二阶斯托克斯波的表达式可以写为：

$$\eta = \frac{1}{2}A^2 k\cos[2(kx - \omega t)] + A\cos(\omega t - kx) \tag{2.19}$$

将深水条件下波高为 1m，周期为 4s 时的艾立波与二阶斯托克斯波进行波面比较，可以发现二阶斯托克斯波波峰尖，波谷坦，是更接近真实波浪传播特征的"坦谷波"。

斯托克斯波还有更高阶的展开，这里不再赘述，需要强调的是：浅水中（当厄塞尔数 U_R 大于 30 的时候）不宜应用斯托克斯波，此时宜使用椭圆余弦波或流函数方法进行模拟。

2.1.4.4　流函数（Stream Function Wave）

流函数具有广泛的适用范围，其表达式为：

$$\psi(x,z) = cz + \sum_{n=1}^{N} X(n)\sin hnk(z+d)\cos nkx \tag{2.20}$$

C 为波速，N 为流函数的阶数，阶数取决于波陡 S 和浅水波参数 μ。在实际使用中，波浪越接近破碎，进行模拟所需要的流函数阶数越多。由于流函数能够较好地适应深水和浅水波浪模拟要求，因而在工程中的应用较为广泛。

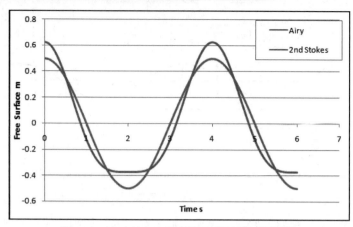

图 2.23　艾立波与二阶斯托克斯波的波面比较

2.1.4.5　不同规则波理论适用范围

不同的规则波理论有不同的适用范围，整体而言：

● 艾立波适用于深水、中等水深，适用于波陡较小的情况；

● 斯托克斯波适用于波陡较大的深水波浪模拟；

● 流函数适应能力最好，但越接近破碎极限，需要的阶数越高。

具体的选择可以参照图 2.24 进行判断。

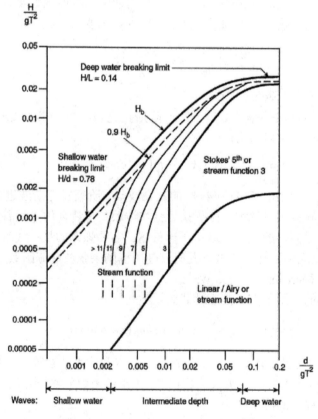

图 2.24　不同规则波理论适用范围[15]

2.1.4.6　水质点速度延展

随着波浪波面的升高，波面相对于平均水面升高部分的水质点的运动需要精确的预测和模拟。不规则波浪的水质点运动延展一般通过三种方法实现：外差法、Wheeler 法以及线性拉伸，如图 2.25 所示。通常，外差法得到的结果较为保守，线性拉伸方法相对简单，但与实际波浪运动特性有所差距，采用 Wheeler 法能够得到比较好的结果。

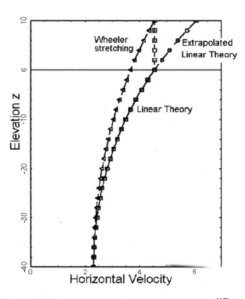

图 2.25　不同数值点速度延展方法比较[17]

2.1.4.7　不规则波及其要素

实际海况中的波浪峰谷参差不齐，并不具备严格的周期，很难用一个波高来对海况进行定义，这时需要使用不规则波理论来近似地表达真实的海况。线性长峰不规则波可以用下式表达：

$$\eta(t) = \sum_{k=1}^{N} A_k \cos(\omega_k t + \varepsilon_k) \tag{2.21}$$

不规则波是由许多个不同波高、相位的规则波组成，如图 2.26 所示。上式中的 ε_k 为对应 k 个规则波的相位，随机分布在 $0 \sim 2\pi$ 之间。A_k 为不同规则波成分，是符合瑞利分布的随机波幅。波幅的能量分布满足：

$$E[A_k^2] = 2S(\omega_k)\Delta\omega_k \tag{2.22}$$

$S(\omega)$ 为波浪谱，$\Delta\omega$ 为各成分波的频率间隔。$\Delta\omega$ 由不规则波时长决定，$\Delta\omega=2\pi/t$，t 为不规则波持续时长。

不规则波主要特征要素有：

- 表现波高 H：相邻波峰波谷之间的垂直距离；
- 有义波高 H_s：对波浪样本进行统计，其中前三分之一大波的平均波高；
- 跨零周期 T_z：波浪时间序列两相邻波浪两次上跨零的时间间隔；
- 有义周期 T_s：前三分之一大波的平均周期；
- 谱峰周期 T_p：以波浪谱描述短期海矿时候，波浪能量最集中的波浪周期。

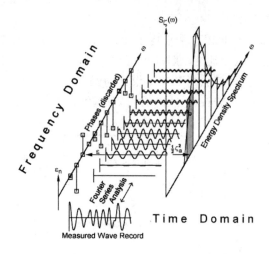

图 2.26   不规则波的合成[17]

如图 2.27 所示为不规则波的时间序列。

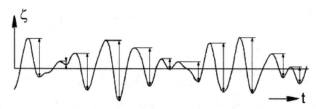

图 2.27   不规则波的时间序列

举一个例子来理解有义波高的概念。对于表 2.5 的波浪观测记录，有义波高 H_s 为前三分之一大波的平均数，总观测记录为 150 个，波高 2m、2.5m、3.0m、3.5m、4.0m 合起来样本数为 50，为总样本数的三分之一，则对于此观测样本，有义波高 H_s 应为以上几个波高乘以各自样本数再除以总样本数，即：

$$H_s=(2.0×21+2.5×14+3.0×9+3.5×5+4.0×1)/150=2.51\text{m}$$

表 2.5   波浪观测记录

波高样本区间 m	样本区间波高均值 m	区间样本数
0.25~0.75	0.5	15
0.75~1.25	1.0	30
1.25~1.75	1.5	55
1.75~2.25	2.0	21
2.25~2.75	2.5	14
2.75~3.25	3.0	9
3.25~3.75	3.5	5
3.75~4.25	4.0	1
合计	\	150

2.1.4.8　短期海况的统计特征

对于海洋工程结构物，一般认为一个海况条件指的是三个小时内的海况平均统计特性不变，这也就是所谓的短期海况。对于海况需要使用不规则波来描述。

对于一个组成不规则波的单元规则波，其单位面积具有的波能为：

$$E = \frac{1}{2}\rho g \zeta_a^2 \qquad (2.23)$$

不规则波是由大量规则波组成的，某频率间隔 $\Delta\omega$ 内波能表达式为：

$$E_{\Delta\omega} = \frac{1}{2}\rho g \sum_{\omega}^{\omega+\Delta\omega} \zeta_{a_n}^2 \qquad (2.24)$$

定义波能谱密度函数，并对频率从 0 至 ∞ 积分：

$$\int_0^\infty S(\omega)\mathrm{d}\omega = \sum_{n=1}^\infty \frac{1}{2}\zeta_{a_n}^2 \qquad (2.25)$$

波能谱曲线下的总面积等于波面总能量，即：

$$m_0 = \int_0^\infty S(\omega)\mathrm{d}\omega \qquad (2.26)$$

实际上 m_0 代表了波面升高的方差。各阶波能谱矩 m_n 可以得出：

$$m_n = \int_0^\infty \omega^n S(\omega)\mathrm{d}\omega \qquad (2.27)$$

实践表明，短期海况瞬时波面变量属于窄带瑞利分布，即：

$$P(\zeta_a) = \frac{\zeta_a}{\sigma^2}\exp\left(-\frac{\zeta_a^2}{2\sigma^2}\right) \qquad (2.28)$$

大于 ξ_0 的概率为：

$$F(\zeta_a) = P(\zeta_a > \zeta_0) = \int_0^\infty P(\zeta_a)d\zeta_a - \int_0^{\zeta_a} P(\zeta_a)d\zeta_a = \exp\left(-\frac{\zeta_a^2}{2\sigma^2}\right) \qquad (2.29)$$

两边取对数，则：

$$\zeta_a = \sqrt{2\ln\left(\frac{1}{F(\zeta_a)}\right)}\,\sigma \qquad (2.30)$$

其中 $F(\xi_0)$ 为超越概率函数。这里可以进而得到一个重要的结论：对于不同的超越概率水平，波高幅值可以与方差建立起直接的关系，如表 2.6 所示。

表 2.6　超越概率与对应统计值

超越概率 $F(\xi_0)$%	0.1	3.9	13.5
对应累计概率%	99.9	96.1	86.5
与方差 σ 的倍数	3.72	2.55	2.00
对应统计值	千分之一值	十分之一平均值	三分之一平均值（有义值）

对于短期海况，最大波高（千分之一值）约为有义波高的 1.86 倍。

2.1.4.9　波浪谱

工程界使用波浪谱的方式从能量分布的角度来模拟不规则海况。常用的波浪谱主要有以下几种。

（1）Pierson-Moskowitz，PM 谱。

PM 谱表达式为：

$$S_{PM}(\omega) = \frac{5}{16}H_S{}^2\omega_P{}^4\omega^{-5}\exp\left(-\frac{5}{4}\left(\frac{\omega}{\omega_P}\right)^4\right)$$ （2.31）

其中 $\omega_P = 2\pi/T_p$，T_p 为谱峰周期。PM 谱是单参数谱，由 T_p 决定谱形状。

（2）JONSWAP 谱。

本质上是 PM 谱的变形，表达式为：

$$S_{JON}(\omega) = AS_{PM}(\omega)\gamma^{\exp\left(-0.5\left(\frac{\omega-\omega_P}{\sigma\omega_P}\right)^2\right)}$$ （2.32）

r 为谱峰升高因子。σ 为谱型参数，当波浪频率 ω 大于 ω_p 时，$\sigma=0.09$；反之，$\sigma=0.07$。$A=1-0.287\ln(r)$ 为无因次参数。

r 平均值为 3.3，当 $r=1$ 的时候，JONSWAP 谱等效于 PM 谱。JONSWAP 谱是三参数谱，由 H_s、T_p、r 共同决定。

r 本质上描述的是波浪能量集中的程度。如图 2.28 所示，同样 H_s、T_p 的情况下，r 越大，波浪谱能量越集中于 T_p 附近对应谱的形状越尖耸。

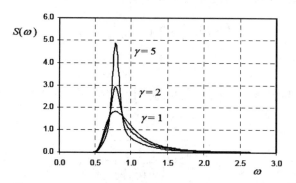

图 2.28　$H_s=4\text{m},T_p=8\text{s}$ 不同 Gamma 值对谱形状的影响[15]

JONSWAP 谱是三参数所决定的，根据 DNV－RP－C205 规范，这三个参数存在如下关系：

● 跨零周期 T_z 与谱峰周期 T_p 的关系：

$$\frac{T_z}{T_p} = 0.7303 + 0.04936\gamma - 0.006556\gamma^2 + 0.0003610\gamma^3$$ （2.33）

● 谱型参数 r 与谱峰周期 T_p 与有义波高 H_s 的关系：

$$\gamma = \begin{cases} 5 & T_p/\sqrt{H_s} \leqslant 3.6 \\ \exp(5.75-1.15)\dfrac{T_p}{\sqrt{H_s}} & 2.6<T_p/\sqrt{H_s} \leqslant 5.0 \\ 1 & 5.0<T_p/\sqrt{H_s} \end{cases}$$ （2.34）

● 极限波陡 S_p：

$$S_P = 1/15, \quad T_p \leqslant 8s$$
$$1/25, \quad T_p \geqslant 15s \tag{2.35}$$

根据式（2.33）和式（2.34）可以在给定 H_s 与 T_z 数据的情况下求出 T_p 和对应的 r。同时根据式（2.35）进行波陡检查，最终可以给出较为合理的 T_p 与 r。

该方法仅适用于海洋环境数据并未指明 r 值的情况。由于以上三个式子主要基于挪威沿海环境条件给出，一般用在中国沿海会偏于保守。

另外，GB/T31517－2015/61400－3:2009《海上风力发电机组设计要求》[13]给出了另一个 T_p、T_z 的关系表达式：

$$T_z = T_p \sqrt{\frac{5+\gamma}{11+\gamma}} \tag{2.36}$$

式（2.33）与式（2.36）对于同一 r 值给出的结果基本一致。

（3）TMA 谱。

TMA 谱为 JONSWAP 谱乘以一个有限水深修正项而得来，这里不再介绍。

（4）ITTC/ISSC 双参数谱（Breschneider 谱）。

该谱为双参数谱，其表达式为：

$$S_i(\omega) = \frac{173 H_s^2}{T_1^4} \omega^{-5} \exp\left(\frac{-692 H_s^2}{T_1^4} \omega^{-5}\right) \tag{2.37}$$

式中 T_1 为波浪特征周期，其与谱峰周期 T_p 的关系为：$T_1 = 1.296 T_p$，这与 PM 谱给出的关系是一致的，多数条件下认为 PM 谱与 ITTC/ISSC 双参数谱是等效的。

（5）Ochi-Hubble 谱与 Torsethaugen 谱。

对于风浪和涌浪显著并存的海况，其共同的有义波高 H_s 为风浪有义波高 $H_{s,windsea}$ 与涌浪有义波高 $H_{s,swell}$ 的组合，即：

$$H_s = \sqrt{H_{s,Wind\ sea}^2 + H_{s,Swell}^2} \tag{2.38}$$

Ochi-Hubble 谱是将风浪、涌浪的影响共同考虑（二者均为 Gamma 分布）的三参数双峰谱，本质上是两个 PM 谱的叠加，如图 2.29 所示。其三个参数主要是 $H_{s1\sim2}$、$T_{z1\sim2}$ 以及 $\lambda_{1\sim2}$。

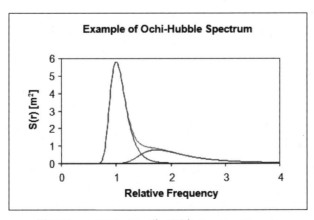

图 2.29　Ochi-Hubble 谱（源自 Orcaflex Demo）

H_{s1}、T_{z1}、λ_1 为能量频率较高的风浪所对应的有义波高、平均跨零周期以及谱型参数；H_{s2}、T_{z2}、λ_2 为能量频率较低的涌浪所对应的有义波高、平均跨零周期以及谱型参数。二者组成的整体有义波高中的风浪、涌浪成分遵循式（2.38）。

Torsethaugen 谱基于 JONSWAP 谱发展而来，较适宜用于挪威沿海海况环境的模拟，是双参数谱，H_s 为根据式（2.38）求得的包含风浪、涌浪成分的总有义波高；T_p 为风浪、涌浪中能量最高者所对应的谱峰周期，如图 2.30 所示。

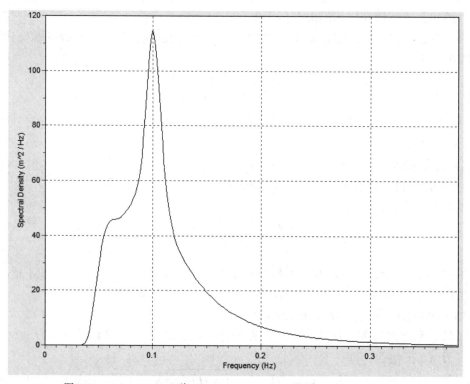

图 2.30　Torsethaugen 谱，H_s=10m，T_p=10s（源自 Orcaflex Demo）

（6）Gaussian Swell 谱。

Gaussian Swell 谱是用来描述海况中具有明显涌浪环境的三参数谱，其表达式为：

$$S_G(\omega) = \frac{1}{\sqrt{2\pi}\sigma}\left(\frac{H_s}{4}\right)^2 \exp\left(-\frac{1}{2\sigma^2}\left(\frac{1}{T}-\frac{1}{T_p}\right)^2\right) \qquad (2.39)$$

Gaussian Swell 谱中的 σ 参数由下式求得：

$$\sigma = \sqrt{\omega_z^2 + \omega_{SW}^2} \qquad (2.40)$$

ω_z 为涌浪平均跨零频率；ω_{SW} 为涌浪的谱峰频率。一般而言 σ 值在 0.005~0.02 之间。

2.1.4.10　长期海况与设计海况

通过长时间对海上一个位置进行波浪测量与分析，可以绘制出波高－周期散布图（Scatter Diagram）。一般波浪散布图如表 2.7 所示。表 2.7 对有义波高 H_s、跨零周期 T_z 划分为若干个网格，每个有义波高对应多个 T_z，以波浪测量观测期内对于每个 H_s-T_z 出现的次数输入到对应散布图的网格中。

表 2.7　波浪散布图[19]

H_s/m	T_z/s										合计
	1~3	3~5	5~7	7~9	9~11	11~13	13~15	15~17	17~19	19~21	
0~1	27	1112	3092	1468	1084	357	102	27	7	2	8278
1~2	3	939	7350	11515	7753	3309	1099	318	85	30	32401
2~3		83	2387	8081	8591	4684	1726	505	128	38	26223
3~4		3	373	3050	5498	3977	1638	476	111	28	15154
4~5			36	855	2902	2987	1429	416	88	18	8731
5~6			2	165	1189	1899	1117	337	66	11	4786
6~7				20	358	981	763	250	45	6	2423
7~8				1	78	407	455	171	30	3	1143
8~9					12	133	234	109	20	1	509
9~10				1	34	102	63	12	1		213
10~11					7	37	33	8	1		86
11~12						1	12	15	4		32
12~13							3	6	3		12
13~14							1	2	1		4
14~15								1	1		2
合计	30	2137	13240	26335	27466	18776	8716	2729	609	139	99999

　　更一般地，在工程分析中常见的波浪散布图为表 2.8 的形式。相比于表 2.7，将出现次数转换为发生频率的表 2.8 波浪散布图的数据有效位数有限，丢失了很多发生概率小但确实并不为零的样本数据，这些数据的丢失对使用这种格式散布图进行长期极值推断会造成一定的偏差。

表 2.8　H_S-T_Z 转换成对应出现频率的波浪散布图

H_s/m	T_z/s										合计
	1~3	3~5	5~7	7~9	9~11	11~13	13~15	15~17	17~19	19~21	
0~1	0.03%	1.11%	3.09%	1.47%	1.08%	0.36%	0.10%	0.03%	0.01%	0.00%	8.28%
1~2	0.00%	0.94%	7.35%	11.52%	7.75%	3.31%	1.10%	0.32%	0.09%	0.03%	32.40%
2~3		0.08%	2.39%	8.08%	8.59%	4.68%	1.73%	0.51%	0.13%	0.04%	26.22%
3~4		0.00%	0.37%	3.05%	5.50%	3.98%	1.64%	0.48%	0.11%	0.03%	15.15%
4~5			0.04%	0.86%	2.90%	2.99%	1.43%	0.42%	0.09%	0.02%	8.73%
5~6			0.00%	0.17%	1.19%	1.90%	1.12%	0.34%	0.07%	0.01%	4.79%
6~7				0.02%	0.36%	0.98%	0.76%	0.25%	0.05%	0.01%	2.42%
7~8				0.00%	0.08%	0.41%	0.46%	0.17%	0.03%	0.00%	1.14%
8~9					0.01%	0.13%	0.23%	0.11%	0.02%	0.00%	0.51%

H_s/m	T_z/s										合计
	1~3	3~5	5~7	7~9	9~11	11~13	13~15	15~17	17~19	19~21	
9~10					0.00%	0.03%	0.10%	0.06%	0.01%	0.00%	0.21%
10~11						0.01%	0.04%	0.03%	0.01%	0.00%	0.09%
11~12						0.00%	0.01%	0.02%	0.00%		0.03%
12~13							0.00%	0.01%	0.00%		0.01%
13~14							0.00%	0.00%	0.00%		0.00%
14~15								0.00%	0.00%		0.00%
合计	0.03%	2.14%	13.24%	25.16%	27.47%	18.78%	8.72%	2.73%	0.61%	0.14%	100.00%

需要特别强调的是：波浪散布图中的数据是有限时间段内的观测结果得来的。通过波浪散布图来进行设计值的推断需要借助特定的数值方法。一种方法是根据波浪散布图建立有义波高－跨零周期的联合概率密度函数，在此基础上给出重现周期对应的波浪环境条件。另外也可以根据波浪散布图中的波高数据情况，以威布尔（Weibull）分布来进行波高概率分布的拟合，根据重现周期要求，进而求得给定重现期的有义波高设计值。

这里以双参数威布尔分布来对表 2.7 的波高数据进行拟合，如图 2.31 所示。

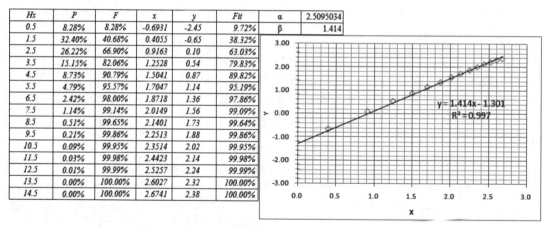

图 2.31　双参数威布尔分布拟合表 2.7 有义波高数据

双参数威布尔分布累计概率函数表达式为：

$$F(h) = 1 - \exp\left\{ -\left(\frac{h}{\alpha} \right)^{\beta} \right\} \tag{2.41}$$

α 为尺度参数，β 为形状参数。左右等式求两次自然对数：

$$\ln\ln\frac{1}{1-F(h)} = \beta \ln h - \beta \ln \alpha \tag{2.42}$$

令 $y = \ln\ln\dfrac{1}{1-F(h)}$，$x = \ln h$，$b = \beta \ln \alpha$，将表 2.7 中有义波高分布转换为 $\ln H_s$ 的分布，对数据进行最小二乘法拟合，最后求出两个参数 α 和 β。

根据一般定义，有义波高的重现周期为超过一次事件的平均出现周期。平均每年有 8×365.25=2922 个三小时海况，则百年一遇的波高对应累计概率为：

$$1-1/(100 \times 2922)=0.9999965777，99.99965777\%$$

根据拟合结果，百年一遇的有义波高 $H_{s100YRP}$ 大致为 15.1m。基于以上方法的极值推断往往在累计概率较高的位置产生失真，需要其他极值推断方法结果的对照以确定数据是否可靠。

一旦确定了某一回归周期对应的有义波高，确定其对应的跨零周期乃至谱峰周期是下一步需要解决的问题。有义波高与跨零周期本质上是相关的联合分布，同一个波高对应的周期是一个范围。长期以来工程实践对于给定有义波高的谱峰周期范围定义可以是：

$$\sqrt{13H_s} \leqslant T_p \leqslant \sqrt{30H_s} \tag{2.43}$$

根据这个结果，上一节给出百年一遇的有义波高 H_s=15.1m，对应的周期范围为 14～21.3s，对应的波陡范围为 0.04928～0.02136，根据 DNV RP C205 对于波陡的建议值 [式（2.35）]，15.1m 有义波高对应的谱峰周期应为 15.6s，在估算的周期范围内。不过对于周期范围下限 14s，其对应波陡 0.04928 显得太大了。

对于一定波高对应的这一系列的周期范围进行分析，可以找到对结构影响最大的周期，对应的海况可粗略认为是对应回归周期的设计海况。更一般地，对于给定的回归周期，可以使用 IFORM 模式给出等概率条件对应下 H_s-T_z 的系列值（H_s-T_z Contours），本书在此不再详细介绍。

2.1.5 流

2.1.5.1 流的主要类型

流的主要类型有以下几种：

- 风生流：由风曳力和大气层压力梯度差产生的海面表层水体流动；
- 潮流：由天体引力引起的潮汐所带来的稳定周期水体流动；
- 大洋环流：行星风带持续作用在各大洋产生的稳定水体流动循环；
- 内波流：由海水密度不均匀产生的内波所带来的水体流动，可能引起水体流动方向相反，如图 2.32 所示；

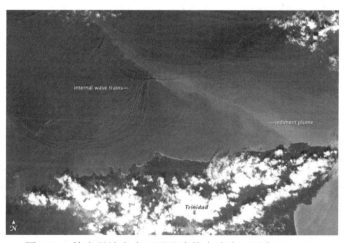

图 2.32 特立尼达和多巴哥沿岸的内波流（源自 NASA）

- 涡流：发生在大洋西岸，随着地球自转效应引起大洋环流西部强化现象，属于典型的暖流（黑潮和湾流），厚度可达 200～500m，流速达到 2m/s 以上，是地球上最强大的海流；
- 沿岸流：沿岸流是大体与海岸线走势相平行的定向流。它的成因比较复杂，与盛行风、风与浪的相互作用、河流入海造成的海水密度变化等因素有关。一般多出现在河流入海口处。

2.1.5.2 流速的描述

流速通常是随着水深变化而有所变化的，一般近水面流速高，随着水深的增加，流速逐渐减小。多数情况下，流速可以认为是方向稳定、流速量级稳定、速度大小随着水深增大而递减。一般流速的表达式为：

$$V_C(z) = V_{C,wind}(z) + V_{C,Tide}(z) + V_{C,Circ}(z) + ... \tag{2.44}$$

其中，$V_{C,Wind}(z)$ 为风生流在某一水深位置的流速分量；$V_{C,Tide}(z)$ 为潮流在某一水深位置的流速分量；$V_{C,Circ}(z)$ 为环流在某一水深位置的流速分量。

2.1.5.3 流速剖面

（1）潮流。

受到潮流影响较明显的浅水海域，一般可以以幂函数形式表达流速随着水深增大所产生的变化趋势：

$$V_{C,Tide}(z) = V_{C,Tide}(0)\left(\frac{d+z}{d}\right)^{\alpha} \tag{2.45}$$

$V_{C,Tide}(0)$ 为潮流在水面处的速度，一般可取 $\alpha=1/7$。

（2）风生流。

对于风生流，可以以线性表达式的形式来表达风生流的流速剖面：

$$V_{C,Wind}(z) = V_{C,Wind}(0)\left(\frac{d_0+z}{d_0}\right) \tag{2.46}$$

d_0 为风生流衰减至 0 的水深位置。DNV RP C205 对 d_0 的定义为 50m。

对于深水开敞海区，风生流可以以下式近似估算：

$$V_{C,Wind}(z) = kU_{1hour} \tag{2.47}$$

U_{1hour} 为 10m 高处一小时平均风速，$k=0.015～0.03$。

（3）内波流。

在某些受到内波影响的海域，其流速剖面往往更加复杂，甚至会出现某个水深位置上下流速相反的现象出现。如图 2.33 所示为典型的内波流流速剖面。

图 2.33 典型的内波流流速剖面

（4）墨西哥湾环流。

受到湾流影响的海域（如美国墨西哥湾），湾流产生时，其流速剖面并不同于一般流速沿着水深逐渐衰减，其最主要的流速区域可能位于水下几百米的位置，在水深剖面上形成一个明显的"峰"，如图 2.34 所示。

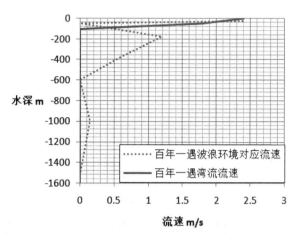

图 2.34 典型墨西哥湾环流流速剖面

2.1.5.4 波流耦合的影响

波流耦合作用产生的影响主要有：

- 流速与波浪的共同作用产生较大的瞬时水质点运动，进而产生较大的拖曳力，对于小尺度结构物产生较大的载荷。
- 流和波浪共同存在的时候，基于多普勒效应，当流与波浪传播方向一致时，波速在流速的贡献下加大，波浪周期变大，波陡变缓；当流与波浪传播方向相反的时候，波浪周期变小，波陡变大。
- 对于不规则波浪，流对于海况的影响更多的是改变了波浪能量的分布。对于同一个波浪谱，当流与波浪方向一致的时候，波长变长，波浪能量范围变大，谱峰变小；当流与波浪方向相反的时候，波长小，波浪能量范围变窄，谱峰增大。
- 波浪与流向斜向相交时，波浪的传播方向会发生改变折射。

较强的流速与波陡较大的波浪之间的耦合作用必须予以考虑。

2.1.6 设计水位

设计水位的变化主要受到潮位和风暴增水的影响：

- 风暴增水（Storm Surge）：风暴增水即"风暴潮"，也称为"气象海啸"，是一种由热带气旋（例如台风、飓风等）、温带气旋或强冷锋等天气系统的强风作用和气压骤变所引起的海面水位高度异常升降现象。
- 天文潮（Astronomical Tide）天文潮是地球上海洋水体受月球和太阳引潮力作用所产生的潮汐现象。天文潮的高潮和低潮位以及出现时间具有规律性，可以根据月球、太阳和地球在天体中相互运行的规律进行推算和预报。天文潮分为正天文潮（HAT）和负天文潮（LAT）。

不同水位对应的是不同水位影响因素的组合，如图 2.35 所示。一般分为以下三种：

● 平均静水水位（Mean Sea Level）位于 HAT 和 LAT 之间的平均水位。

● 风暴增水（Storm Surge）。正确预报风暴增水需要长期的观测数据支持。

● 最大/小静水位（Max/Min Still Water Level）符合设计重现期要求的最高/最低天文潮与正/负风暴增水的组合。

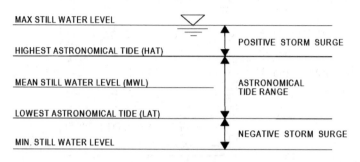

图 2.35　设计水位[15]

在深水浮体分析中，水位的变化量相比于水深而言量级较小，往往可以忽略。当处于浅水条件时，服役和工作的浮式结构物在波浪作用下所产生载荷响应特征具有明显变化，同时，浅水条件下波浪的传播特性与深水条件也存在差异因而在浅水条件下，需要充分考虑水位变化对于浮体所带来的影响。

2.2　浮体载荷

2.2.1　风载荷

2.2.1.1　风载荷基本表达式

（1）风压。

基本风压由下式定义：

$$q = \frac{1}{2}\rho_a U_{T,z}^2 \tag{2.48}$$

式中 q 为基本风压，ρ_a 为空气密度，$U_{T,Z}$ 为 T 平均时间内的高度 Z 处对应的平均风速。

（2）风力。

风力可由下式定义[16]：

$$Fw = q\sum_{1}^{n} C_z C_s A_n \tag{2.49}$$

式中 q 为基本风压，C_z 为受风结构高度系数，C_s 为构件形状系数，A_n 为受风力部件的迎风面积。

2.2.1.2　形状系数与高度系数

风速随着高度变化而变化，可以根据式（2.7）进行转换，同时 *API RP 2SK*[16]给出了基于 1 分钟平均风速的风力高度系数转换关系，如表 2.9 所示。

表 2.9 风力高度系数 C_h（1 分钟平均风速）

水面以上面积中心高度				C_h
英制		美制		
大于	不超过	大于	不超过	
0	50	0	15.3	1.00
50	100	15.3	30.5	1.18
100	150	30.5	46.0	1.31
150	200	46.0	61.0	1.40
200	250	61.0	76.0	1.47

不同的受风构件在风力作用下的受力程度也有所不同，如表 2.10 所示[16]。

表 2.10 受风构件风力形状系数 C_s

受风构件类型	C_s
圆柱形	0.50
船体（吃水线以上表面）	1.00
船甲板室	1.00
独立结构（起重机、槽钢、横梁、角钢）	1.50
甲板以下区域（光滑表面）	1.00
甲板以下区域（暴露的横梁和纵桁）	1.30
井架	1.25

2.2.1.3 计算迎风面积

在计算风面积时，可依照下列步骤[16]：

- 应包括所有柱体的投影面积。
- 可以用一些甲板上的房间组合的投影面积来替代计算每个独立装置的面积。但当替代时，应采用形状系数 C_s=1.10。
- 独立结构（如井架、吊机）应单独计算。
- 通常用于钻塔桅杆和吊杆的开放式桁架可近似取一面投影阻挡面积的 60%。
- 面积计算应当在给定操作条件下对应相应的船体吃水。
- 可以使用表 2.9 中的形状系数。
- 风速随水线以上的高度增加而增加。为了计入这种变化，考虑了一个风力高度系数。可以使用表 2.8 中的高度系数，该表适用于使用 1 分钟定常风的计算方法。
- 可以用于调整不同平均时间间隔风速关系：

$$V_t = \alpha V_{hr} \tag{2.50}$$

其中，V_t 为平均时间段 t 的风速；α 为表 2.3 中的时间系数；V_{hr} 为 1 小时平均风速。

2.2.1.4 风力力矩

由于受风面积不对称以及整体受风面积型心与重心存在一定距离，一般风力还具有三个方向的力矩作用：M_Z、M_X、M_Y。

$$M_{ZW} = \frac{1}{2}\rho\sum_{i=1}^{n}(F_{XWi}D_{xi} + F_{XWi}D_{Yi})U^2 \qquad (2.51)$$

$$M_{XW} = F_{Yw}(C_{YB} - C_{YG}) \qquad (2.52)$$

$$M_{YW} = F_{XW}(C_{XB} - C_{XG}) \qquad (2.53)$$

M_{ZW} 可以根据对应风力作用方向上各个受风部件受到的风力载荷对于整体风力作用点的力矩进行求和得到。

2.2.2 小尺度结构物上的波流载荷

2.2.2.1 流作用下的圆柱体受力

圆柱构件迎流/浪方向上的尺度小于入射波波长（一般构件直径小于入射波波长的 1/5），结构尺度近似小于或等于水质点运动幅值的结构件为小尺度结构物。通过切片理论推导出如下结果[19]：

● 对于水流作用下的直径为 R_0 的固定圆柱体，其受到的合力为：

$$F_X = 2\rho\pi R_0{}^2\dot{U}(t) \qquad (2.54)$$

水密度为 ρ，流速为 $U(t)$。

● 对于水流作用下的运动圆柱，其受到的合力为：

$$F_X' = -\rho\pi R_0{}^2\ddot{X}(t) \qquad (2.55)$$

物体运动加速度为 $\ddot{X}(t)$。

● 柱体受到的水动力可以表达为：

$$F_{x,total} = F_X + F_X' = (1 + C_{mx})\rho\pi R_0{}^2\dot{U}(t)C_{mx}\rho\pi R_0{}^2\ddot{X}(t) \qquad (2.56)$$

$$F_{Y,total} = F_Y + F_Y' = (1 + C_{my})\rho\pi R_0{}^2\dot{V}(t)C_{my}\rho\pi R_0{}^2\ddot{Y}(t) \qquad (2.57)$$

其中 C_{mx}、C_{my} 分别为对应运动方向的附加质量系数。

● 流体作用在非圆形截面结构物上将产生一个绕着 Z 轴旋转的力矩（Munk Moment），其表达式为：

$$M_{munk} = \rho A(C_{mx} - C_{my})(U - \dot{X})(V - \dot{Y}) - C_{mz}\dot{\Omega} \qquad (2.58)$$

A 为结构截面面积，C_{mz} 为结构绕 Z 轴旋转的附加质量系数，$\dot{\Omega}$ 为结构绕 Z 轴旋转的加速度。

● 附加质量

比浮体本身惯性力（自重乘以加速度）更大的载荷才能使得浮体产生加速度。这个额外的力通常称为流体的附加质量。当流体处于运动状态时，伴随着附加质量力和 F-k 力的产生。附加质量系数 C_a 通常定义为附加质量与物体排水量的比。如图 2.36 所示为椭球体的附加质量。

确定附加质量系数后，结构所受到的附加质量载荷即为：

$$F_a = -C_a\rho V\ddot{U}_{n,water} \qquad (2.59)$$

$\ddot{U}_{n,water}$ 中的 n 表示不同切片。

● 小尺度构件的 F-k 力

小尺度构件傅如德—克雷洛夫力（F-k 力）：如果结构放置在水质点具有加速度的水中，压力梯度在使得水质点具有加速度的同时，也在结构上作用了一定的力，即：

$$F_{F-k} = \rho V\ddot{U}_{water} \qquad (2.60)$$

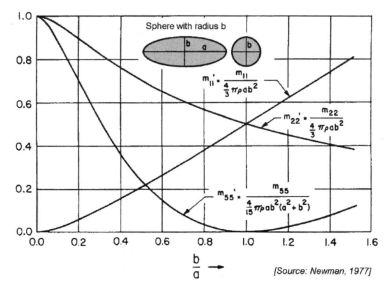

图 2.36　椭球体的附加质量[17]

● 总惯性力

对于体积为 V 的结构，其某一切片垂直于流场方向受到的惯性力为：

$$dF = \rho \ddot{U}_{n,water} dV + C_a \rho (\ddot{U}_{n,water} - \ddot{X}_n) dV$$

$$dF = C_m \rho \ddot{U}_{n,water} dV - C_a \rho \ddot{X}_n dV \qquad (2.61)$$

这里 $C_m = C_a + 1$，$\ddot{U}_{n,water}$ 为流体水质点加速度，$\ddot{X}_n$ 为结构加速度。波浪作用下结构所受到的惯性力包含了结构自身惯性载荷和波浪中流体的惯性载荷，流体惯性载荷即为波浪载荷。

2.2.2.2 莫里森（Morison）公式

对于位于震荡流 $U = A\omega\sin\omega t$ 中的圆柱体，由于流动是周期性的，可以假设圆柱受到的力也是周期性的[19]：

$$F_X(t) = F_{C1}\cos\omega t + F_{s1}\sin\omega t + F_{C2}\cos 2\omega t + F_{s2}\sin 2\omega t + ... \qquad (2.62)$$

其中 $F_{C1}\cos\omega t$ 是与结构加速度同相位的惯性力载荷项；$F_{s1}\sin\omega t$ 为与流体速度同相位的阻力载荷项，忽略高频项，则式（2.62）可以表达为：

$$F_X = \rho C_M A\dot{U} + \frac{1}{2}\rho C_D U|U| \qquad (2.63)$$

C_D 为拖曳力系数，$C_M = 1 + C_m$，其中 C_m 为附加质量系数。

柯莱根－卡朋特数（Kc 数）定义为：

$$Kc = 2\pi \frac{A}{D} \qquad (2.64)$$

A 为震荡流幅值，D 为圆柱直径。

当 $C_D=1$，$C_M=2$ 时，阻力与惯性力之比为 $0.043Kc$。从一个侧面可以发现：当 Kc 数大的时候，阻力在整体载荷中占比较高；当 Kc 数较小的时候，惯性力占比较高。

在实际使用中，通常以不同柱体"切片"积分的形式求得整个圆柱形结构件上的波浪和流载荷，对于某个圆柱的某一截面，该截面受到的 X 方向的力可以表达为：

$$dFx = \left\{ \frac{1}{2}\rho C_D D(U - \dot{X}) |U - \dot{X}| + \rho(1 + C_m)\frac{\pi D^2}{4}\dot{U} - \rho C_m \frac{\pi D^2}{4}\ddot{X} \right\} dL \qquad (2.65)$$

对相同截面特征杆件沿着长度方向进行积分从而求出整体受力，即著名的莫里森公式。对于上式，C_m 和 C_D 的选取是至关重要的。

2.2.2.3 拖曳力系数、附加质量系数以及拖曳力系数的线性化

拖曳力系数 C_D 与物体表面粗糙度、雷诺数 Re、K_C 数有密切关系。

- 雷诺数 Re 定义为：$Re = UD/\nu$，ν 位流体黏性系数，U 为流体速度，D 为结构特征尺度；
- K_C 数定义为：$Kc = AT/D$，A 为流体速度幅值，T 为周期；
- 粗糙度 $\Delta = k/D$，k 为粗糙度高度。

对于高雷诺数 $Re > 10^6$ 和大 Kc 数时，拖曳力系数关于粗糙度的关系为[15]：

$$C_D(\Delta) = \begin{cases} 0.65 & ;\Delta < 10^{-4} \\ [29 + 4\log_{10}(\Delta)]/20 & ;10^{-4} < \Delta 10^{-2} \\ 1.05 & ;\Delta > 10^{-2} \end{cases} \qquad (2.66)$$

如图 2.37 所示为定圆柱拖曳力系数 C_D 与柱体表面粗糙度的关系。

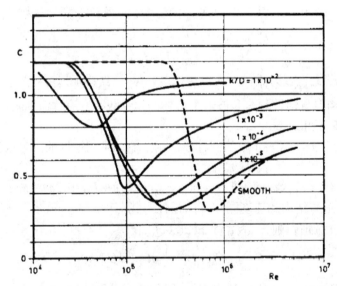

图 2.37　定圆柱拖曳力系数 C_D 与柱体表面粗糙度的关系[15]

一般材料的表面粗糙度为[15]：

- 新的钢材料，没有涂层 $K = 5 \times 10^{-5}$；
- 有涂层的钢材料，$K = 5 \times 10^{-6}$；
- 严重腐蚀的钢材料，$K = 3 \times 10^{-3}$；
- 混凝土材料，$K = 3 \times 10^{-3}$；
- 材料表面有海生物附着，$K = 5 \times 10^{-3} \sim 5 \times 10^{-2}$。

在确定结构直径的时候，需要充分考虑海生物附着的增厚影响。

附加质量系数依赖于 Kc 数，具体可参考图 2.38。

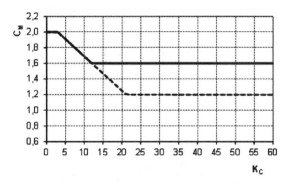

图 2.38 加质量系数与 Kc 数的关系[15]

式（2.65）中的 $(U-\dot{X})|U-\dot{X}|$ 项并不适合在频域中进行计算。当 U 在均值为零的高斯随机变量（不规则波）作用下时：

$$(U-\dot{X})|U-\dot{X}|\approx\lambda\sigma_U U \tag{2.67}$$

σ_U 为相对运动速度的均方差，可以通过迭代运算求得 λ 的值，通常 $\lambda=\sqrt{8/\pi}$。跟式（2.62）阻力项相比较，则：

$$\frac{1}{2}\rho C_D D(U-\dot{X})|U-\dot{X}|=\frac{1}{2}\rho C_D D\lambda\sigma_U(U-\dot{X}) \tag{2.68}$$

阻力中的非线性项进行了线性化处理，通过给定海况进行迭代计算，可以使莫里森公式阻力项在频域中进行求解，使得莫里森杆件的阻尼效果可以通过更直观的方法来进行估计。

2.2.2.4 升力与涡激振动

当圆柱体旋转、柱体不对称、存在尾流、周边有其他结构物存在或者存在旋涡泄放（涡泄）时（图 2.39），柱体受到垂直于来流方向的升力作用：

$$f_L=C_L\frac{1}{2}\rho U^2 D \tag{2.69}$$

C_L 为升力系数，U 为来流速度，D 为柱体直径，f_L 为单位长度柱体升力载荷幅值。

图 2.39 圆柱体尾流旋涡

黏性流体流过圆柱发生周期性的涡泄，涡泄的发生频率以斯特哈罗数（Strouhal，S_t）表达：

$$f_V=S_t\frac{U}{D} \tag{2.70}$$

S_t 为无量纲参数斯特哈罗数。当涡泄频率接近结构自振频率时可能诱发结构的震颤或抖震，即涡激振动（VIV）。

对于稳定流速作用下的光滑圆柱，S_t 与雷诺数 Re 相关。

涡泄对于结构物产生周期性的升力变化和纵向拖曳力变化，呈现的特征为：

● 沿着流向，脉动拖曳力以两倍涡泄频率（$2f_V$）作用在结构物上。

● 升力以涡泄频率 f_v 持续作用在结构横向方向，使其产生横向往复运动。

通常，当涡泄频率 f_v 在结构共振频率 30%的范围内，涡激振动就有可能发生。

如图 2.40 所示为稳定流速光滑圆柱条件下 S_t 与 R_e 的关系。

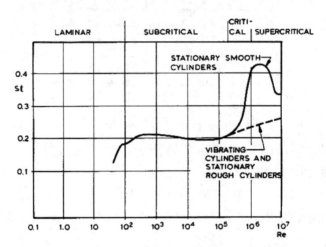

图 2.40　稳定流速光滑圆柱条件下 S_t 与 R_e 的关系

一般在描述涡激振动时使用约化速度（Reduced Velocity）的概念，其表达式为：

$$U_R = \frac{U}{f_n D} \tag{2.71}$$

f_n 为结构固有频率。

柔性圆柱在定常流中的响应特征分为三个区域（图 2.41）：

● 第一个区域为与流同向不稳定区域 U_R=1.2～2.5；

● 第二个区域为与流同向稳定区域 U_R=2.7～3.8;

● 第三个区域为横向不稳定区域 U_R=4.8～8.0。

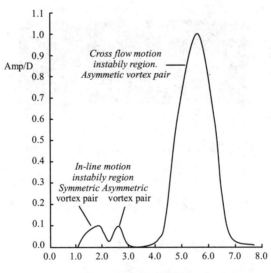

图 2.41　涡泄区域划分

描述涡激振动稳性的参数 K_S 被定义为：

$$K_S = \frac{2m_e\delta}{\rho D^2} \qquad (2.72)$$

ρ 为流体密度；m_e 为杆件单位长度；$\delta = 2\pi\xi$，ξ 为临界阻尼比，此时结构整体阻尼包括结构阻尼、水动力阻尼以及其他阻尼成分；D 为构件直径。

如图 2.42 所示为顺流运动幅值及横向运动幅值与稳定系数 K_S 的关系[12]。

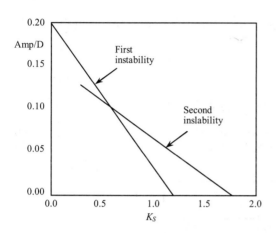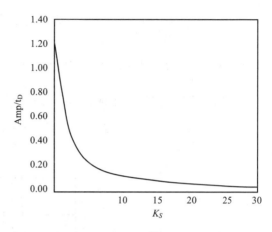

图 2.42 顺流运动幅值及横向运动幅值与稳定系数 K_S 的关系[12]

对于固定圆柱，涡激振动对于拖曳力系数所带来的变化可以用下式近似估计[15]：

$$C_D = C_{D0}\left(1 + 2.1\frac{A}{D}\right) \qquad (2.73)$$

A 为横向振动幅值，C_{D0} 为固定圆柱的拖曳力系数。

对于柔性的立管，涡激振动对于拖曳力系数所带来的变化可以用下式近似估计[15]：

$$C_D = C_{D0}\left[1 + 1.043\left(\frac{2A_{rms}}{D}\right)^{0.65}\right] \qquad (2.74)$$

A_{rms} 为涡激振动运动幅值的标准差。

在波浪主导的流场里，涡激振动对于拖曳力系数所带来的变化可以用下式近似估计[15]：

$$C_D = C_{D0}\left(1 + \frac{A}{D}\right) \qquad (2.75)$$

2.2.3 浮体动力学方程

单自由度刚体自由振动时其动力学方程为：

$$(M + \Delta M)\ddot{X} + B\dot{X} + KX = 0 \qquad (2.76)$$

M 为刚体对应自由度的质量或惯性质量；ΔM 为刚体对应自由度的附加质量或附加质量惯性质量；B 为阻尼；K 为刚体对应自由度的恢复刚度。

式子（2.76）每一项都除以（$M + \Delta M$），则式子变为：

$$\ddot{X} + 2\xi\lambda\dot{X} + \lambda^2 X = 0 \qquad (2.77)$$

$\xi = B/[2(M+\Delta M)\lambda]$ 为无纲量阻尼比；$\lambda = \sqrt{\dfrac{K}{M+\Delta M}}$ 为刚体对应自由度的运动固有周期。

当浮体受到简谐载荷作用时，其运动方程为：

$$\ddot{X} + 2\xi\lambda\dot{X} + \lambda^2 X = \frac{F_0}{M+\Delta M}\sin\omega t \tag{2.78}$$

浮体运动稳态解为：

$$X(t) = A\sin(\omega t - \beta) \tag{2.79}$$

其中 $A = \dfrac{F_0}{K}\dfrac{1}{\sqrt{(1-\gamma^2)^2+(2\xi r)^2}}$ 为运动幅值；$\gamma = \dfrac{\omega}{\lambda}$ 为简谐载荷频率与结构固有频率的比；

$\beta = \arctan\dfrac{2\xi\gamma}{1-\gamma^2}$ 为运动滞后于简谐载荷的相位。

运动幅值与静位移的比称为动力放大系数 DAF（图 2.43），即：

$$DAF = \frac{A}{F_0/K} = \frac{1}{\sqrt{(1-\gamma^2)^2+(2\xi\gamma)^2}} \tag{2.80}$$

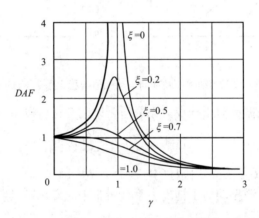

图 2.43　动力放大系数与无纲量阻尼及频率比的关系

当无纲量阻尼比 $\xi = 0$ 时，$DAF = \dfrac{1}{\sqrt{(1-\gamma^2)^2}}$，当激励频率与固有频率接近时，$DAF$ 趋近于 ∞；

- 当无纲量阻尼比 $\xi \neq 0$ 时，DAF 极值为 $DAF_{\max} = \dfrac{1}{2\xi\sqrt{1-\xi^2}}$；

- 当无纲量阻尼比 ξ 较小时时，DAF 极值近似为 $DAF_{\max} \approx \dfrac{1}{2\xi}$。

由此可以看出，系统阻尼越大，动力放大系数 DAF 越小，阻尼的存在对于抑制共振幅值起着关键作用。

对于相位：

- 当阻尼比 γ 较小，且频率比 γ 远小于 1 时，相位角 β 趋近于 0；
- 当频率比 γ 远大于 1 时，β 趋近于 π；
- 当频率比 $\gamma = 1$，无论阻尼比为何值，响应相位 $\beta = \pi/2$。

如图 2.44 所示为相位角与无纲量阻尼比及频率比的关系。

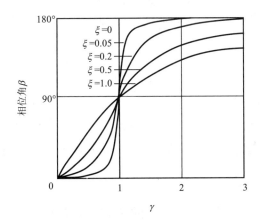

图 2.44 相位角与无纲量阻尼比及频率比的关系

在多种环境载荷作用下，浮体动力方程可以表达为：

$$[M + \Delta M]\ddot{X} + [B_{rad} + B_{vis}]\dot{X} + [K_{stillwater} + K_{mooring}]X =$$
$$F_1 + F_{2Low} + F_{2High} + F_{wind} + F_{current} + F_{others}$$

（2.81）

其中：

- M 为浮体质量矩阵；
- ΔM 为浮体附加质量矩阵；
- B_{rad} 为辐射阻尼矩阵；
- B_{vis} 为黏性阻尼矩阵；
- $K_{stillwater}$ 为静水刚度；
- $K_{mooring}$ 为系泊系统刚度；
- F_1 为一阶波频载荷；
- F_{2Low} 为二阶低频载荷；
- F_{2High} 为二阶高频载荷；
- F_{wind} 为风载荷；
- $F_{current}$ 为流载荷；
- F_{others} 为其他载荷。

浮体运动自由度的固有周期表达式为：

$$T_i = 2\pi \sqrt{\frac{M_{ii} + \Delta M_{ii}}{K_{ii,stillwater} + K_{ii,mooring}}}$$

（2.82）

其中质量矩阵表达式为：

$$M_{ij} = \begin{pmatrix} M & 0 & 0 & 0 & Mz_G & -My_G \\ 0 & M & 0 & -Mz_G & 0 & Mx_G \\ 0 & 0 & M & My_G & -Mx_G & 0 \\ 0 & -Mz_G & My_G & Ixx & Ixy & Ixz \\ Mz_G & 0 & -Mx_G & Iyx & Iyy & Iyz \\ -My_G & Mx_G & 0 & Izx & Izy & Izz \end{pmatrix}$$

（2.83）

式中（x_G, y_G, z_G）为重心位置；I_{ij} 为惯性质量。

刚度矩阵表达式为：

$$K_{ij,Stillwater} = \begin{pmatrix} 0 & 0 & 0 & 0 & 0 & 0 \\ 0 & 0 & 0 & 0 & 0 & 0 \\ 0 & 0 & \rho g S & \rho g S_2 & -\rho g S_1 & 0 \\ 0 & 0 & \rho g S_2 & \rho g (S_{22} + V_{ZB}) - M g z_G & -\rho g S_{12} & -\rho g V_{XB} + M g x_G \\ 0 & 0 & \rho g S_1 & -\rho g S_{12} & \rho g (S_{11} + V_{ZB}) - M g z_G & -\rho g V_{YB} + M g y_G \\ 0 & 0 & 0 & -\rho g V_{XB} + M g x_G & -\rho g V_{YB} + M g y_G & 0 \end{pmatrix}$$

$$(2.84)$$

其中（X_B, Y_B, Z_B）为浮心位置；S 为水线面面积；S_i / S_{ij} 为水线面面积一阶/二阶矩。

- ΔM、B_{rad}、F_1、F_{2Low}、F_{2High} 可以由水动力计算软件求出；
- B_{vis} 可以通过莫里森单元进行计算，也可以自行指定并添加到计算模型中；
- $K_{mooring}$ 为系泊刚度，可以由系泊分析软件给出结果，也可以自行计算输入到计算模型中；
- F_{wind} 风载荷一般通过指定风力系数，在计算模型中输入风速来进行计算；
- $F_{current}$ 流载荷一般通过指定流力系数，在计算模型中输入流速来进行计算。

对于浮体运动通常需要考虑六个自由度：纵荡（Surge）、横荡（Sway）、升沉（Heave）、横摇（Roll）、纵摇（Pitch）以及艏摇（Yaw），如图 2.45 所示。对于一般的船型结构物，纵荡、升沉、纵摇运动是耦合的；横荡、横摇运动是耦合的。

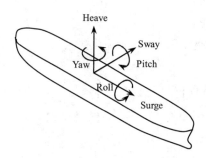

图 2.45　浮体的六个运动自由度

2.2.4　静水力载荷

静水压力表达式为：

$$P_0 = -\rho g z \tag{2.85}$$

z 为水面以下某点相对于静水面的深度。

浮体浸入水中所受到的浮力为：

$$F_0 = -\int_{S_w} z n \mathrm{d}S \tag{2.86}$$

S_w 为浸入水中湿表面面积；$n = (nx, ny, nz)$ 为方向向量。

在船舶静力学中，船舶的横稳性高度定义为：

$$GM_T = BM_T + KB - KG \tag{2.87}$$

联系到式（2.81），其中 $BMT=S_{22}/V$，$KB=z_B$，$KG=z_G$（浮心、重心都以船底基线为原点）。船舶的纵稳性高度定义为：

$$GM_L = BM_L + KB - KG \tag{2.88}$$

那么对于横摇方向静水刚度 K_{44} 和纵摇方向静水刚度 K_{55}，就可以用稳性高度来表达：

$$K_{44} = \rho g V \cdot GM_T$$
$$K_{55} = \rho g V \cdot GM_L \tag{2.89}$$

船舶垂向的刚度是由水线面提供的，在吃水变化不大的前提下，垂向静水刚度 K_{33} 由下式表达：

$$K_{33} = \rho g A_w \tag{2.90}$$

A_w 为水线面面积。

2.2.5　波浪载荷特性与计算理论适用范围

结构尺度大小相对于波浪波长大小不同，波浪载荷特性也会产生较大的区别。一般结构物的特征长度 D 大于六分之一的波长时（$D>\lambda/6$），物体本身对于波浪会产生较为明显的影响（即结构物的绕射作用并相应地产生绕射波浪力 Diffraction Force）。结构特征长度小于波长五分之一，结构对于波浪的影响基本可以忽略，此时黏性载荷与惯性载荷（Drag and Inertia Force）是波浪载荷的主要成分。

在海洋工程浮体分析中，诸如 FPSO、半潜平台、Spar 平台、TLP、重力式混凝土平台（GBS）以及其他工程船舶（起重船、铺管船、驳船等）都属于大型结构物，其绕射作用不可忽略。一般钢桩导管架、桁架式自升平台的桩靴、Truss Spar 的桁架结构、垂荡板结构以及其他小直径结构物适合使用莫里森公式进行波浪载荷计算。

波浪载荷特性与结构特征长度 D 以及波长 λ、波高 h 的关系如图 2.46 所示。

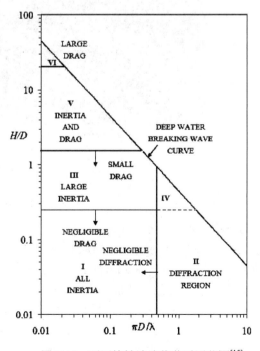

图 2.46　不同特性波浪载荷适用范围[15]

- 黏性载荷（拖曳力载荷）（Drag Load）：在流体的黏性特性作用下，小尺度结构物受到的压力拖曳力与摩擦拖曳力。
- 绕射载荷（Diffraction Load）：由于结构尺度较大，其对于流场的影响不可忽略，结构此时不可穿透。结构存在使得波浪产生变化并产生绕射作用，其对于波浪载荷的修正即波浪绕射力。
- 惯性载荷（Inertia Load）：产生于流体水质点相对于结构的加速度作用。可以认为是绕射作用中的一个特例，即波浪并没有收到结构存在所产生的影响。

对于一些大尺度、小尺度结构共存的浮体（如图 2.47 中的 Truss Spar 与具有横撑/斜撑的半潜平台），想要真实地计算结构整体受到的波浪载荷，需要同时考虑大尺度部件的绕射波浪载荷以及小尺度结构部件的黏性波浪载荷。

图 2.47　Truss Spar 与具有横撑的半潜钻井平台

2.2.6　波浪载荷的周期特征

对于系泊在指定位置并长期服役的海上浮式平台，其在服役期内持续受到风、浪、流的共同作用，环境载荷作用下的系泊浮体呈现不同的运动特征，主要包括：

- 波频载荷与波频运动（Wave Frequency Load and Motion，WF）；
- 低频频载荷与波频运动（Low Frequency Load and Motion，LF）；
- 高频载荷与波频运动（High Frequency Load and Motion，HF）。

波频载荷量级最大，能量范围最广（5~20s），浮体在波频载荷的作用下产生波频运动。波频载荷无时无刻都存在，因而使得浮体六个自由度运动固有周期避开波频载荷的主要能量范围，避免共振，降低浮体响应是海洋工程浮体设计中非常重要的一项设计原则。

表 2.11 典型浮体运动固有周期（单位 s）

运动自由度	FPSO	Spar	TLP	半潜
纵荡	>100	>100	接近或大于 100	>100
横荡	>100	>100	接近或大于 100	>100
升沉	5～20	20～35	<5	20～50
横摇	5～30	>30	<5	30～60
纵摇	5～20	>30	<5	30～60
艏摇	>100	>100	接近或大于 100	>50

低频波浪载荷是关于两个规则成分波频率之差（$\omega_i - \omega_j$）的波浪载荷。由于系泊浮体平面内运动固有周期（纵荡、横荡）与艏摇固有周期较大，对应运动自由度的整体阻尼较小，在低频波浪载荷作用下系泊浮体这三个自由度的运动下易发生共振，即二阶波浪载荷导致的低频运动。如果浮体其他自由度的运动固有周期较大，也有可能在低频波浪载荷的作用下产生共振（譬如 Spar 的较大的升沉与横纵摇固有周期）。

高频波浪载荷中的和频载荷是关于两个波浪成分波频率之和（$\omega_i + \omega_j$）的波浪载荷。在张力腱系统的约束下，TLP 的升沉、横摇、纵摇固有周期在 5s 以下（频率大于 1.25rad/s），容易在和频波浪载荷的作用下产生高频弹振。

高频波浪载荷还有另外一种非常重要的类型，即高速航行的船舶由于多普勒效应产生的波浪遭遇频率升高，波频载荷在高遭遇频率下与结构共振频率接近并产生弹振。

其他的高频波浪载荷还包括底部抨击、外飘抨击等。

2.2.7 波频载荷与波频运动

（1）势流理论基本假设与边界条件。

势流（Potential Flow）是指流体中速度场是标量函数（即速度势）梯度的流。势流的特点是无旋、无黏、不可压缩。

对于简谐传播的波浪中具有浮动刚体的流场，其速度势可以分为三个部分：

$$\phi(x, y, z, t) = \phi_r + \phi_\omega + \phi_d \tag{2.91}$$

其中，ϕ_r 为辐射势，由浮体运动产生；ϕ_ω 为波浪未经浮体扰动的入射势；ϕ_d 为波浪穿过浮体后产生的波浪绕射势。

需要满足的边界条件有：

1）满足拉普拉斯方程（Laplace Equation）：

$$\frac{\partial^2 \phi}{\partial x^2} + \frac{\partial^2 \phi}{\partial y^2} + \frac{\partial^2 \phi}{\partial z^2} = 0 \tag{2.92}$$

2）海底边界条件：

$$\frac{\partial \phi}{\partial z} = 0, \quad z = -h \tag{2.93}$$

3）自由表面条件：

$$\frac{\partial^2 \phi}{\partial t^2} + g\frac{\partial \phi}{\partial z} = 0, z = 0 \tag{2.94}$$

④ 浸没物体表面条件：

$$\frac{\partial \phi}{\partial n} = \sum_{j=1}^{6} v_j f_j(x, y, z) \tag{2.95}$$

⑤ 辐射条件：

辐射波无穷远处速度势趋近于 0

$$\lim_{R \to \infty} \phi = 0 \tag{2.96}$$

（2）波浪力的组成。

浮体浸入水中受到的力和力矩分别可以表示为：

$$\vec{F} = -\iint_{S} (p \cdot \vec{n}) \cdot \mathrm{d}S$$

$$\vec{M} = -\iint_{S} p \cdot (\vec{r} \times \vec{n}) \cdot \mathrm{d}S \tag{2.97}$$

S 为浮体湿表面，$\vec{n}$ 由浮体内指向流场。压力 p 通过线性化的伯努利方程以速度势表达：

$$p = -\rho\frac{\delta\phi}{\delta t} - \rho gz = -\rho\left(\frac{\delta\phi r}{\delta t} + \frac{\delta\phi\omega}{\delta t} + \frac{\delta\phi d}{\delta t}\right) - \rho gz \tag{2.98}$$

则

$$\vec{F} = \vec{F}_r + \vec{F}_\omega + \vec{F}_d + \vec{F}_s$$

$$\vec{M} = \vec{M}_r + \vec{M}_\omega + \vec{M}_d + \vec{M}_s \tag{2.99}$$

其中 $\vec{F}_r$、$\vec{M}_r$ 为浮体强迫振动产生的辐射载荷；$\vec{F}_\omega$、$\vec{M}_\omega$ 为浮体固定时入射波浪产生的载荷；$\vec{F}_d$、$\vec{M}_d$ 为浮体固定时产生的绕射波载荷；$\vec{F}_s$、$\vec{M}_s$ 为静水力载荷。

（3）附加质量与辐射阻尼。

当浮体发生强迫振动时，其在 j 方向和 k 方向产生的耦合水动力包含附加质量和辐射阻尼两个部分：

$$M_{kj} = -\mathrm{Re}\{\rho\iint_{S}\phi_j\frac{\partial\phi_k}{\partial n}\mathrm{d}S\}, \quad N_{kj} = -\mathrm{Im}\{\rho\omega\iint_{S}\phi_j\frac{\partial\phi_k}{\partial n}\mathrm{d}S\}$$

$$M_{jk} = -\mathrm{Re}\{\rho\iint_{S}\phi_k\frac{\partial\phi_j}{\partial n}\mathrm{d}S\}, \quad Nkj = -\mathrm{Im}\{\rho\omega\iint_{S}\phi_k\frac{\partial\phi_j}{\partial n}\mathrm{d}S\} \tag{2.100}$$

如图 2.48 所示为波激力、附连质量力、阻尼力和回复力的叠加。

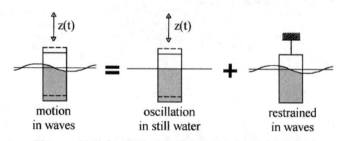

图 2.48　波激力、附连质量力、阻尼力和回复力的叠加

（4）格林第二公式（Green's Second Theorem）。

应用格林第二公式，两个单独的速度势关系可以表达为：

$$\iiint_{V'}(\phi_j\nabla^2\phi_k-\phi_k\nabla^2\phi_j)\mathrm{d}V'=\iint_{S'}(\phi_j\frac{\partial\phi_k}{\partial n}-\phi_k\frac{\partial\phi_j}{\partial n})\mathrm{d}S' \tag{2.101}$$

S'为封闭体积 V的封闭表面。体积 V'由一个假定的、直径为 R 的圆形范围、深度为 $z=-h$ 的海底平面以及浮体湿表面包围而成。应用边界条件，最终可以得如下结论：

$$M_{kj}=M_{jk},\ N_{kj}=N_{jk} \tag{2.102}$$

这一结论说明对于六自由度运动的浮体,附加质量和辐射阻尼的 6×6 矩阵均为对称矩阵。如图 2.49 所示为边界条件。

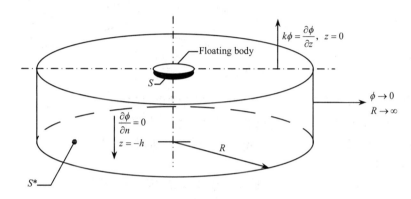

图 2.49　边界条件

（5）哈斯金德关系（Haskind Relations）。

浮体受到的波浪力/力矩可以表达为：

$$F_{\omega_k}=-i\rho e^{-i\omega t}\iint_S(\phi_\omega+\phi_d)\frac{\partial\phi_k}{\partial n}\mathrm{d}S \tag{2.103}$$

ϕ_k 为 k 方向的辐射势，ϕ_d 绕射势是待求解的内容。在零航速条件下应用边界条件，根据格林第二定理可以给出辐射势与绕射势之间的关系：

$$\iint_S\phi_d\frac{\partial\phi_k}{\partial n}\mathrm{d}S=\iint_S\phi_k\frac{\partial\phi_d}{\partial n}\mathrm{d}S$$
$$\iint_S\phi_d\frac{\partial\phi_k}{\partial n}\mathrm{d}S=-\iint_S\phi_k\frac{\partial\phi_\omega}{\partial n}\mathrm{d}S \tag{2.104}$$

则式（2.103）可变为由辐射势和入射势求解的方程：

$$F_{\omega_k}=-i\rho e^{-i\omega t}\iint_S(\phi_\omega\frac{\partial\phi_k}{\partial n}+\phi_k\frac{\partial\phi_\omega}{\partial n})\mathrm{d}S \tag{2.105}$$

对于零航速的水动力求解问题，波浪激励可以由入射波和辐射波表达。在某些可以水动力的软件中（如 WAMIT），求解辐射—绕射势得出的结果可以与应用哈斯金德关系求出的结果进行对比，这二者的结果应是一致的。

（6）切片理论。

切片理论是一种水动力问题求解的近似方法。对于长宽比较大（$L/B\geqslant3$）、具有航速或零航速的船舶，在计算船体水动力时，可以假定船体由许多横剖面薄片组成，每片都认为是无限长柱体的一个横剖面，最终将三维水动力问题装换为二维水动力问题求解。通过计算船体每个典型剖面的水动力系数，沿着船长积分最终求出整体的附加质量、辐射阻尼和波浪力。如图2.50 所示是船体的一个"切片"示意。

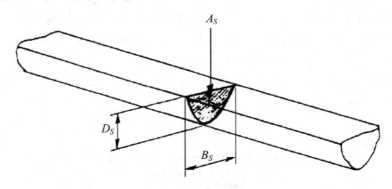

图 2.50　船体的一个"切片"示意

切片理论在船舶水动力分析理论发展中占有非常重要的地位，主要包括三种基本方法：

1）厄塞尔法（Ursell method）：求解圆柱截面水动力问题。

2）保角变换法（Conformal mapping）：包括李维斯保角变换和渐进保教变换等，求解近似船体截面形状的水动力问题。

3）塔赛法（Tasai Theory）：结合厄塞尔法与保角变换的二维切片法。

4）弗兰克汇源法（Frank Theory）：用于船型截面水动力求解。

关于各种切片理论方法这里不再进行详细介绍。切片法计算速度快、精度好，在船舶与海洋工程水动力分析领域依旧有着广泛的应用。

（7）三维势流理论与面元法。

面元法是分析大型结构物在规则波作用下载荷与运动响应的常用方法。面元法基于势流理论，假设流体震荡和结构运动幅度与结构特征尺度相比是小量，且忽略黏性作用，在结构的平均湿表面上混合分布源、汇和偶极子，是水动力求解的一种数值算法。这里对于面元法不进行详细介绍，仅对面元法对网格的要求以及不规则频率进行讲解。

面元法的计算精度与网格描述船体湿表面的精细程度（即网格单元质量）有关，一般遵循以下几个准则：

1）面元大小应小于计算波长的 1/7。

2）结构湿表面的面元分布应充分表征结构的湿表面的几何尺度变化，对于圆柱结构，在其圆周方向应布置 15～20 个单元以捕捉其几何尺度变化。

3）对于尖角位置以及其他船体几何尺度变化剧烈的地方，应采用较小的单元以减少计算误差。

4）单元之间不应距离过近，均匀的、正方形的单元较好。

5）可以不断加大网格密度进行试算，查看计算结果收敛来校验网格质量与计算结果精度。

6）面元法与有限元法有本质的区别，面元法的单元分布不必要求单元节点之间连续（如图 2.51 所示）。

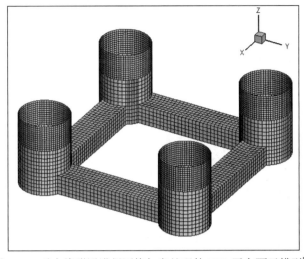

图 2.51　对水线附近进行网格加密处理的 TLP 平台面元模型[23]

　　面元法计算结果中的"不规则频率"对应的水动力计算结果出现很明显的跳跃，与前后数据趋势不一致，是三维势流源汇法所具有的特殊现象，其表示的是船体内部虚拟流体运动的特征频率，而实际上这一"虚拟"的流体运动实际上并不存在。

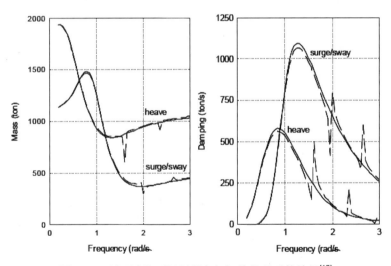

图 2.52　面元法的不规则频率与加盖处理后的结果[17]

　　一般随着水动力计算频率的增加，不规则频率会陆续出现。增加面元模型的单元数目能够降低不规则频率计算结果的震荡范围，但不能根本上去除不规则频率。一种常见的去除不规则频率的方法是"加盖"法（Lid Method），对浮体内部自由表面建立控制单元，形成一个"盖子"来起到去除不规则频率的作用。

　　需要指出的是，对完全浸没的物体进行计算不会出现不规则频率。

2.2.8　平均波浪力

　　对于无限水深的直立墙壁，波幅为 A 的规则波作用在墙上的平均力为：

$$F_{mean} = \frac{1}{2}\rho g A^2 \cos^2 \beta \tag{2.106}$$

其中 β 为规则波的入射角。

对于水面上无限长的圆柱体，波浪作用在浮体上的一部分被反射，波浪作用在其上的平均波浪力可以表达为：

$$F'_{mean} = \frac{1}{2}\rho g [R(\omega)A]^2 \tag{2.107}$$

$R(\omega)$ 为对应入射波的反射系数。

不进行任何约束，浮体在规则波的平均载荷作用下逐渐偏离原位置，因而这个平均载荷习惯性地称为"波浪平均漂移力"。

平均漂移力的计算方法主要有远场法、近场法、中场法以及控制面法，主要特点如表 2.12 所示。

表 2.12　波浪平均漂移力计算方法特点对比

名称	远场法 Far-field	近场法 Near-field	中场法 Mid-field	控制面法 Control Surface
又名	Maruo-Newman 法	Pinkster 法	陈晓波法	\
原理	动量	面元直接积分	中场控制面	动量通量
结果自由度	三自由度	六自由度	六自由度	六自由度
计算精度	高	低	高	高
计算效率	高	高	高	低
能否进行多体计算	否	可以	可以	可以

- 远场法（Maruo-Newman Method，Far-field Method），一种出现较早的平均漂移力求解方法。采用船体与无穷远处控制条件，通过动量方法求解浮体纵荡、横荡以及艏摇方向的波浪平均漂移力。远场法计算精度较高，但只能计算三个自由度的平均漂移力载荷。远场法不能用于多体耦合状态下的浮体平均漂移力求解。
- 近场法（Pinkster Method，Near-field Method）也称为直接积分法，基于势流理论假定，对浮体表面的压力进行积分，精确到波幅的二阶，从而求得浮体所有六个自由度的平均漂移力。近场法可以给出六个自由度的平均漂移力载荷，但计算精度依赖于面元网格质量，在尖角位置收敛性较差。近场法可以求解多体耦合的平均漂移力。
- 中场法也称为中场公式或陈晓波法。在一个包围浮体并距离浮体一定位置的面进行载荷求解，避免了压力直接积分的精度误差并给出六个自由度的平均漂移力计算结果。中场法可以求解多体耦合的平均漂移力。
- 控制面法（Control Surface Method）：在浮体与自由表面交界的位置定义控制面，通过动量/通量原理计算平均漂移力。控制面法能够给出精度较高的关于浮体六个自由度的平均漂移力。

远场法和近场法是应用较为广泛的计算方法，近场法因为计算精度依赖面元模型划分情况，精度不稳定，远场法计算结果精度较高，通常将近场法计算结果与远场法计算结果进行对比校验，以检验近场法计算结果的精度以及侧面验证面元模型的网格质量。

2.2.9 低频波浪载荷

低频载荷主要包括两部分：低频风载荷和低频波浪载荷。流载荷由于变化的周期非常长，很难与系泊结构产生共振，因而通常流载荷被认为是定常载荷。低频风载荷和低频波浪载荷对于系泊浮体的影响程度不同，但一般而言，相比于低频波浪载荷，低频风载荷的影响较小。

从量级上看低频波浪载荷小于波频载荷，但低频载荷由于与系泊浮体的平面运动自由度（纵荡与横荡）以及艏摇运动固有周期接近，其产生的共振成为系泊浮体产生较大平面偏移（Offset）的主要因素。

低频波浪载荷对于系泊系统的影响主要包括：

（1）低频波浪载荷是二阶低频波浪载荷，不同于波频载荷，二阶低频波浪载荷以正比于波浪幅值的平方，因而在恶劣海况下，低频波浪载荷量级增加明显。

（2）系泊浮体纵荡、横荡以及艏摇运动自由度的固有周期较长，频率较低，与低频波浪载荷容易产生共振，加之系泊系统（包括船体）阻尼量较小，因而当低频波浪载荷作用在系泊浮体系统时，平台将在平均载荷作用下的平衡位置附近产生明显的平面偏移共振，对系泊系统产生较大的挑战。

以一个系泊的驳船为例，一段时间的波高变化的时间历程产生以下三部分主要影响（图2.53）：

（1）波浪的平均载荷作用在系泊驳船上，驳船产生一个稳定的位移偏差（Mean Displacement）。

（2）波浪作用在系泊驳船，产生一阶的波频运动（First Order Motion）。

（3）波浪的低频成分（包络线）作用在系泊驳船上，产生二阶的低频运动（Second Order Motion）。

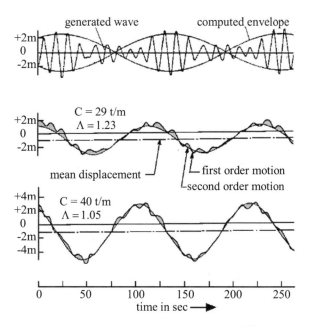

图 2.53 波浪与系泊驳船的运动响应[17]

上图中 Λ 为波浪低频包络线与驳船系泊状态下纵荡运动固有周期的比值,可以发现:当低频波浪载荷与运动固有周期接近的时候,低频载荷作用与系泊驳船固有周期产生的共振程度越大,所导致的低频运动幅值越来越大。

低频波浪载荷传递函数 QTF:二阶差频波浪载荷是系泊浮体产生低频运动的重要因素之一,它可以认为是不规则波中两列不同的规则波成分相互作用产生的,可以用二次传递函数 QTF(Quadratic Transfer Functions)来表达和估计。二次传递函数是两个相互影响的规则波频率的函数,与波幅无关。求 QTF 的方法主要有 Newman 近似法和全 QTF 矩阵法。

Newman 近似法

对于 N 个波浪单元,低频波浪载荷载荷的一般公式为:

$$F_i^-(t) = \sum_i^N \sum_j^N \{P_{ij}^- \cos[-(\omega_i - \omega_j)t + (\varepsilon_i - \varepsilon_j)]\}$$
$$+ \sum_i^N \sum_j^N \{Q_{ij}^- \sin[-(\omega_i - \omega_j)t + (\varepsilon_i - \varepsilon_j)]\} \tag{2.108}$$

式(2.108)中的所有震荡项在长周期中的均值为 0,因而 $i = j$ 时会出现与时间无关的项,即:

$$\bar{F}_i = \sum_{j=1}^N A_j^2 P_{jj}^- \tag{2.109}$$

式(2.109)代表了波幅为 A_j、圆频率为 ω_j 的规则波引起的平均波浪载荷。

Newman(1974)[11]提出了 P_{ij}^-、Q_{ij}^- 可以通过 P_{ii}^-、P_{jj}^- 和 Q_{ii}^-、Q_{jj}^- 来估计,即:

$$P_{ij}^- = \frac{1}{2} a_i a_j \left(\frac{P_{ii}^-}{a_j^2} + \frac{P_{jj}^-}{a_j^2} \right) \tag{2.110}$$
$$Q_{ij}^- = 0$$

上式中 P_{ii}^-、P_{jj}^-、Q_{ii}^-、Q_{jj}^- 为平均波浪载荷的计算结果。P_{ij}^- 和 Q_{ij}^- 为同相和异相的、独立于时间的传递函数,即 QTF。更一般地,Newman 近似法关于两个成分波的低频波浪载荷的二次传递函数可以表达为:

$$QTF\_(\omega_1, \omega_2) = 1/2[QTF\_(\omega_1, \omega_1), QTF\_(\omega_2, \omega_2)] \tag{2.111}$$

可以发现,Newman 近似得到的 QTF 矩阵实际上是只包含矩阵对角线项的结果矩阵(同相位),忽略了非对角线的结果(异相位)的影响。

Newman 估计法计算简便,精度可以满足一般要求,得到了广泛的应用。

全 QTF 矩阵法

P_{ij}^- 的一般表达式为:

$$P_{ij}^- = A_1 + A_2 + A_3 + A_4 + A_5 \tag{2.112}$$

$$A_1 = -\oint_{WL} \frac{1}{4} \rho g \xi_i \xi_j \cos(\varepsilon_i + \varepsilon_j) \frac{\bar{N}}{\sqrt{n_1^2 + n_2^2}} dl \tag{2.113}$$

$$A_2 = \iint_{S_0} \frac{1}{4} \rho |\nabla \phi_i| \cdot |\nabla \phi_i| \bar{N} ds \tag{2.114}$$

$$A_3 = \iint_{S_0} \frac{1}{2}\rho(X_i \cdot \nabla \frac{\partial \Phi j}{\partial t})\bar{N}\mathrm{d}s \tag{2.115}$$

$$A_4 = \frac{1}{2}M_s R_i \cdot \ddot{X}_{gi} \tag{2.116}$$

$$A_5 = \iint_{S_0} \rho \frac{\partial \Phi^{(2)}}{\partial t}\bar{N}\mathrm{d}s \tag{2.117}$$

式中：WL 为浮体水线；ξr 为相对波面升高；S_0 为浮体湿表面；X 为浮体运动；M_s 为浮体质量；R 为浮体转动矩阵；$\ddot{X}_g$ 为浮体重心加速度向量；A_1 为水线积分项；A_2 为伯努利方程项；A_3 为加速度项；A_4 为能量项；A_5 为二阶速度势项。

二阶速度势不影响 QTF 矩阵的对角线项（即平均波浪载荷项），但是影响矩阵中的非对角线项。

浅水条件对二阶速度势的影响导致二阶力发生显著的变化[26][27]。对于浅水系泊物，忽视水深对二阶速度势的影响会低估环境载荷，这不利于系泊系统的安全。对于深海浮式结构物，由于有立管等结构的存在，往往对计算精度的要求较高，使用全 QTF 矩阵法进行低频载荷计算能够取得更理想的结果。

2.2.10　高频波浪载荷

高频波浪载荷包括波浪载荷中的和频成分，该载荷作用在张力腿平台（TLP）引起弹振；也包括船舶高速航行时较高的遭遇频率所引起的一阶波浪载荷以及抨击载荷等。

（1）和频波浪载荷。

和频波浪载荷类似于低频波浪载荷，所不同的是，低频波浪载荷是波浪成分中两个波浪成分差频产生的，而和频载荷是由两个波浪成分的和频产生的。

对于 N 个波浪单元，和频波浪载荷载荷可以简单地表达为：

$$F_i^+(t) = \mathrm{Re}[A_1 A_2 QTF^+(\omega_1, \omega_2)e^{-i(\omega_1 + \omega_2)t}] \tag{2.118}$$

典型张力腿平台的升沉、横摇、纵摇固有周期在 2～5s 附近，使得和频载荷激励下产生共振成为可能，某些情况下和频载荷产生的激励有可能大于波频载荷所造成的影响，而更高阶的载荷会产生更多的激励影响，这一点与低频载荷的特性有着很大的区别。

二阶和频传递函数 QTF 的确定不同于二阶差频 QTF。对于二阶差频载荷，采用 Newman 近似，忽略二阶速度势影响，可以在大多数情况下给出较好的模拟效果，但对于二阶和频载荷，二阶速度势的影响以及和频 QTF 对非角线载荷的影响不可忽视。准确地计算二阶和频载荷传递函数非常重要，和频传递函数的计算需要非常精细的船体和自由表面网格，而且要求计算周期的间隔非常紧密（尤其是在高频区域），以充分捕捉和频载荷成分影响，这导致整个和频 QTF 求解计算耗时非常长，某些情况下长时间的计算结果精度也并不能很好地得到证明。

在二阶和频作用下，张力腿平台的运动响应幅值很大程度上依赖于阻尼的情况。由于水动力计算可以提供辐射阻尼，一定程度上存在不确定性的黏性阻尼对张力腿平台高频运动自由度（升沉、横摇以及纵摇）运动响应影响较大。

如图 2.54 所示为 TLP 面元模型与自由表面模型。

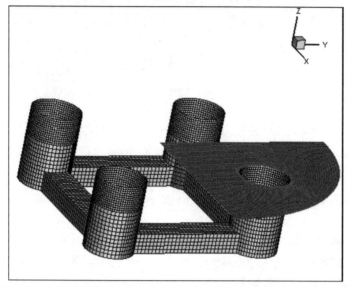

图 2.54　TLP 面元模型与自由表面模型（自由表面模型显示了 1/4）[23]

（2）高遭遇频率的一阶波浪载荷。

当船舶具有航速时，由于多普勒效应，波浪频率 ω 对于船舶的遭遇频率 ω_p 为：

$$\omega_p = \omega - \frac{\omega^2 U}{g}\cos\beta \qquad (2.119)$$

其中 U 为船舶航速，β 为船舶航向角。

当船舶以高航速航行时，随着频率随着航速增加而增加，此时船舶受到的波浪载荷是高频的一阶波频载荷。

高遭遇频率下的船舶水动力计算具有一定挑战。当计算频率增加时，需要更小、更密的面元网格来适应计算要求，随之而来的是计算精度和计算耗时的问题。

（3）抨击载荷。

抨击载荷包括结构物入水、外飘结构的抨击等，更多地呈现强烈的非线性特征。对于圆柱体单位长度结构，其受到的抨击载荷可以用下式进行估算：

$$F_S = \frac{1}{2}\rho C_S D V^2 \qquad (2.120)$$

C_S 为抨击载荷系数，D 为结构直径，V 为结构件相对于水的相对速度。

结构体抨击及入水问题并不是本书重点，更具体的内容读者可以参考 DNV－RP－C205 规范。

2.2.11　大尺度结构物的流载荷

大尺度结构物对流载荷的模拟与风载荷类似。定常流作用下的结构物会有沿着流速方向的平面力以及绕着 Z 轴方向的艏摇力矩。定常流作用下浮体受到的流载荷包括六个方向力/力矩：

$$F_{XC} = \frac{1}{2}\rho C_{XD} A_{CX} U_C^{\,2} \qquad (2.121)$$

$$F_{YC} = \frac{1}{2}\rho C_{YD} A_{CY} U_C^{\,2} \qquad (2.122)$$

$$M_{ZC} = \frac{1}{2}\rho C_{MZD} A_{CZ} U_C^{\ 2} \qquad (2.123)$$

$$M_{XC} = F_{YC}(C_{YB} - C_{YG}) \qquad (2.124)$$

$$M_{YC} = F_{XC}(C_{XB} - C_{XG}) \qquad (2.125)$$

式中 C_{XD}、C_{YD}、C_{MZD} 为 F_x、F_y、M_z 方向的流力系数，U_C 为流速与结构之间的相对速度，A_{CX}、A_{CY} 为受流力部件的迎流面积，C_{YB}、C_{XB} 为对应方向流力作用在船体上的作用点。

OCIMF 规范[25]中对流面积的定义是：对于船型结构，$A_{CX}=LD=A_{CY}$，L 为船体垂线间长，D 为型宽，$A_{CZ}=L^2D$。

2.2.12　深吃水结构物的涡激运动

深吃水结构物（如 Spar 平台以及深吃水的半潜平台等）的涡激运动（Vortex Induced Motion，VIM）对系泊系统和立管系统的极限工况以及疲劳工况的影响，是需要在分析中予以充分考虑的因素。如图 2.55 所示。

图 2.55　一种 Spar-FPSO 的 VIM 拖曳试验，可以发现明显的涡泄现象[24]

大型结构物的 VIM 也采用约化速度作为重要参数：

$$U_R = \frac{U}{f_n D} \qquad (2.126)$$

f_n 为结构横向运动的固有周期，U 为流速，D 为结构直径。一般而言，$U_R<3\sim4$，涡激运动主要是沿着流向的脉冲拖曳力载荷所产生的纵向脉动运动；当 $U_R>3\sim4$，结构会产生明显的横向的涡激运动。

（1）简谐升力与升力系数。

处于 VIM 运动中的柱体所受到的升力可以认为是简谐正弦载荷，关于时间的表达式可以写为：

$$q_{VIM}(t) = F_l \sin(2\pi f_s t) \qquad (2.127)$$

其中：F_l 为升力幅值，f_s 为平台横荡固有频率。F_l 表达式可以写为[8]：

$$F_l = 0.5\rho U_c^{\ 2} DLC_L \qquad (2.128)$$

其中：F_l 为升力幅值，C_L 为升力系数；ρ 为流体密度；D 为平台直径；U_c 为流速。

当认为 VIM 为简谐运动时，升力系数 C_L 可以写为关于 VIM 运动幅值 A 的表达式[24]：

$$C_l = \frac{2Ak}{a_d \rho U_c^2 DL} \qquad (2.129)$$

上式中的 A 可由 VIM 拖曳试验确定。

（2）简谐脉动拖曳力。

脉动拖曳力载荷的频率 $f_l = 2f_s$，则简谐正弦脉动拖曳力：

$$q_{VIM-l}(t) = F_d \sin(2\pi f_l t) \qquad (2.130)$$

其中：F_d 为脉动拖曳力幅值。F_d 的确定可以通过水池拖曳试验给出，也可通过波浪水池模型试验给出。

（3）拖曳力系数。

对于拖曳力系数 C_d，可以用下式来估计：

$$C_d = C_{d0}[1 + k(A/D)] \qquad (2.131)$$

其中：C_{d0} 为不发生 VIM 时考虑螺旋侧板影响的柱体拖曳力系数；k 为幅值系数，通常为 2；A/D 为结构物横向 VIM 运动幅值与柱体的直径比。

（4）锁定现象（Lock-in）。

有关试验发现，当来流的约化速度 U_R 处于一定范围内时，涡泄频率不再随着来流速度的增加而增加，而是与柱体的自振频率保持一致，产生"锁定"现象（Lock-in），如图 2.56 所示。锁定现象扩大了结构运动的共振范围，由于波浪水质点的往复运动，使得圆柱前后都有旋涡脱落，导致整个系统受力更加复杂。

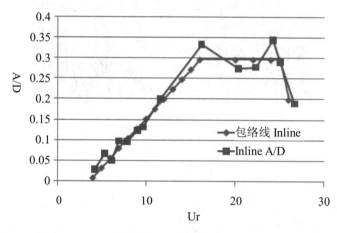

图 2.56　一种 Spar-FPSO 的横向 VIM 运动，可以发现明显的锁定现象[24]

（5）抑制涡激振动的方法。

最为常见的涡激运动抑制装置是螺旋侧板（Strake），是沿着一定的宽度、螺距，沿着柱体垂直方向布设的三道螺旋上升的板，可以起到降低升力、破坏涡泄的作用，并可以在各个来流方向起作用。螺旋侧板安装不便，它的存在加大了运动阻尼，提高了拖曳力系数，使得系泊系统所受到的流载荷明显增加。

另一种方法是给圆柱套上具有很多开孔的管道，即"套管"（Shroud）。流经过套管的穿孔结构后变得更有规律，将涡流通道转移至下游更远的地方，从而达到降低涡激运动的效果。

还有其他一些抑制涡激运动的装置，如图 2.57 所示，在此不再赘述。

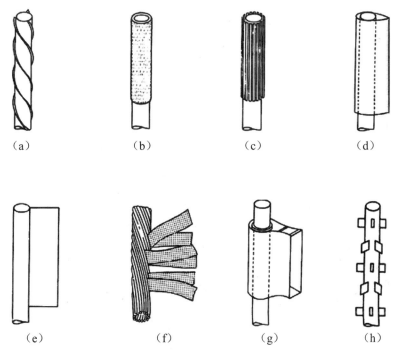

图 2.57　一些抑制涡激振动/涡激运动的装置[19]

2.3　耐波性与系泊定位

2.3.1　频域分析

（1）RAO。

浮体运动幅值响应算子（Response Amplitude Operaters，RAO）的含义是浮体对应自由度运动幅值与波幅的比，表明在线性波浪作用下浮体的运动响应特征。以船舶的横摇运动为例，横摇 RAO 为船舶在单位波幅的规则波作用下所产生的，关于波浪频率的横摇运动幅值函数，近似表达式为：

$$Roll_{RAO} = \frac{\theta_X}{\xi_a} = DAF_{Roll}\frac{\omega^2}{g}57.3\sin\beta \qquad (2.132)$$

其中 θ_X 为船舶横摇运动幅值；ξ_a 为入射波波幅，此处为规则波单位波幅；DAF_{Roll} 为横摇运动方程得到的动力放大系数；ω 为入射波圆频率；β 为入射波角度，式（2.132）单位为°/m。

RAO 本质上描述的是线性条件下入射波福与浮体运动幅值的关系。根据 2.2.3 节，描述刚体运动仅关注幅值响应是不够的，还需要关注运动响应相位的变化。

当对运动响应结果求一次导数、二次导数后，对应的运动 RAO 变为运动速度响应 RAO 和加速度响应 RAO。

（2）不规则波作用下的波频运动响应。

对于一个给定的波浪谱 $S(\omega)$，零航速下浮体的波频运动响应谱 $S_R(\omega)$ 可以表达为：

$$S_R(\omega) = RAO^2 S(\omega) \tag{2.133}$$

根据响应谱得到的第 n 阶矩的表达式为：

$$m_{nR} = \int_0^\infty \omega^n S_R(\omega)\mathrm{d}\omega \tag{2.134}$$

其中 m_{nR} 为运动方差。一般认为短期海况符合窄带瑞利分布，浮体的波频运动近似认为同样符合瑞利分布，则浮体波频运动有义值可以根据谱矩求出，即：

$$R_{1/3} = 2\sqrt{m_{0R}} \tag{2.135}$$

对应运动平均周期 T_{1R} 和平均跨零周期 T_{2R} 为：

$$T_{1R} = 2\pi\frac{m_{0R}}{m_{1R}} \tag{2.136}$$

$$T_{2R} = 2\pi\sqrt{\frac{m_{0R}}{m_{2R}}} \tag{2.137}$$

（3）不规则波作用下的波频运动统计分析。

浮体运动响应值 R_a 以瑞利分布表达：

$$f(R_a) = \frac{R_a}{m_{0R}}\exp\{\frac{-R_a^2}{2m_{0R}}) \tag{2.138}$$

那么 R_a 大于 a 的概率为：

$$P(R_a > a) = \int_a^\infty \frac{R_a}{m_{0R}}\exp(\frac{-R_a^2}{2m_{0R}})\mathrm{d}R_a = \exp(-\frac{a^2}{2m_{0R}}) \tag{2.139}$$

对上式两边求对数，则：

$$R_a = k\sqrt{m_{0R}} \tag{2.140}$$

k 代表不同保证率，其与超越概率的关系如表 2.13 所示。

表 2.13　超越概率与保证率及对应统计值关系

超越概率 $F(\xi_0)$%	0.1	3.9	13.5
对应累计概率%	99.9	96.1	86.5
与标准差 $\sqrt{m_{0R}}$ 的倍数	3.72	2.55	2.00
对应统计值	十分之一值	十分之一值	三分之一值（有义值）

对于服从窄带瑞利分布的波浪和波浪频域的浮体运动响应，可以从频域角度根据方差来推断极值，如千分之一极值等于 3.72 倍的方差，等于 1.86 倍的有义值。

对于"短期海况"时间 t，浮体波频运动次数为 t/T_{1R} 次，那么出现的最大值所对应的超越概率为发生次数的倒数 T_{1R}/t，则浮体运动最大值 $R_{\max}$ 为：

$$\exp\left(-\frac{R_{\max}^2}{2m_{0R}}\right) = \frac{T_{1R}}{t} \tag{2.141}$$

$$R_{\max} = \sqrt{-2m_{0R}\ln\frac{T_{1R}}{t}} = \sqrt{2m_{0R}\ln\frac{t}{T_{1R}}} \tag{2.142}$$

（4）低频运动的谱分析。

低频波浪载荷以谱的形式可以表达为下式：

$$S_{F2-}(\Delta\omega) = 8\int_0^\infty S(\omega)S(\omega+\Delta\omega)\left[\frac{F_i\left(\omega+\dfrac{\Delta\omega}{2}\right)}{\xi_a}\right]^2 \mathrm{d}\omega \tag{2.143}$$

其中 $S(\omega)$ 为波浪谱，$F_i\left(\omega+\dfrac{\Delta\omega}{2}\right)$ 为对应频率 $\omega+\dfrac{\Delta\omega}{2}$ 的平均波浪漂移力。

系泊状态下的浮体低频响应动力方程为：

$$(M+\Delta M)\ddot{X} + B'\dot{X} + K_m X = F_i(t) \tag{2.144}$$

式中：ΔM 为低频附加质量；B' 为系泊状态下的系统阻尼；K_m 为系泊恢复刚度；$F_i(t)$ 为低频漂移力。

对于系泊状态的浮体纵荡运动，其响应谱可以表达为：

$$S_{R2-}(\Delta\omega) = |R_{2-}(\Delta\omega)|^2 S_{F2-}(\Delta\omega) \tag{2.145}$$

$R_{2-}(\Delta\omega)$ 为质量－阻尼－弹簧系统的动力学导纳。根据之前的谱分析理论，则纵荡运动的低频方差为：

$$m_{0R2-}(\Delta\omega) = \int_0^\infty \frac{S_{F2-}(\Delta\omega)}{[K_m-(M+\Delta M)\Delta\omega^2]^2 + B'^2\Delta\omega^2}\mathrm{d}\Delta\omega \tag{2.146}$$

由于系泊系统往往是小阻尼低频共振系统，因而上式中对于运动方差的主要贡献是纵荡固有周期附近的共振激励载荷，典型的低频运动极值为标准差的 3～4 倍[11]。

由以上可知：在系泊系统刚度、浮体质量及低频附加质量以及平均漂移载荷已知的情况下，可以通过频域计算给出系泊浮体大致的平面内低频运动响应情况。这种方法也是进行系泊系统初期设计的常用方法。

2.3.2　时域分析

时域分析引入了单位脉冲函数 $\delta(\tau)$，其作用在系统上产生一个对应的响应 $h(t-\tau)$，即脉冲响应函数，其含义为浮式系统受到脉冲作用后产生的响应，表达的是受到脉冲影响发生运动直至恢复平静状态的过程中系统所经历的响应特性。

线性系统在某段时间内的响应可以视作多个线性响应的叠加，即：

$$R(t) = \int_{-\infty}^\infty \xi(t-\tau)h(\tau)\mathrm{d}\tau \tag{2.147}$$

其中 $\xi(t-\tau)$ 为一段时间内的波高升高。

$h(\tau)$ 可以通过频域分析中的频率响应函数经过傅里叶变换得到：

$$h(\tau) = \int_{-\infty}^\infty H(\omega)e^{iwt}\mathrm{d}\omega \tag{2.148}$$

对于有系泊系统的浮式结构物，其运动方程可以写为：

$$\sum_{j=1}^6 [(a_{ij}+m_{ij}(t))\ddot{x}_j(t) + \int_0^t K_{ij}(t-\tau)\dot{x}_j(\tau)\mathrm{d}\tau + C_{ij}x_j(t)] = F_i(t) \quad i=1,\cdots,6 \tag{2.149}$$

其中：$[a_{ij}]$为浮体的惯性质量矩阵；$[m_{ij}(t)]$为浮体的附加质量矩阵；$[K_{ij}(t)]$为延迟函数矩阵；$[C_{ij}]$为静水恢复力矩阵；$[F_i(t)]$为波浪激励力；$[x_j(t)]$为浮体位移矩阵。

延迟函数矩阵$[K_{ij}(t)]$为：

$$K_{ij}(t) = \frac{2}{\pi} \int_0^\infty B_{ij}(\omega)\cos(\omega t)\mathrm{d}\omega \tag{2.150}$$

延迟函数$K_{ij}(t)$为频域水动力求解出的辐射阻尼$B_{ij}(\omega)$经傅立叶逆变换求出。

为获得浮体在波浪中的运动位移矩阵$[x_j(t)]$，必须知道浮体的附加质量矩阵$[m_{ij}(t)]$、延迟函数矩阵$[K_{ij}(t)]$和波浪激励力矩阵$[F_i(t)]$。

波浪激励力$[F_i(t)]$为：

$$F_i(t) = \sum_{k=1}^N R\{A_k F_i(\omega_k)e^{-i(\omega_k t+\theta_k)}\} \tag{2.151}$$

式中：A_k、ω_k、θ_k对应波谱中每个规则波成分波的波幅、频率和相位；$F_i(\omega_k)$是频率为ω_k的单位波幅对应波浪激励力。

当求出浮体的附加质量矩阵、延迟函数矩阵、静水恢复力矩阵、波浪激励力矩阵和浮体位移矩阵后，可以使用数值方法，经过迭代求解，最终求出浮体的运动时域响应与缆绳张力时域响应等结果。

2.3.3 系泊系统与悬链线理论

1. 系泊定位系统与常见定位方式

按照作业时间长短不同，海上定位系泊系统可以分为大致三类：

（1）移动式系泊系统：适用于海上工程船舶，如铺管船、起重船、埋管船以及后勤辅助船舶等，这些船舶在工作时需要拖带它们所用的定位锚沿着一定的路线行进，锚的移动通常由另外的辅助船舶帮助完成。

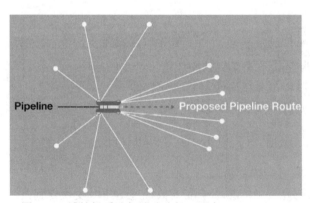

图 2.58　铺管船系泊与移动路径（源自 wermac.org）

（2）临时性系泊系统：适用于钻井平台（图 2.59）、钻井船等，这些浮式平台在持续工作几周或几个月后更换作业海域。

（3）永久性系泊系统：适用于不同类型的海上浮式油气田开发平台。根据油气田要求不同，服役时间在几年到几十年不等。

系泊系统按照控制特性可以分为多点系泊和单点系泊。

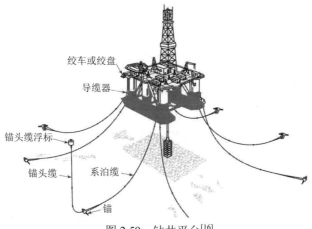

图 2.59　钻井平台[16]

（1）多点系泊系统。

在浮体多个方向分布一定数量的系泊缆，在一定程度上控制平台平面运动和艏摇运动。多点系泊系统简单、经济，不需要复杂的机械装置，多点系泊系统分布范围广，其整体系泊刚度分布较为均匀，能够连接更多的立管和脐带系统。一般而言，采用多点系泊的典型浮式平台包括：立柱式平台（Spar）、半潜生产平台（Semi-Submersible）、浮式生产储卸油轮（Floating Production Storage Offloading，FPSO）（图 2.60）以及张力腿平台（Tension Leg Platform，TLP）（图 2.61）。

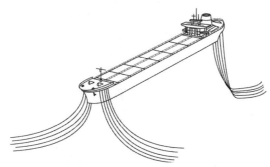

图 2.60　多点系泊 FPSO[16]

图 2.61　TLP 平台张力腿系泊系统[23]

多点系泊系统多用于结构对称性较强、各个方向受力差异不大的浮式平台。FPSO 属于典型的船类结构，长宽比大，其横向受到环境载荷较大，一般多点系泊用于 FPSO 时多用于环境条件方向较为稳定、海况较好、环境载荷量级不大的海域（如西非、巴西沿岸等）。

（2）单点系泊系统。

是指系泊系统连接旋转装置，船体通过旋转装置与系泊系统连接，当环境载荷作用在船体上时，船体会自然的发生旋转，使得船艏朝向环境载荷合力最小的方向，降低系泊系统所承受的环境载荷作用。

一般意义上的单点系泊系统包括以下几种：

1）永久式转塔单点系泊系统

转塔系泊系统上部与 FPSO 连接，下部与系泊系统连接，通过轴承结构与船体连接以实现旋转，船体在环境载荷作用下旋转至合力最小的方向。通常，单点转塔单点分为内转塔（图2.62）和外转塔（图2.63）两大类。

内转塔单点能够设计得较大，为布置设备和管汇等设备提供足够空间，内转塔在船体之中能够得到较好的保护。但内转塔系统占据了部分舱容，当其靠近船中部时，风向标效应减弱，此时多用动力定位系统辅助实现风向标效应。

外转塔单点的转塔结构多位于船艏前方，外转塔单点系泊系统减少了对于船体维修的要求，可以在码头沿岸安装，不限制舱容，但外转塔系泊系统对立管数量有限制，对恶劣环境适应性有限，多用于浅水海域。

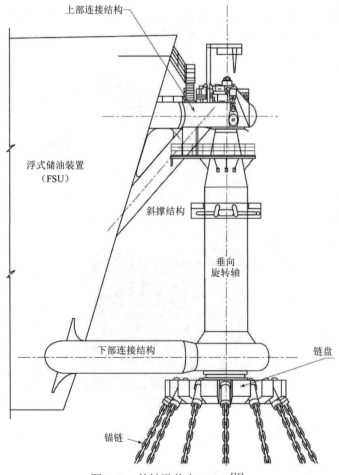

图 2.62　外转塔单点 FPSO[16]

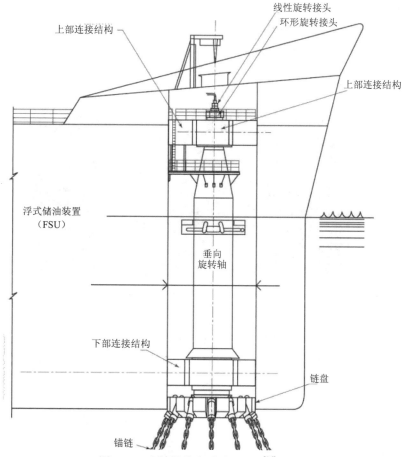

上部连接结构

线性旋转接头
环形旋转接头

上部连接结构

浮式储油装置
（FSU）

垂向
旋转轴

下部连接结构

链盘

锚链

图 2.63   内转塔单点系泊 FPSO [16]

2）可解脱式转塔单点系泊系统。

可解脱转塔系泊系统（图 2.64）具有解脱和回接功能，在极端环境下，单点系统可以从 FPSO 船体上的连接位置解脱来规避恶劣海况，对环境恶劣的海区和季节性环境变化海区和冰区适应性较好。

图 2.64   内转塔可解脱单点系泊 FPSO（源自 APL）

3）塔式单点系泊系统。

塔式系泊系统是指刚性塔结构固定于海底作为 FPSO 连接的锚点，FPSO 与刚塔通过软钢臂结构（图 2.65）或者系泊缆索相连接。塔式系泊系统可以布置较多的立管系统，不需要柔性立管，安装施工方便，但随着水深增加，成本增加较快，仅适用于浅水。

图 2.65　软钢臂系泊 FPSO（源自 CNOOC）

4）悬链线浮筒单点系泊系统。

悬链线浮筒通常用于原油卸载，是系泊装卸油轮较为经济有效的方法，主要由系泊缆、浮筒、浮筒旋转结构、浮筒与油轮连接系泊缆以及输油软管等组成，如图 2.66 所示。

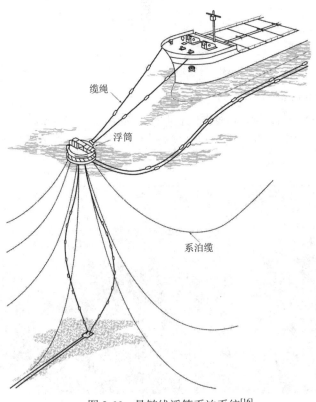

缆绳

浮筒

系泊缆

图 2.66　悬链线浮筒系泊系统[16]

悬链线浮筒系泊系统可以适应各种系泊系统，适用水深范围较大，可以连接少量系泊系统，施工快捷经济，对油轮吨位适应性较好。

5）单锚腿系泊系统。

单锚腿系泊系统（图2.67）多用于油轮卸载和FSO系泊。单锚腿系泊系统分为带立管和不带立管两大类，锚腿系泊于海底，浮筒与油轮通过钢臂连接，主要由浮筒、立连接刚臂以及基础部分等组成。

单锚腿系泊系统对天气、水深适应能力较强，适用于改装油轮，但通常只能安装一根立管。

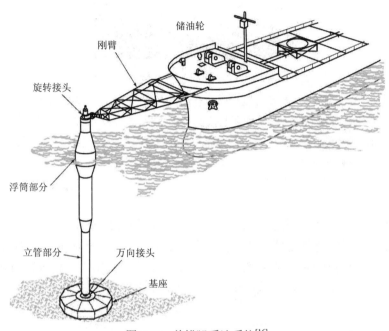

图2.67 单锚腿系泊系统[16]

系泊系统按照系泊缆几何形态与力学特性，可以分为悬链线系泊和张紧式系泊两大类。

（1）悬链线式系泊。

悬链线系泊方式（图2.68）是浮式结构物常见且传统的系泊方式。通常而言，悬链线系泊方式适用水深较浅。悬链线系泊系统的系泊缆呈现外形弯曲的悬链线形状，系泊系统的水平恢复力主要由悬在水中的系泊缆悬挂段和躺卧在海底的躺底段的缆绳重力提供，通常系泊缆的趟底段长度较长，在最恶劣海况下趟底段仍需要保持一定的长度以保证锚不受到上拔力作用，因而，悬链线系泊系统需要的系泊半径范围较大。

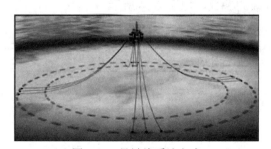

图2.68 悬链线系泊方式

（2）张紧式系泊。

随着水深的增加，悬链线系泊系统的水中悬挂段重量快速增加，增加了系泊缆设计难度和浮体所受到的垂向载荷，在深水、超深水浮式浮体系泊系统中，张紧式系泊系统（图 2.69）得到广泛应用。

图 2.69　张紧式系泊方式

张紧式系泊系统与海底呈一定角度，系泊缆保持张紧状态，系泊系统的恢复刚度主要靠缆绳轴向刚度来提供，海底锚受到较大的上拔力。由于张紧式系泊系统依靠系泊缆轴向刚度来提供恢复力，因而同样情况下张紧式系泊系统的系泊半径比悬链线系泊系统要小，系泊缆悬挂段多采用重量轻、弹性好的合成纤维系泊缆。

2. 目前主要的系泊缆材质与对应属性

（1）钢制锚链。

锚链便于操作，通常用于连接浮式结构物和海底链趟底部分，也部分用于悬挂段的配重链。锚链链条分为横档锚链和无档锚链。横档锚链便于操作，能增加抗弯曲能力，但横档位置容易破坏，无档锚链可以做到同样的效果，一般永久系泊系统采用无档锚链较多。

没有资料依据的情况下，可以按照下式粗略计算锚链的以下属性：

无档锚链：

$w = 21900D^2 \, \text{kg/m}$

$EA = 1 \times 10^8 D^2 \, \text{kN}$

$BL = CD^2(44 - 80D) \, \text{kN}$

有档锚链：

$w = 19900D^2 \, \text{kg/m}$

$EA = 0.85 \times 10^8 D^2 \, \text{kN}$

$BL = CD^2(44 - 80D) \, \text{kN}$

D 为锚链的链条直径；w 锚链单位长度水中重量；EA 为锚链轴向刚度；BL 为锚链破断强度，其中 C 为关于锚链等级的参数，如表 2.14 所示。

表 2.14　锚链破断强度系数 C

锚链等级	C
ORQ	2.11×10^4
3	2.23×10^4
3S	2.49×10^4
4	2.74×10^4

（2）钢缆。

同样的破断强度，钢缆重量要比锚链轻，弹性更好。一般常用的钢缆类型有六股式、螺旋股式以及多股式，六股钢缆又分为中心线为纤维材质和钢丝绳材质两类。

没有资料依据的情况下，可以按照下式进行粗略计算：

六股中心线钢丝绳材质：

$w = 3989.7D^2 \text{ kg/m}$

$EA = 4.04 \times 10^7 D^2 \text{ kN}$

$BL = 633358D^2 \text{ kN}$

六股中心线纤维材质：

$w = 3610.9D^2 \text{ kg/m}$

$EA = 3.67 \times 10^7 D^2 \text{ kN}$

$BL = 584175D^2 \text{ kN}$

螺旋线式：

$w = 4383.2D^2 \text{ kg/m}$

$EA = 9.00 \times 10^7 D^2 \text{ kN}$

$BL = 900000D^2 \text{ kN}$

D 为钢缆直径。

（3）合成纤维材质。

合成纤维缆与传统锚链、钢缆相比，其轴向刚度与缆绳内所受载荷的平均值和载荷变化幅值和周期有关。纤维材质在载荷循环作用下会产生塑性应变，当循环次数增加后，合成纤维缆在一定载荷作用下的变形随着服役时间的增加而增加。

合成纤维缆具有较大的水平恢复力，缆绳重量轻、刚度大，降低了缆绳拉伸程度，适合用于深水和超深水浮式结构物的张紧式系泊系统。

合成纤维缆缺点是轴向刚度随着力的作用时间而变化，并发生偏移，力学分析较为复杂。长期服役的合成纤维缆每隔一段时间都需要重新张紧。合成纤维缆不能与海底接触，也不能放置于海底，以免造成破坏，因而只适合作为系泊缆悬挂段。

没有资料依据的情况下，可以按照下式进行粗略计算：

Polyester

$w = 797.8D^2 \text{ kg/m}$

$BL = 170466D^2 \text{ kN}$

HMPE

$w = 632.0D^2 \text{ kg/m}$

$BL = 105990D^2 \text{ kN}$

Aramid

$w = 575.9D^2 \text{ kg/m}$

$BL = 450000D^2 \text{ kN}$

合成纤维缆的轴向刚度是分析难点，对于合成纤维缆的分析方法可以参考 ABS 规范[32]。

3. 不考虑弹性影响的单一成分缆悬链线方程

这里省略具体推导过程，仅给出主要结论。

处于悬链线状态、不考虑缆绳弹性的单一成分缆，其最低点与海底相切，对应倾角为零，此时该点的系泊张力 T_0 等于该缆任意悬挂位置点的水平分力，对应主要公式有：

$$l_0 = a\sinh(\frac{S}{a}) \quad (2.152)$$

$$H = a[\cosh(S/a) - 1] \quad (2.153)$$

$$l_0 = \sqrt{H^2 + 2Ha} \quad (2.154)$$

$$a = T_H / w \quad (2.155)$$

系泊缆顶端最大张力：

$$T_{\max} = T_H + wH \quad (2.156)$$

w 为单位长度缆绳水中重量；H 为水深；l 为整个缆绳长度；T_0 为海底切点位置的水平张力；S 为顶端张力位置与海底切点的水平距离；l_0 为缆绳悬挂段长度。如图 2.70 所示。

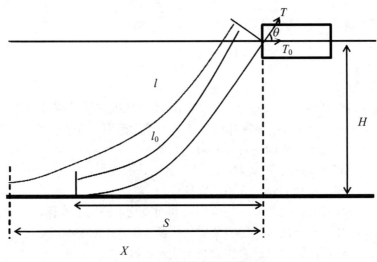

图 2.70　悬链线方程参数示意

在水深 H、缆绳单位长度水中重量 w 以及水平张力 T_0 已知的情况下，可以求解缆绳下端切线位置对应的缆绳长度 l_0、系泊缆顶端张力 T 及其倾角，以及顶端与海底切线位置的水平跨距 S。

在 H 水深、系泊缆长度 l 以及单位长度水中重量 w 已知的情况下，可以求解保持下端张力水平方向所能承受的最大水平张力 T_{Max}，此时需要进行判断：如果 $T_0<T_{\text{Max}}$ 则系泊缆具有卧链长度，据此可以求出其他参数；如果 $T_0>T_{\text{Max}}$ 则系泊缆完全拉起，此时锚点将受到上拔力的影响。

4. 考虑弹性的悬链线方程

系泊缆实际情况下是具有弹性的，某些场景忽略系泊缆弹性影响得到的结论是不准确的。系泊缆悬挂段未被拉长的长度 l_0 可写为：

$$l_0 = \frac{T_z}{w} \quad (2.157)$$

T_Z 为上端系泊点垂向受力,等于系泊缆悬挂水中的垂向重量,w 为单位长度重量。

$$H = T_0 / w[\frac{1}{\cos\phi_w} - 1] + \frac{1}{2}\frac{w}{AE}l_0^2 \qquad (2.158)$$

$$\cos\theta = \frac{T_H}{\sqrt{T_H^2 + T_Z^2}} \qquad (2.159)$$

θ 为系泊点轴向张力与水平力的夹角。缆绳上端系泊点水平张力 T_0:

$$T_0 = \frac{T_Z^2 - (wH - \frac{1}{2}\frac{w^2}{AE}l_0^2)^2}{2(wH - \frac{1}{2}\frac{w^2}{AE}l_0^2)} \qquad (2.160)$$

系泊缆顶端张力可以表达为:

$$T = \sqrt{T_H^2 + T_Z^2} \qquad (2.161)$$

$$S = \frac{T_H}{w}\log(\frac{\sqrt{T_H^2 + T_Z^2} + T_Z}{T_H}) + \frac{T_H}{AE}l_0 \qquad (2.162)$$

具体计算时,可以先假定一个 T_Z,随后根据式(2.157)、式(2.160)至式(2.162)分别计算 l_0、T_0、T、S 四项。当 T_0 已知的时候,根据以上各步骤对各个 T_Z 进行计算,随后可以根据数据进行内插,最终得到合适的解。

5. 动态计算理论

在水深相对较浅的时候,系泊缆呈现较为明显的悬链线特征,随着水深的增加,系泊缆呈现更强烈的柔性特征,环境条件作用在系泊缆上的载荷以及系泊缆的动态响应变得不可忽略。

缆绳动力分析的主流计算理论有集中质量法和细长杆理论两大类。

集中质量法是将系泊缆以多自由度的弹簧-质量模型来代替,采用有限差分法求解动力问题。

细长杆理论将系泊缆假设为连续的弹性介质,采用有限元法求解系泊缆的静力与动力响应问题。

6. 低频运动的阻尼

由于受控于固有频率的共振响应,系泊浮体的低频运动发生在很窄的频率范围内[11],运动幅值大小高度依赖于系泊系统的刚度和阻尼,而阻尼具有相当的不确定性。

系泊状态下的浮式结构物系统阻尼有:结构物运动产生的兴波阻尼、波浪漂移阻尼、结构物黏性阻尼(包括风、浪和流拖曳力)、风阻尼、系泊缆阻尼、立管阻尼等[28]。这些阻尼成分都不同地影响着整个系泊系统的运动。有研究表明,锚泊阻尼最大可达整个系统阻尼的 80% 以上[28]。

图 2.71 为浮体平面移动所引起的悬链线系泊缆运动。浮体运动越剧烈,系泊缆的运动越剧烈,相应地产生的阻尼越大。

200m 水深散布式系泊的油轮纵荡波浪漂移阻尼、浮体黏性阻尼和缆绳阻尼对能量耗散的影响如图 2.72 所示[(Matsumoto(1991)[30])]。结果表明纵荡运动幅值加大,缆绳的大幅运动使得锚泊系统的阻尼加大,而波浪漂移阻尼与黏性阻尼成分并没有发生明显的变化。

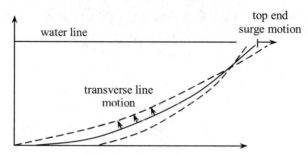

图 2.71　Catenary line motion caused by vessel horizontal translation[29]

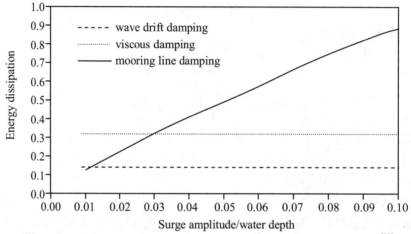

图 2.72　Relative energy dissipation caused by surge damping contribution[29]

　　表 2.15 为 Huse 和 Matsumoto（1989）对类似情况的试验研究结果[30]。从表 2.14 中可以发现在严酷的海况条件下，系泊系统的阻尼主要由系泊缆绳提供，而波浪漂移阻尼和黏性阻尼所起的作用有限。

表 2.15　Relative % damping contribution for a 120000 ton DWT tanker in 200m water[30]

Significant wave height	Peak period	Damping contribution %		
(m)	(s)	Mooring	Waves	Viscous
8.6	12.7	81	15	4
16.3	16.9	84	12	4

　　1999－2003 年 Deepstar 项目[16]以 FPSO、Spar 和 TLP 作为研究目标，在 3000～10000 英尺的水深范围内进行了一系列研究。

　　对于浮体与系泊系统、立管系统的耦合，系泊与立管系统的阻尼主要影响浮体的低频运动。对于浅水半潜式钻井平台，系泊系统和立管的阻尼通常被忽略。随着水深，立管与系泊缆数目的增加，系泊和立管的阻尼越来越重要。如图 2.73 和图 2.74 所示，随着水深的增加，纵荡低频阻尼逐渐增加；立管数目的增加使得纵荡低频阻尼有所增加（Spar 除外）。对于深水系泊分析来讲，忽略系泊缆绳的阻尼影响是不严谨的。

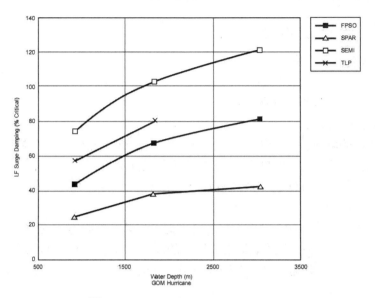

图 2.73　Low Frequency Surge Damping

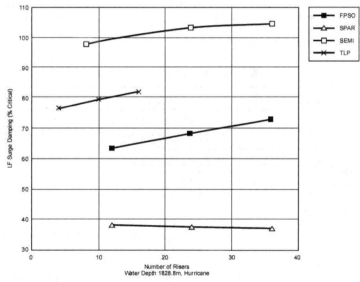

图 2.74　Effect of Risers on Low Frequcy –Hurricane[11]Surge Damping[11]

DNV-OS-E301[31]给出了估算纵荡阻尼和横荡阻尼的例子：对于 150m 水深，没有立管的散布式系泊的船，纵荡阻尼为 5%至 10%的临界阻尼；对于 450m 水深，具有 8 根系泊缆而没有立管的双浮箱半潜式钻井船，纵荡阻尼为 10%的临界阻尼。

纵荡黏性慢漂阻尼可按下式[30]进行估算：

$$B_{11}' = \rho\sqrt{\omega\upsilon}S \qquad (2.163)$$

其中：ρ 为流体密度；υ 为流体黏性系数；S 为湿表面积。根据 Wichers[30]的研究，上式给出的估算值均小于试验测量值。由于式（2.163）基于线性边界层理论，并未考虑流动分离的影响，因而一般情况下其计算值与实际值相比偏小。

2.3.4 耦合分析方法与张力分析理论

1. 非耦合与全耦合分析

处于风、浪、流环境载荷影响下的浮体及系泊系统所受到的载荷本质上是相互影响、相互耦合的，在分析之中需要予以充分考虑。当前主流的分析方法主要有以下三种：

（1）非耦合计算方法。

浮体与系泊缆的响应分开计算：考虑系泊系统的刚度、缆绳受到的水动力载荷、外界环境载荷等作用，求解浮体在平均载荷、波浪载荷和低频波浪载荷作用下的浮体运动响应，之后求解缆绳张力响应。这种方法主要是频域分析方法，适用于系泊系统的初始设计阶段。

（2）半耦合计算方法。

对浮体系泊状态下的波频、低频响应分开考虑：浮体系泊状态下的波频运动通过 RAO 来计算；浮体在低频波浪载荷、风力、流力作用下的漂移以及系泊缆的张力进行耦合分析，分析方法为时域分析法，但波频运动对于系泊缆的张力贡献考虑有限，一般而言计算精度略低于全耦合分析方法。

（3）全耦合计算方法。

系泊缆的动力响应与浮体运动响应完全耦合计算，浮体波频运动和低频运动在时域范围内共同求解。全耦合计算方法是主流的系泊分析方法，计算结果可靠，主要用于系泊系统设计载荷的规范校核和系泊浮体整体运动性能分析。

表 2.16　非耦合与耦合计算方法对比

波频运动计算方式	低频运动计算	系泊缆张力	计算方法	计算时间
频域谱分析	频域谱分析	以频域运动结果代入系泊缆计算方程中推导	非耦合频域分析	非常快
RAO	低频时域波浪载荷	低频时域耦合求解	半耦合时域分析	快
波频时域波浪载荷	低频时域波浪载荷	全耦合时域求解	全耦合时域分析	慢

2. 系泊张力分析方法

系泊系统中的系泊缆响应是系泊分析中的重要分析内容，主要有以下三种方法：

（1）静态计算。

系泊系统以刚度形式进行静力计算，先求得系泊系统的各个方向刚度情况，将位移代入刚度数据中求解各个缆绳的张力响应，系泊缆受力以静恢复力考虑。

（2）准静态法。

准静态法忽略系泊缆重量、阻尼以及其他动力响应特性，一般准静态计算方法求出的缆绳张力响应偏低，因而一般校核安全系数要求更高。

（3）动态分析。

动态分析完全考虑缆绳重量、缆绳水动力载荷以及其他动态响应，系泊缆的非线性张拉，缆绳与海底接触的摩擦力、系泊缆的附加质量、拖曳力等，与浮体运动响应在时域分析中进行完全耦合分析。主要计算理论有集中质量法与细长杆理论。

3

经典 AQWA 的建模

本章主要介绍使用经典 AQWA 建立水动力模型的过程和方法。

3.1 船体模型建模方法

3.1.1 型线图及量取

船舶的船体外表面通过型线图（图 3.1）或型值表来描述。型线图一般由三部分组成：纵剖线图、半宽水线图、横剖线图。

- 船体外板型表面转向轮廓线、外板顶线、舷墙顶线、纵剖线、横剖线、水线、甲板中线和甲板边线在中纵立面上的投影即为纵剖线图；
- 船体外板型表面转向轮廓线、外板顶线、舷墙顶线、纵剖线、横剖线、水线、甲板中线和甲板边线在中横立面上的投影即为横剖线图；
- 垂直于船体纵轴，垂直于基线将船体剖开，该剖面与船体外壳的交线即为横剖面图，横剖面图通过典型"站位"描绘船体外壳的横剖线。

决定船体型线空间位置的各点坐标值称为型值。为了确定船体型线上的型值，通常将船置于直角坐标系中，取中线面、中站面、基平面为坐标平面，中线面与基平面交线为 X 轴，为船长方向的坐标轴；以中站面与基平面的交线为 Y 轴，为船宽方向的坐标轴；以中线面与中站面交线为 Z 轴，这是船深方向的坐标轴。在这样的直角坐标系中，船体外板上任一点的位置就可以确定了。

型值表是提供各型线交点型值的表格，与型线图的作用一样，区别是型值表将船体外板的典型几何特征通过表的形式表示出来，而型值表提供的只是横剖线与其他型线交点的半宽值和高度值，长度方向由横剖线的站号确定。

建立船舶的水动力计算模型的第一步工作就是根据型线图或者型值表来量取船体外表面的型值，以准确获取船体外板形状变化信息。一般通过型线图量取型值有如下四个步骤：

（1）根据纵剖面图量取站位距离。

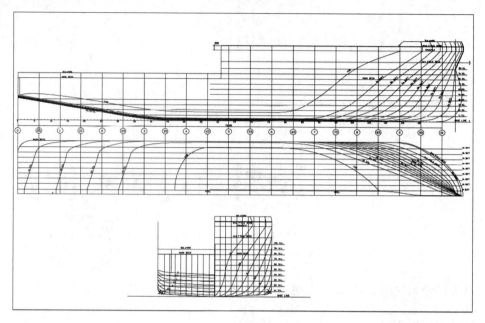

图 3.1　船体型线图

（2）根据横剖面图量取每个站位横剖线对应的线上的关键点坐标，一般以水线作为 Z 方向基准。

（3）重复第（3）步，直至各个站位剖线量取完毕。

（4）对于艏艉形状变化较为剧烈的区域补充站位，查询量取纵剖面图和水线面图上对应点的坐标。

以图 3.1 为例：

（1）以船艉 0 号站位为原点，在纵剖面图量取 10 号站位距离原点的距离为 76m，认为 10 号站位 X 方向坐标值为 76m，如图 3.2 所示。

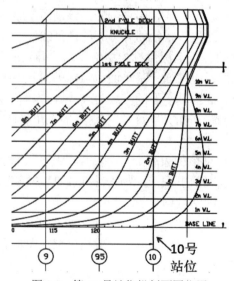

图 3.2　第 10 号站位纵剖面图位置

（2）在横剖面图上找到 10 号站位对应的曲线，如图 3.3 所示，量取水线对应点坐标，此时横轴坐标为 Y，纵轴坐标为 Z，量取结果为：

X（m）	Y（m）	Z（m）
76	0.000	1.0
76	0.263	2.0
76	0.279	3.0
76	0.613	4.0
76	0.698	5.0
76	0.740	6.0
76	0.753	7.0
76	0.741	8.0
76	0.678	9.0
76	0.000	10.0
76	2.159	11.3
76	4.000	14.3

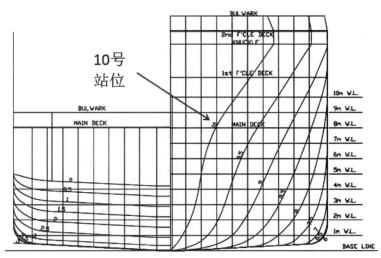

图 3.3　10 号站位横剖面图位置

（3）依次重复量取各个站位，最终获得整个船体外表面关键点型值坐标。

（4）针对船体艏艉形状变化剧烈的位置应补充站位，丁纵剖面引一条线与水线面上对应位置相交，如图 3.4 所示，量取该线距离 0 号站位的距离 X，在水线面图上量取各个吃水位置对应的 Y、Z 坐标从而完成补充站位的取点工作。

至此，第一步工作就完成了。如果图纸中包含型值表，那么工作量会减少很多。型值表一般会给出典型站位对应典型吃水的关键点坐标情况，通过这些信息就可以方便地完成以上（1）～（3）步的工作。需要说明的是，在型值表已有的情况下，对于船体艏艉部仍然需要依据第（4）步补充站位以获取更精确的船体艏艉变化情况；否则水动力模型会偏差较大，将会对后续的水动力计算结果带来不利的影响。

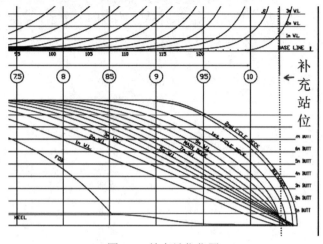

图 3.4　补充站位位置

3.1.2　通过 ANSYS APDL 建立计算模型

通过上一节对型值的提取，可以得到一个关于船体外形的型值文件。根据 ANSYS APDL 语言规则，将这些具体数据转换成经典 ANSYS 能够识别的文本形式导入 ANSYS APDL，实现型值的输入。

譬如将 10 号站位对应的坐标粘贴到*.txt 文件中：打开 ANSYS APDL，单击 Preprocessor 子菜单，将*.txt 中的坐标信息粘贴到输入框，按 Enter 键即显示坐标点已经输入完毕。连接每一站对应关键点，创建样条曲线。

如图 3.5 所示为 10 号、9.5 号、9 号站位对应点；图 3.6 为符合 ANSYS APDL 编程规则的关键点坐标；图 3.7 为将关键点坐标输入到 ANSYS 中，建立关键点。

	X	Y	Z
Section10	0	0	1
	0	0.263	2
	0	0.279	3
	0	0.613	4
	0	0.698	5
	0	0.74	6
	0	0.753	7
	0	0.741	8
	0	0.678	9
	0	0	10
	0	2.159	11.3
	0	4	14.3
	X		Z
Section9.5	2.376	0	1
	2.376	0.795	1
	2.376	1.285	2
	2.376	1.615	3
	2.376	1.836	4
	2.376	1.995	5
	2.376	2.201	6
	2.376	2.508	7
	2.376	2.937	8
	2.376	3.528	9
	2.376	4.208	10
	2.376	5.184	11.3
	2.376	6.622	14.3
Section9	X		Z
	6.177	0.134	0
	6.177	2.412	1
	6.177	3.089	2
	6.177	3.502	3
	6.177	3.83	4
	6.177	4.208	5
	6.177	4.572	6
	6.177	5.025	7
	6.177	5.616	8
	6.177	6.275	9

图 3.5　10 号、9.5 号、9 号站位对应点

k	,	1	,	0	,	0	,	1
k	,	2	,	0	,	0.263	,	2
k	,	3	,	0	,	0.279	,	3
k	,	4	,	0	,	0.613	,	4
k	,	5	,	0	,	0.698	,	5
k	,	6	,	0	,	0.74	,	6
k	,	7	,	0	,	0.753	,	7
k	,	8	,	0	,	0.741	,	8
k	,	9	,	0	,	0.678	,	9
k	,	10	,	2.376	,	0	,	1
k	,	11	,	2.376	,	0.795	,	1
k	,	12	,	2.376	,	1.285	,	2
k	,	13	,	2.376	,	1.615	,	3
k	,	14	,	2.376	,	1.836	,	4
k	,	15	,	2.376	,	1.995	,	5
k	,	16	,	2.376	,	2.201	,	6
k	,	17	,	2.376	,	2.508	,	7
k	,	18	,	2.376	,	2.937	,	8
k	,	19	,	2.376	,	3.528	,	9
k	,	20	,	6.177	,	0	,	0
k	,	21	,	6.177	,	0.134	,	0
k	,	22	,	6.177	,	2.412	,	1
k	,	23	,	6.177	,	3.089	,	2
k	,	24	,	6.177	,	3.502	,	3
k	,	25	,	6.177	,	3.83	,	4
k	,	26	,	6.177	,	4.208	,	5
k	,	27	,	6.177	,	4.572	,	6
k	,	28	,	6.177	,	5.025	,	7
k	,	29	,	6.177	,	5.616	,	8
k	,	30	,	6.177	,	6.275	,	9
k	,	31	,	9.997	,	0	,	0
k	,	32	,	9.997	,	0.628	,	0
k	,	33	,	9.997	,	3.981	,	1

图 3.6　符合 ANSYS APDL 编程规则的关键点坐标

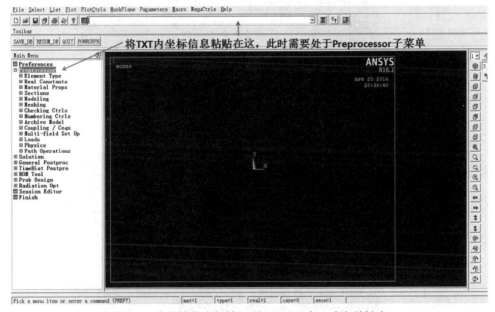

图 3.7　将关键点坐标输入到 ANSYS 中，建立关键点

　　值得注意的是，如果船存在平底，以样条曲线连接同一站位上的各个点可能造成曲线失真。此时可以对平底位置补充点，或者以直线连接平底部分，以样条曲线连接舭部与舷侧，然后通过布尔"和"运算将两条曲线和二为一，如图 3.9 和图 3.10 所示。

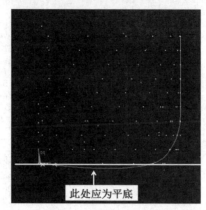

图 3.8　失真的样条曲线

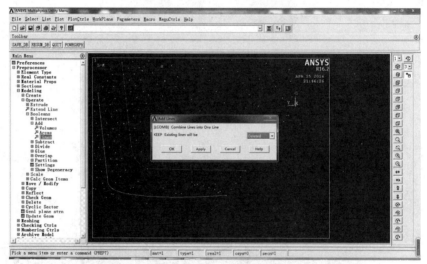

图 3.9　以直线连接平底，以样条曲线连接舷侧与舯部

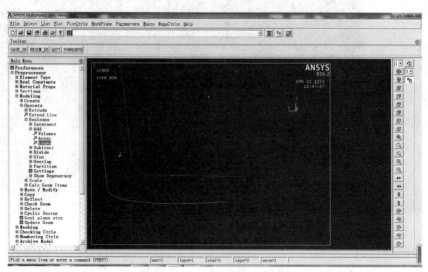

图 3.10　通过布尔运算将两条线合并

使用同样的方法将各站曲线画出。如图 3.11 所示。至此，型线绘制完毕，下面开始创建水动力模型的面元网格模型。

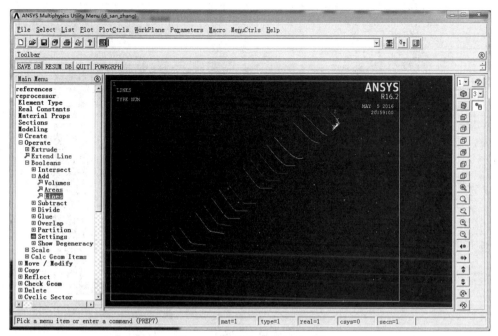

图 3.11　绘制完毕的各站型线

（1）选择单元类型：Preprocessor→Element Type→Add/Edit/Delete，在弹出对话框中选择 Add，找到 Shell，右侧选择 3D 4node 181，如图 3.12 所示。

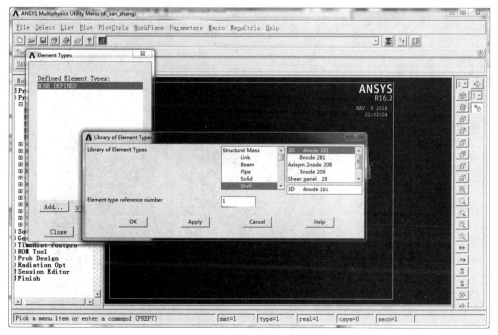

图 3.12　定义单元类型

（2）建立面模型：Create→Area→Arbitrary→By skinning，选中两条曲线，确定即可生成曲面，如图 3.13 所示。

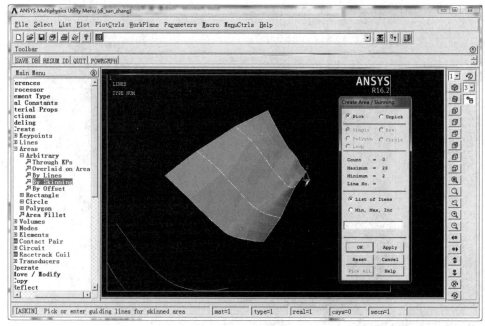

图 3.13　生成面

（3）重复步骤（2），连接各个站位，生成右半面船体外壳模型。

（4）将模型移动到设计水线：Modeling→Move→Areas→Area，选择 Pickup All，如图 3.14 所示，在对话框 Z 项中填写吃水，因为是向 Z 负向移动，该值应为负值，如图 3.15 所示。

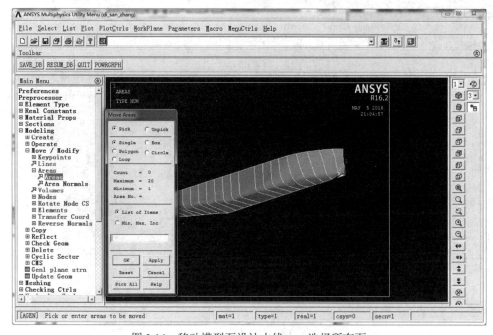

图 3.14　移动模型至设计水线——选择所有面

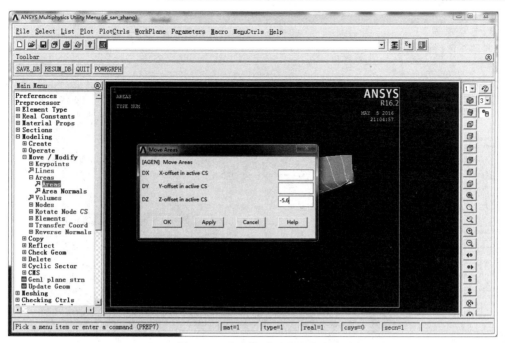

图 3.15　移动模型至设计吃水

（5）利用工作平面切割模型：Modeling→Operate→Devide→Area by WrkPlane，选中所有 Area，利用工作平面将模型在实际水线切开，如图 3.16 所示。这样处理的好处是避免出现跨水线的计算单元，跨水线的单元在 AQWA 中是不能进行正常计算的。切割完的船体模型如图 3.17 所示。

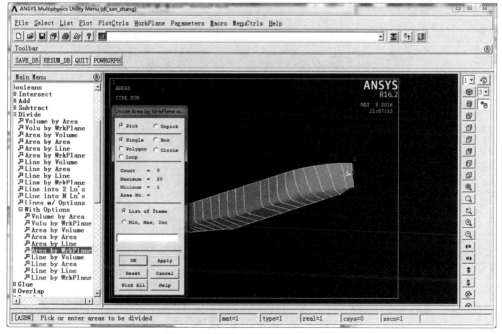

图 3.16　利用工作平面切割面模型

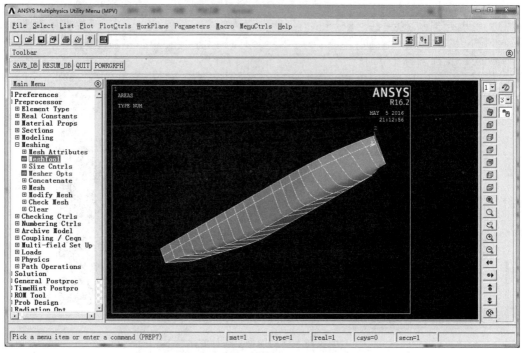

图 3.17　水线切割完的船体外表面模型

（6）对模型进行网格划分：Meshing→MeshTool，在弹出对话框中单击 Line 后面的 Set 按钮，选中所有线，将网格长度设定为 3m，如图 3.18 所示。

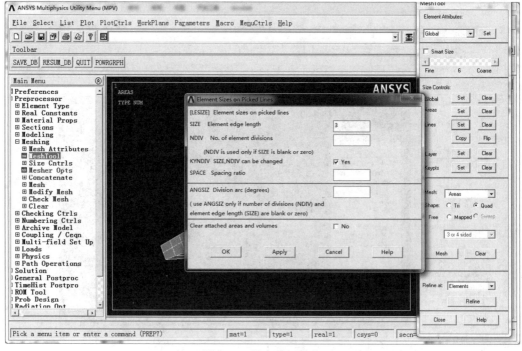

图 3.18　设定单元长度

（7）在 MeshTool 的 mesh 下拉菜单中选择 Area，选定 Free，单击 Mesh，在弹出对话框中选择所有的面（Pickup All），完成单元划分（ANSYS 单元划分技巧以及需要注意的地方较多，建议参考专门 ANSYS 书籍），如图 3.19 所示。划分完毕的效果如图 3.20 所示。

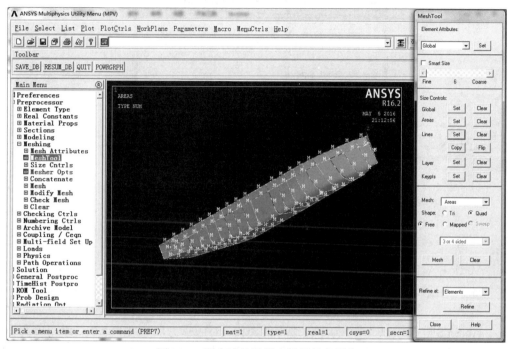

图 3.19　所有线按照设定进行长度划分

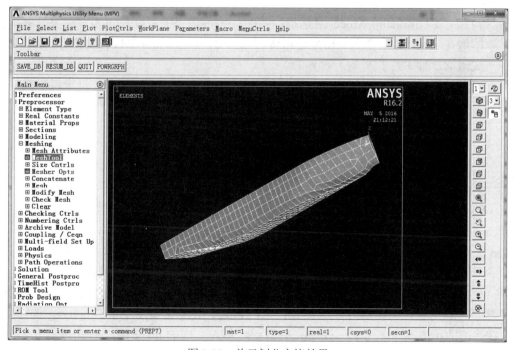

图 3.20　单元划分完毕效果

（8）输出 AQWA 模型：在 ANSYS 输入框中输入"ANStoAQWA"，弹出输出模型设定对话框（图 3.21）。

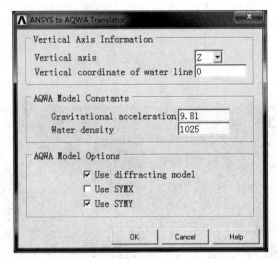

图 3.21　输出 AQWA 模型的设定

- Vertical Axis 使用默认的 Z 轴选项。
- 船体模型按照吃水要求在 Z 向进行了偏移，故在 Vertical coordinate of water line 中填写 0。
- ANSYS 建模中以"米"为单位进行的建模，对应重力加速度为 9.81、水密度为 1025。如果建模单位不是米，则应按照换算关系进行这两项数据的输入，具体内容请参考 4.1 节的介绍。
- 勾选 Use Diffracting Model 复选框，将 Z 向水线以下的单元设定为水动力计算单元。
- 本例在 ANSYS 中建立的模型是船体右舷部分，勾选 Use SYMY 复选框表明该模型是关于 XZ 面（关于 Y 轴）对称的。

单击 OK 按钮后，AQWA 模型便生成了，该文件在默认的 ANSYS 工作目录可以找到，文件的后缀名为".aqwa"。

接下来需要在 AQWA 中对模型进行检查和参数调整，这一部分内容请参考 4.5 节的相关介绍。

3.1.3　通过 AQWA–Ags Line Plan 建立计算模型

AQWA-AGS 建立船舶水动力计算模型是通过编写 AQWA 型值文件实现的，其文件后缀名为".lin"。图 3.22 展示了 lin 文件的基本格式。

Lin 文件第一列为描绘船长方向的 X 坐标，第二列为描绘船宽方向（船体右舷）Y 坐标，第三列为相对于船体基线的 Z 向坐标。站与站之间的数据以一个空行隔开。

在 lin 文件中依次填写完船体各站型值后，通过 AGS 读入文件，以型值文件为基础建立水动力模型，具体做法为：双击打开 AGS，单击 Plots，在弹出页面中单击 Select，选择 Lines Plan，在弹出的小界面中单击 File-Open，打开已经编制完成的 lin 文件，单击 Plots Line 即可完成文件读入，最终效果如图 3.23 所示。

```
 -135.900    0.000    16.000
 -135.900    0.000    20.000
 -135.900    0.000    26.130

 -135.800    0.000    16.000          船长方向X
 -135.800    1.440    16.500
 -135.800    2.100    17.000
 -135.800    2.660    17.500
 -135.800    3.120    18.000
 -135.800    3.530    18.500
 -135.800    3.880    19.000
 -135.800    4.200    19.500
 -135.800    4.490    20.000          船宽方向Y
 -135.800    4.970    21.000
 -135.800    5.350    22.000
 -135.800    5.640    23.000
 -135.800    5.820    24.000
 -135.800    5.940    25.000
 -135.800    6.000    26.100
 -135.800    0.000    26.130

 -133.150    0.000    14.990          基线向上方向Z
 -133.150    0.030    15.000
 -133.150    1.560    15.600
 -133.150    2.400    16.000
 -133.150    3.120    16.560
 -133.150    3.750    17.000
 -133.150    4.760    18.000
 -133.150    5.520    19.000
 -133.150    6.130    20.000
 -133.150    6.610    21.000
 -133.150    6.980    22.000
 -133.150    7.270    23.000
 -133.150    7.460    24.000
 -133.150    7.580    25.000
 -133.150    7.630    26.090
 -133.150    0.000    26.120
```

图 3.22   AQWA 型线文件

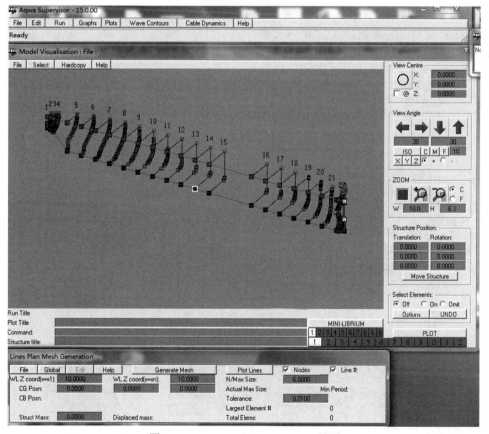

图 3.23   AQWA AGS Lines-Plan 界面

　　船体型值数据输入以后，可以依据需要进行模型单元网格划分，主要有如下填写项（图3.24）：

　　（1）WL Z coord（x=x1），指定 lin 文件中第一个站位吃水，通常为船艏；

　　（2）WL Z coord（x=xn），指定 lin 文件中最后一个站位吃水，通常为船艉；

　　（3）CG Posn：指定船体重心位置，X 相对于建模原点，Y 相对于船中，Z 相对于基线；

　　（4）Struct Mass：指定船体排水量，通常输入了吃水信息后程序会自动计算一个排水量，可以根据需求进行修改；

　　（5）N/Max Size：指定水动力模型网格单元大小；

　　（6）Tolerance：指定单元容差，一般采用默认值即可。

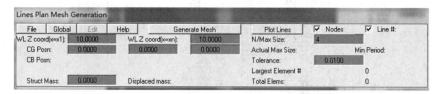

图 3.24　AQWA AGS Lines-Plan 设置

　　下面通过官方例子来演示如何通过 Lines-Plan 建立水动力模型。

　　AQWA 程序目录下的 Demo 文件夹下提供了 lin 文件范本，读入该文件，在船艏艉吃水位置均输入 10，在单元大小位置输入 4，单击 Generate Mesh，即可建立吃水 10m、单元长度 4m 的水动力计算模型，效果如图 3.25 所示。检查无误以后，单击 File，单击 Save *.dat 可以保存模型文件，模型文件名为"AQWA001.dat"。

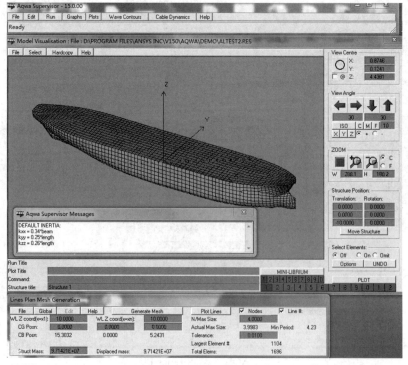

图 3.25　AQWA AGS Lines-Plan 建模（模型吃水 10m，单元大小 4m）

使用 Lines-Plan 可以快速建立不同吃水、纵倾角以及网格大小的水动力计算模型，模型文件名会以 AQWA001.dat、AQWA002.dat 的形式自动顺延文件名，可以根据需要手动进行文件重命名。

使用 Lines-Plan 时需要注意的是：

（1）建立 lin 文件时可以参考官方例子进行改编。一般情况下参照型值表进行输入即可。

（2）读入 lin 文件后如有错误出现，程序会自动提示 lin 文件那个位置有错以便进一步修改。

（3）设定网格大小时需要注意是否存在不合格的单元。一般此类单元会以红色显示，用户可以通过旋转模型视角来进行检查。如存在，一般可以通过修改网格大小来进行调整。

（4）如艏艉吃水不同，船体存在纵倾时需要旋转模型视角，检查最终模型设定是否正确。

（5）Lines-Plan 采用内部默认经验公式估算回转半径，如有需要可打开生成的模型文件进行手动修改。

整体而言，ANSYS APDL 对样条曲线的处理能力有限，如船舶艏、艉以及舭部，使用经典 ANSYS 对这些曲线变化复杂的位置进行形状描绘要花费较多的时间和精力，而最终效果往往不能令人满意。

使用 AQWA AGS 能够较方便地批量建立船体水动力计算模型，方法简单，效果也好，因而推荐使用这种方法来对船舶类浮式结构物进行水动力模型的建模工作。

使用 ANSYS Workbench 建模的相关方法将在第 5 章进行介绍。

3.2　ANSYS APDL 建立混合水动力模型

混合模型指的是基于三维势流理论的面元模型（Panel Model）与莫里森模型（Morison Model）共同组合而成的水动力计算模型。海洋工程浮式结构常有大直径结构与小直径结构共存的情况，如半潜式平台的斜撑和横撑等一般为尺度较小的结构，宜采用莫里森模型进行分析；立柱、浮箱为尺度较大结构，宜采用面元模型进行分析。通过建立混合模型可以较好地解决此类结构物的水动力分析问题。

图 3.26　"南海挑战"号半潜 FPS 平台（源自 CNOOC）

利用经典 ANSYS 建立混合模型主要有如下四个步骤：

（1）设定单元类型，设定常数特性。

（2）建立船体几何模型，划分单元，形成面元模型。

（3）建立撑杆几何模型，划分杆件单元，形成莫里森模型。

（4）输出模型并进行调整。

3.2.1 相关数据及建模准备

在建模之前需要进行一定的准备工作，以某半潜式钻井平台为例，其主要信息如表 3.1 所示。

表 3.1 某半潜钻井平台主尺度

项目	单位	数值
作业吃水	m	18
排水量	tons	25000
重心高度	m	14.5
横摇惯性半径	m	25
纵摇惯性半径	m	31
艏摇惯性半径	m	40
浮箱长	m	90
浮箱宽	M	17
浮箱高	m	6
立柱直径	m	9
立柱横向间距	m	30
立柱纵向间距	m	31
斜撑直径	m	1.5
横撑直径	m	2

该平台由两浮箱、六立柱以及横撑斜撑组成，如图 3.27 所示。作业吃水 18m，排水量 25000 吨。中间两根立柱下部与浮箱连接处为变截面，其与浮箱交接处为边长 18m 的正方形。出于简化目的，在建模过程中忽略斜撑，仅考虑横撑。

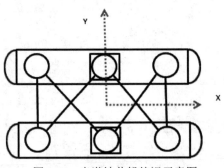

图 3.27 半潜钻井船俯视示意图

在基本数据确定后，可以开展建模工作。为了减少新版本 ANSYS 对于 AQWA 识别单元类型的影响，这里统一将 Shell63 用于面源模型建模，Pipe59 用于杆单元建模。

打开经典 ANSYS，在对话框中输入 et,1,shell63 和 et,2,pipe59，如图 3.28 所示，则在 Element Type 选项中新建了两种单元类型：两节点的 pipe59 和四节点的 shell63。Pipe 单元用来横撑建模，Shell 单元用来建立船壳外表面。

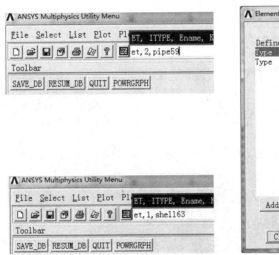

图 3.28　新建单元

在 Real Constants 中选取 Pipe59 建立实常数，在 Pipe outside diameter 输入框中输入 2，即 Pipe 的外径为 2m，如图 3.29 所示。如果有多个直径，可以多建立几个实常数。下一步开始建立半潜钻井船的混合水动力模型。

图 3.29　设置 Pipe 直径

3.2.2 建模过程

建模次序为先建船体模型，再建撑杆模型。

首先建立船体面模型，基本流程是使用 ANSYS 画出关键点，通过点－线－面建立船体外壳几何模型。该平台是关于 X 轴和 Y 轴对称的，也就是说我们仅建立四分之一的船体模型就能满足要求。

建立船体外壳模型具体步骤是（图 3.30 至图 3.39）：

（1）首先在 ANSYS 中定义浮箱底部关键点，并用线连接。

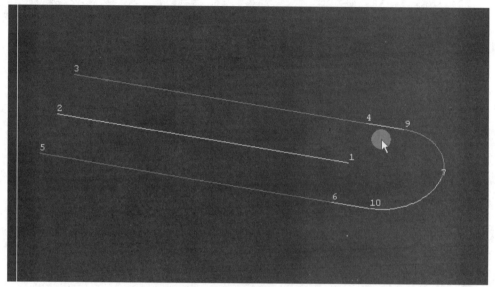

图 3.30　定义浮箱底部几何线模型

（2）将浮箱底部线按照浮箱高度向上复制，并在立柱与浮箱相交的位置建立二者的交线。

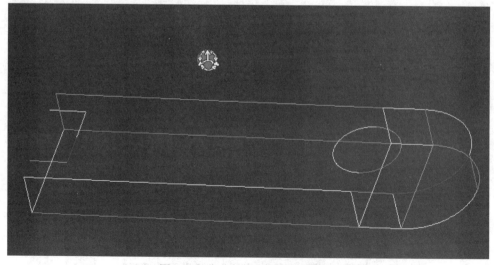

图 3.31　建立浮箱顶部几何线模型

（3）建立浮箱两侧和底部的面模型。

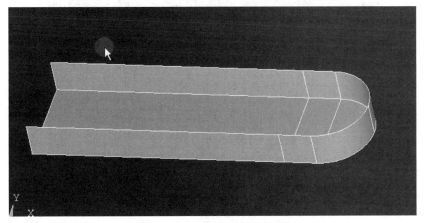

图 3.32　建立浮箱底面、侧面模型

（4）浮箱顶部线与立柱浮箱交线相连，分割顶面。

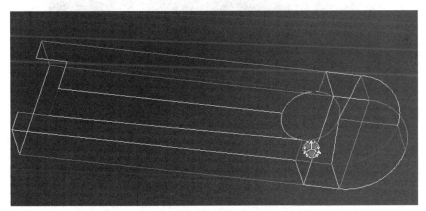

图 3.33　分割顶面

（5）建立顶部面模型。

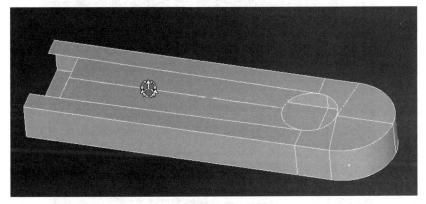

图 3.34　建立顶部面模型

（6）将圆形立柱与浮箱交线向上复制到设计吃水位置和立柱设计高度。

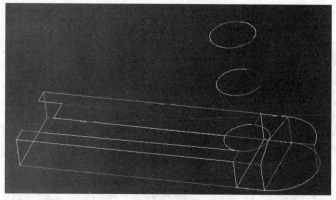

图 3.35　建立立柱几何线模型

（7）建立圆形立柱面模型。

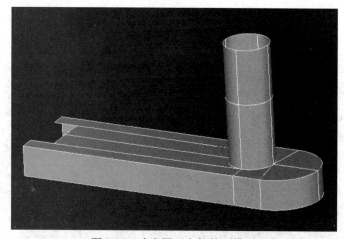

图 3.36　建立圆形立柱的面模型

（8）在变截面立柱变化位置建立线模型，并同立柱/浮箱底部交线相连；

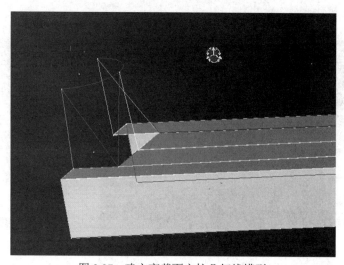

图 3.37　建立变截面立柱几何线模型

（9）建立过渡段面模型。

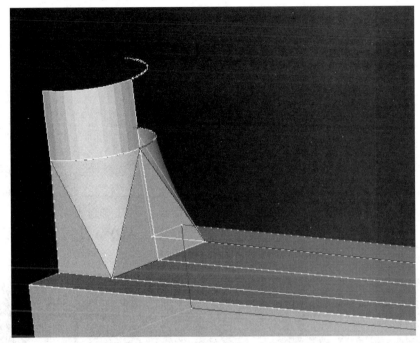

图 3.38　建立立柱变截面部分的面模型

（10）建立变截面立柱上部圆形部分面模型。

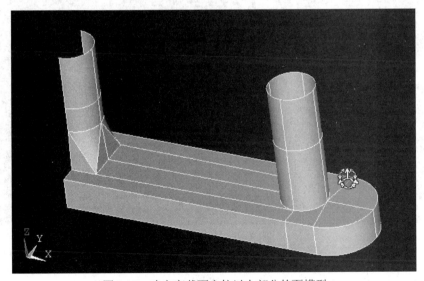

图 3.39　建立变截面立柱以上部分的面模型

至此，四分之一半潜钻井船的船体面模型建立完成。实际操作可以依据用户习惯进行建模，但有以下几个要点需要注意：

（1）建议在多个体交接的位置（如立柱与浮箱相连位置）先定义交线，在此基础上定义面。面的形状最好规则，这样有利于后续网格划分；

（2）建议将模型移动到吃水位置并进行水线切割或预先建立水线交线，避免出现跨水线面的单元；

（3）整体模型一定避免出现不规则的、或者面积较小的区域，整个模型宜以方形面为主。

在船体模型建立完成后，开始横撑模型的建模。该钻井平台有 6 个横撑，分别是：

- 连接艏艉两侧立柱的横向支撑 2 个；
- 连接艏部、舯部立柱的斜向横撑 2 个；
- 连接艉部、舯部立柱的斜向横撑 2 个。

由于横撑也关于 X、Y 轴对称，可以先建立四分之一的模型，建立横撑模型的具体方法如下（图 3.40 至图 3.43）：

（1）在横撑位于立柱的端点位置和对称面建立关键点，连接两点建立横撑线模型。

（2）在横撑位于立柱的端点位置和对称面建立关键点，连接两点建立斜向横撑线模型。

（3）选取横撑与各自立柱面进行布尔运算，删除位于立柱内的线模型。

（4）选取横撑线模型，选择关于 XZ、XZ 平面对称。**AQWA 中对于杆件是不能设定对称的**，故在建立杆件模型时需要将杆件全部建出来。

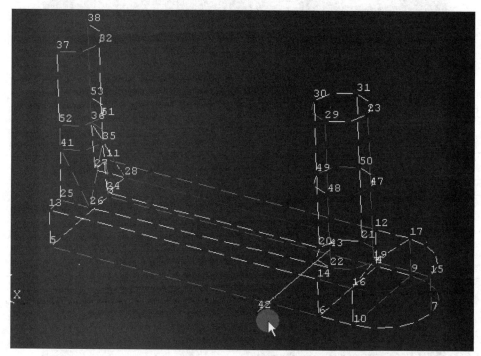

图 3.40　建立横撑线

下一步对线模型进行网格划分，对线模型进行网格属性设置并进行单元划分。

- 选择 Meshing→Mesh Attributes→Picked Lines，将所有横撑线选上，单元类型设定为 Pipe59，实常数选为 2（实常数对应直径 2m），如图 3.44 所示；
- 选择 MeshTool→Size Controls 中的 lines set，选择所有横撑线，设定单元长度为 3m；
- 选择 MeshTool，选择 Mesh 选项为 Lines，单击 Mesh 按钮，选取所有横撑线，完成横撑单元划分，如图 3.45 所示。

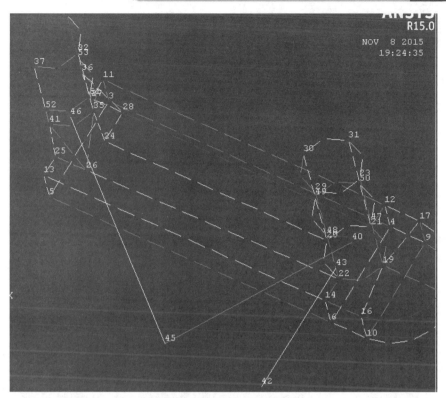

图 3.41　建立其他横撑线

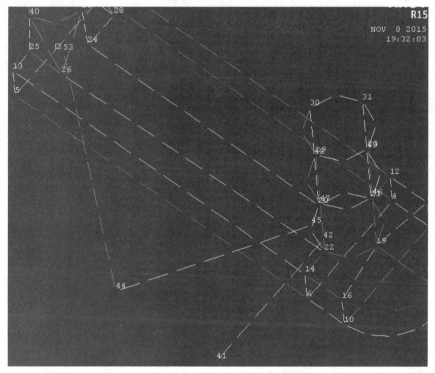

图 3.42　删除位于立柱内的线模型

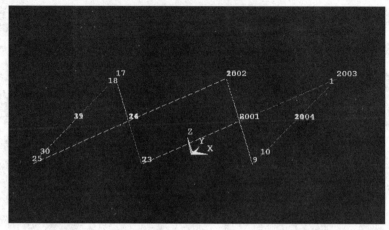

图 3.43　选取横撑线模型，关于 XZ、TZ 平面对称

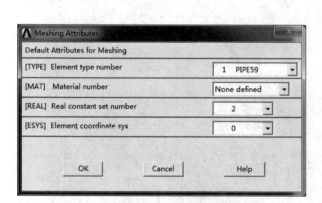

图 3.44　选取横撑线模型，设定网格划分属性 Pipe59 单元、实常数 2

图 3.45　Meshing Tool

接着对船体进行单元划分：

- 选择 Meshing→Mesh Attributes→Picked Areas，将所有面选上，单元类型设定为 shell63；
- 选择 MeshTool→Size Controls 中的 Area set，选择所有面，设定单元长度为 3m，如图 3.46 所示；

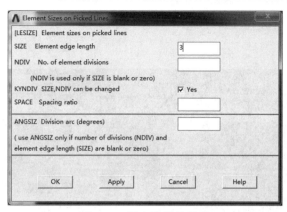

图 3.46　设定线单元长度

● 选择 MeshTool，设置 Mesh 选项为 Areas，单击 Mesh 按钮，选定 Free 按钮，选取所有面，完成船体单元划分。

如图 3.47 所示为单元划分完毕的横撑模型；如图 3.48 所示为单元划分完毕的四分之一面源模型。

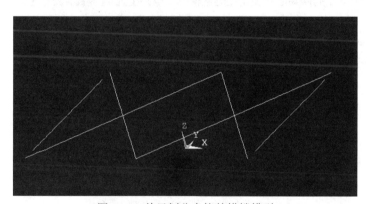

图 3.47　单元划分完毕的横撑模型

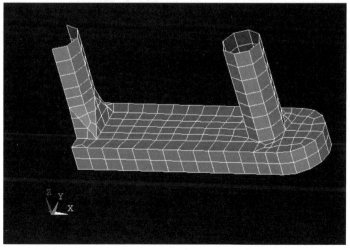

图 3.48　单元划分完毕的四分之一面源模型

为了防止出错，这里将所有面关于 XY、XZ 面进行对称，完整的半潜钻井船模型就建立起来了，如图 3.49 所示。

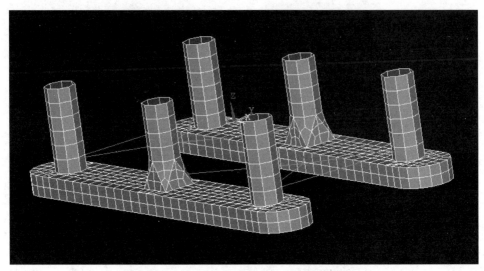

图 3.49　将面进行对称设置后的完整模型

在 ANSYS 对话栏输入 AnstoAqwa，此时模型原点位于水面，面源模型是完整的、不具备对称的，所以弹出的对话框不用进行任何修改，单击 OK 按钮即可，后缀名为.aqwa 的半潜钻井船模型便生成了。

在进行水动力分析前，还需对文件进行修改。

4

使用经典 AQWA 进行浮体分析

4.1　AQWA 软件内部规则、文件组成与输入文件

　　AQWA 中存在两个坐标系，一个为全局坐标系 FRA（Fixed Reference Axes），另一个为局部坐标系（随动坐标系）LSA（Local System Axes）。全局坐标系是固定的，位于静水面，该坐标系的方向遵循右手定则，Z 轴正向由静水面指向水面上方。随动坐标系位于浮体重心位置，与浮体一同运动并遵循右手定则，其方向一般定位为 X 轴正向自船尾指向船艏，Y 轴正向由右舷指向左舷，Z 轴正向由重心位置指向上方。

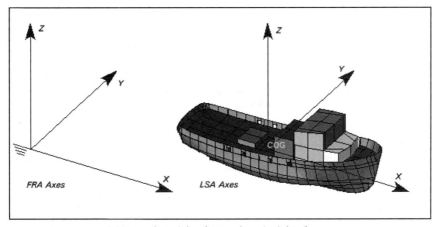

图 4.1　全局坐标系 FRA 与局部坐标系 LSA

　　波浪方向定义规则为：当波浪沿着 X 轴正方向传播时，波浪方向为 0°；当波浪沿着全局坐标系 Y 轴正向传播时，波浪方向为 90°。波浪由 X 轴正向逆时针向 Y 轴正向变化时，波浪角度从 0°开始增加。风、流方向定义规则与波浪一致。

动力学分析中的相位角表示所考察的振动参数与定义的参考点之间的差异。在 AQWA 软件中，当入射波波峰达到结构重心时，此时相位角为 0°。响应相位角为正时表明相位角对应的响应结果峰值在波峰经过重心以后发生，即"滞后效应"。波峰与响应峰值之间的时间差为：

$$\mathrm{d}t = \frac{T}{360} Phase \qquad (4.1)$$

其中：T 为波浪周期，$Phase$ 为相位角度。

举例说明相位角的含义：考察一艘船舶在迎浪状态下的纵摇响应，波浪周期为 10 秒，船舶纵摇运动幅值 A 为 3°，对应相位角 $Phase$ 为 60°，那么在波峰经过船体重心以后 1.67 秒后，船舶纵摇将达到最大值 3°。

在 AQWA 中，默认的单位制为国际单位制，即力的单位为 N，重力加速度单位为 m/s^2，长度单位为 m，密度单位为 kg/m^3。用户可以通过修改模型文件的重力加速度、海水密度来实现国际单位制、英制以及对应数量级的设置。单位换算如图 4.2 所示。

Force	Length	Value of E for steel	Acceleration due to gravity	Unit of mass	Density (mass/volume)	
					Steel	Seawater
Newton	Meter	2.1×10^{11}	9.81	1.0 kg	7850	1025
Newton	Centimeter	2.1×10^{7}	981	100 kg	7.85×10^{-5}	1.025×10^{-5}
Newton	Millimeter	2.1×10^{5}	9810	1000 kg	7.85×10^{-9}	1.025×10^{-9}
Kilopond	Meter	2.14×10^{10}	9.81	9.81 kg	800	104.5
Kilopond	Centimeter	2.14×10^{6}	981	981 kg	8.00×10^{-6}	1.045×10^{-6}
Kilopond	Millimeter	2.14×10^{4}	9810	9810 kg	8.00×10^{-10}	1.045×10^{-10}
Kilonewton	Meter	2.1×10^{8}	9.81	1000 kg	7.85	1.025
Kilonewton	Centimeter	2.1×10^{4}	981	1.0×10^{5} kg	7.85×10^{-8}	1.025×10^{-8}
Kilonewton	Millimeter	2.1×10^{2}	9810	1.0×10^{6} kg	7.85×10^{-12}	1.025×10^{-12}
Tonne	Meter	2.14×10^{7}	9.81	9.81×10^{3} kg	0.800	0.1045
Tonne	Centimeter	2.14×10^{3}	981	9.81×10^{5} kg	8.0×10^{-9}	1.045×10^{-9}
Tonne	Millimeter	2.14×10^{1}	9810	9.81×10^{6} kg	8.0×10^{-13}	1.045×10^{-13}
Poundal	Foot	1.39×10^{11}	32.2	1.0 lb	491	64.1
Poundal	Inch	9.66×10^{8}	386	12 lb	2.37×10^{-2}	3.095×10-3
Pound	Foot	4.32×10^{9}	32.2	32.2 lb	15.2	1.985
Pound	Inch	3.0×10^{7}	386	386 lb	7.35×10^{-4}	9.597×10^{-5}
Kip	Foot	4.32×10^{6}	32.2	3.22×10^{4}	1.52×10^{-2}	1.985×10^{-3}
Kip	Inch	3.0×10^{4}	386	3.86×10^{5}	7.35×10^{-7}	9.597×10^{-8}
Ton	Foot	1.93×10^{6}	32.2	7.21×10^{4}	6.81×10^{-3}	8.892×10^{-4}
Ton	Inch	1.34×10^{4}	386	8.66×10^{5}	3.28×10^{-7}	4.283×10^{-8}

图 4.2 AQWA 单位制换算关系

4.2 AQWA 文件系统与运行模式

4.2.1 输入输出文件

AQWA 的文件包括输入文件和输出文件两类，其中输入文件主要有：

- Dat：模型文件和计算参数输入文件，文本格式；
- Xft：定义局部坐标系下船体时域受力情况，文本格式；
- Wvt：定义时域下风速风向变化，文本格式；
- Wht：定义时域下波浪波面变化，文本格式；
- Lin：船体型线文件，文本格式；
- Msd：船体重量分布，用于计算船体剪力/弯矩计算，文本格式；
- Sfm：定义船体重量分布，用于计算船体/平台整体弯矩/剪力，文本格式；
- Eqp：平衡位置计算结果文件，作为其他分析的初始位置条件，二进制文件。

主要的输出文件有：

- Lis：主要为计算结果的记录，文本格式；
- Mes：软件分析中的警告、报错信息，文本格式；
- Qtf：全 QTF 二阶波浪载荷文件，文本格式；
- Hyd：AQWA-Line 水动力计算结果，二进制文件；
- Res：二进制文件，用于后处理读入；
- Eqp：AQWA-Librium 计算的平衡位置文件；
- Enl：Morison 单元受力文件，仅用于张力腿分析，二进制文件；
- Pos：记录船体时域下每个时刻的位置，用于 AGS 后处理生成模拟动画，二进制文件；
- Plt：数据曲线文件，用于 AGS 后处理生成曲线图表，二进制文件；
- Pot：包含速度势计算结果，用于 AQWA-Wave 或者 AQWA-AGS 计算压力结果，二进制文件；
- Uss：包含源强度计算结果，用于 AQWA-WAVE 计算 Morison 力，二进制文件；
- Seq：记录时域下平台运动情况，用于 AGS 仿真动画显示，二进制文件；
- Pac：用于 AGS 输出船体压力情况，二进制文件；
- Vac：船体单元流体速度情况，用于波面升高输出。

4.2.2 经典 AQWA 的运行模式

Line、Fer、Librium、Drift、Naut 组成了 AQWA 的核心计算模块，如图 4.3 所示。经典 AQWA 以 Stage 来指明程序所要使用的计算模块。每个 Stage 下包含若干个 Category（DECK），通过在各个 Category 输入不同的参数构成计算模型和调整计算参数，具体构成与主要功能为（图 4.4）：

- Stage1 定义模型与水动力计算参数，包含 Category1 至 5：

  Category1 定义组成水动力计算网格的节点编号以及对应坐标；

  Category2 定义水动力计算单元，单元引用 Category1 所定义的节点信息；

Category3 定义重量、材料信息；

Category4 定义几何特征、惯性矩、单元类型等；

Category5 定义水深、海水密度、重力加速度。

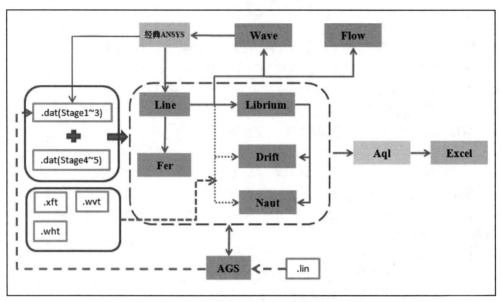

图 4.3 AQWA 主要输入文件与各模块关系

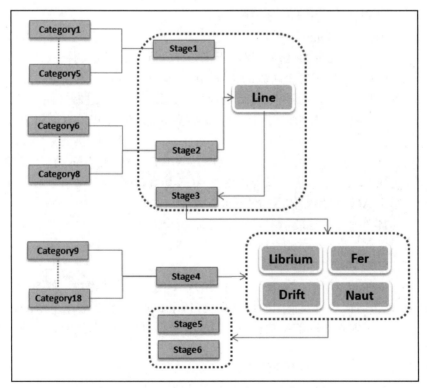

图 4.4 AQWA 具体组成与运行模式

- Stage2 定义辐射/绕射水动力计算参数，包括 Category6 至 Category8：

  Category6 定义组成水动力计算的频率与波浪方向；

  Category7 主要对计算模型参数进行调整，如平衡时所受浮力、刚度矩阵修正、阻尼修正等；

  Category8 主要对二阶波浪载荷进行设置和调整。

- Stage3 调用水动力计算模块 Line，不包含任何 Category 输入。
- Stage4 进行后续分析，如频域分析、时域分析等，包含 Category9 至 Category18：

  Category9 定义低频附加质量、阻尼修正、艏摇拖曳力系数等；

  Category10 定义浮体风力、流力系数以及推进力；

  Category11 定义剖面流及其方向；

  Category12 定义约束（如铰）、忽略计算自由度等；

  Category13 定义波浪谱、风谱等；

  Category14 定义系泊缆、张力腱、绞车等部件；

  Category15 定义运动分析初始位置等；

  Category16 时域计算参数设定；

  Category17 定义非绕射单元水动力参数，如砰击系数、缩尺比以及修改拖曳力系数等；

  Category18 输出控制参数。

- Stage5 调用计算模块（Librium、Drift、Fer、Naut 等），不包含任何 Category 输入。
- Stage6 进行莫里森杆件载荷的后处理。

Stage、Category 与各计算模块关系：Stage1～2 完成水动力计算模型与参数的输入，Stage3 调用 Line 模块进行辐射/绕射水动力计算，相关计算结果作为后续分析的输入数据；Stage4 定义后续计算输入参数；Stage5 调用其他计算模块（Fer、Librium、Drift、Naut）进行计算并与 Stage6 完成后处理工作。

4.3　JOB、TITLE、OPTIONS 与 RESTART

AQWA 模型、计算设置文件后缀名为.dat，该文本文件由 JOB、TITLE、OPTIONS、RESTART 和 Category 五部分组成，具体形式如图 4.5 和图 4.6 所示。AQWA 对.dat 文件的编写格式要求很高，用户需按照 AQWA 规定的填写规则进行文件编写。

```
JOB MESH  LINE
TITLE                 MESH FROM LINES PLANS/SCALING
OPTIONS REST LDOP GOON END
RESTART   1  3
  01      COOR
  01     1            88.500      0.000     0.124
  01     2            88.500      3.939     0.124
  01     3            88.500      7.878     0.124
  01     4            88.500     11.817     0.124
  01     5            88.500     15.756     0.124
  01     6            88.500     19.695     0.124
  01     7            88.500     23.610     0.296
  01     8            88.496     26.320     2.765
  01     9            88.491     26.368     6.692
  01    10            88.485     26.368    10.631
  01    11            88.480     26.368    14.570
  01    12            92.127      0.000     0.129
```

图 4.5　AQWA-Line dat 文件

```
JOB TANK  DRIF  WFRQ
TITLE                    TANKER + BUOY
OPTIONS REST PPEL LSTF END
RESTART    4  5      ALTAKBUY
   09    DRM1
   09FIDA          1.0373E6   1.5702E7   1.0E12    1.0E15    1.0E15 2.2564E11
   09FIDD          1.80E5     1.80E6     1.0E10    1.0E13    1.0E13  1.00E10
END09YRDP    4  305    2500.0
   09    FINI
   10    HLD1
   10WIFX    1   5   1.460E3    1.692E3    1.685E3    1.175E3    3.745E2
   10WIFX    6  10  -3.427E2   -9.839E2   -1.520E3   -1.692E3   -1.794E3
   10WIFY    1   5   0.000E0    1.803E3    3.623E3    5.168E3    6.093E3
   10WIFY    6  10   6.293E3    5.618E3    4.103E3    1.873E3 8.374E-14
   10WIRZ    1   5   2.475E2   -1.407E5   -1.689E5   -1.068E5   -1.167E4
   10WIRZ    6  10   1.167E5    1.842E5    1.559E5    8.647E4   -2.475E2
   10CUFX    1   5   0.505E5    0.572E5    0.532E5    0.344E5    0.172E5
   10CUFX    6  10  -0.160E5   -0.295E5   -0.451E5   -0.466E5   -0.551E5
   10CUFY    1   5   0.000E0    0.207E6    0.394E6    0.486E6    0.542E6
   10CUFY    6  10   0.550E6    0.478E6    0.382E6    0.195E6    0.000E0
   10CURZ    1   5   0.000E0   -0.118E8   -0.213E8   -0.239E8   -0.118E8
END10CURZ    6  10   0.808E7    0.220E8    0.191E8    0.103E8    0.00000
```

图 4.6　AQWA-Drift dat 文件

JOB 定义文件调用模块及实现的基本功能，具体含义和编写格式如图 4.7 所示。

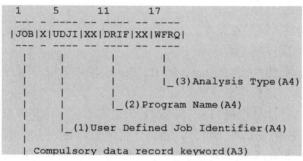

图 4.7　JOB 编写格式

图 4.7 中的"X"表示空格字符，JOB 行需要用户修改的参数主要有三个：

- UDJI（四个字符位）为用户定义的标识符。
- DRIF（四个字符位）表示需要调用的计算模块：

    当调用 Line 模块时，此处四个字符为 LINE；

    调用 Fer 模块时，四个字符为 FER 加一个空格；

    调用 Drift 或 Naut 时，此处四个字符为 DRIF 或 NAUT；

    调用 Librium 时，四个字符为 LIBR。

- WFRQ（四个字符位）表示对应计算模块用户需要实现的计算类型。

当进行 Line 计算时，程序默认进行辐射/绕射水动力计算，如果将该位置改为"FIXD"表明在水动力计算中，所定义的模型为固定的。

当进行 Librium 平衡计算时，程序默认进行静态和动态平衡计算。如果用户将该位置改为"STAT"，则程序仅进行静态计算；如果改为"DYNA"，则程序仅进行静态计算，一般使用默认设定即可。

当进行 Drift 时域计算时，程序默认仅进行波频时域分析。如果需要考虑低频载荷的作用，需将此处改为"WFRQ"。

当进行 Naut 时域计算时，程序默认进行规则波时域分析。如果需要进行不规则波分析，此处需要改为"IRRE"。需要注意的是，Naut 模块的不规则波主要用来分析非线性波浪作用下浮体瞬时湿表面变化对于浮体运动的影响，其波浪力不包含低频/高频波浪载荷，这一点与 Drift 不同，需要特别注意。

当进行 Fer 频域分析时，程序默认进行低频和波频频域运动分析。如果改为"DRFT"则表示仅进行低频运动分析；若改为"WFRQ"，则示仅进行波频运动分析。

TITLE，顾名思义用来定义计算文件和输出结果名称。这里仅需要在第 20 个字符位置以后，输入用户想要定义的名称即可，如图 4.8 所示。

```
1    6              21
----- -------------- -----------------------------------------------------
|TITLE|XXXXXXXXXXXXXX|THIS IS A TITLE OF THE PROGRAM RUN            ...
----- -------------- -----------------------------------------------------
     |               |
     |               |
     |               |_Title to be Used for Annotation of Results(15A4)
     |
     |_Compulsory Data Record Keyword.
```

图 4.8　TITLE 编写格式

OPTIONS 为计算控制命令及输出控制命令，其书写格式是从 OPTIONS 之后一个空格加四个字符来实现一个控制命令的输入，程序最多接受 14 个控制命令，最后一个选项必须为"END"，表明选项已经输入完毕，如图 4.9 所示。

```
1        9    14   19   24   29
------- - ---- - ---- - ---- - ---- - ----
|OPTIONS|X|OPT1|X|OPT2|X|OPT3|X|OPT4|X|END |
------- - ---- - ---- - ---- - ---- - ----
     |        |
     |        |
     |        |_(1)One or more OPTIONS. Format of each Option(A4)
     |
     |_Compulsory Data Record Keyword.
```

图 4.9　OPTION 编写格式

OPTIONS 对应的控制命令较多，可以划分为三个主要类型：

1. 输出文件输出内容的命令

（1）**PRDL** 在 lis 文件中输出所有输入文件的文本内容，主要用处是在 lis 文件中检查是否有输入错误，并将输入文件进行备份。

（2）**NODL** 不在 lis 文件中输出/输入文件的文本内容，使用该命令可以实现精简 lis 文件的目的。

2. 控制计算结果输出内容的命令

控制计算结果输出内容的命令，包括 16 个选项，由于主要功能为输出控制，所以这些选项均以 P 开头。需要说明的是，这些选项主要针对的是 Fer 和 Librium 模块计算结果的输出，主要选项命令的含义如下：

（1）**PBIS** 用于 Librium 平衡计算，输入每一次迭代计算时作用在浮体上的载荷，包括重力、静水力、流力、系泊载荷等。

（2）**PFLH** 用于 Fer 频域计算，在 lis 文件中分别输出低频/波频分析结果的有义值。

（3）**PPEL** 在 lis 文件中输出模型单元具体信息，用于 Stage1。

（4）**PRAF** 在 lis 文件中输出所有自由度计算结果。

（5）**PRAS** 用于 Fer 频域计算，输出铰单元关于全局坐标系的反力载荷谱。

（6）**PRCE** 在 lis 文件中输出程序接收到的 Category1～5 的输入内容，主要用于模型检查。

（7）**PRFS** 用于 Fer 频域计算，输出对应波浪谱作用下结构受到的低频/波频载荷谱密度矩阵。

（8）**PRPR** 用于 Line 水动力计算，输出单元所受静水力和动水压力。

（9）**PRPT** 用于 Line 水动力计算，输出浮体单元中心或自定义流场位置处的速度势结果。

（10）**PRRI** 用于 Fer 频域计算，输出对应波浪谱的浮体耦合 RAO。

（11）**PRRP** 用于 Fer 频域计算，输出 Fer 重新计算的水动力响应结果。主要用于给定多个波浪谱下，考虑系泊系统影响时的 RAO 计算，一般与 CRAO 选项共同使用。

（12）**PRRS** 用于 Fer 频域计算，在 lis 中输出对应波浪谱线频率的的、关于全局坐标系的运动响应谱结果，结果包括运动响应的跨零周期。

（13）**PRSS** 用于 Line 水动力计算，输出源强度计算结果。

（14）**PRST** 用于 Librium 平衡计算，输出对应结果积分点的全局刚度矩阵。

（15）**PRTI** 用于 Fer 频域计算，输出对应波浪谱的船体运动传递函数矩阵。

（16）**PRTS** 用于 Fer 频域计算，在 lis 文件中输出系泊缆张力和铰单元反力的有义值、张力响应谱及响应结果对应的跨零周期。

3. 计算控制命令

主要用来控制各模块的计算功能、计算方法以及结果输出，包括近 50 个命令，这里主要介绍其中较为常用的：

（1）**AHD1** 用于 AQWA-Line，输出水动力计算结果的文本格式文件。

（2）**AHD?** 用于 AQWA-Line，与 AHD1 一起使用时，输出带注释的水动力计算结果二进制文件。

（3）**AQTF** 输出全 QTF 矩阵法计算的二阶波浪载荷文本文件，一般同 CQTF 一起使用。

（4）**CONV** 用于时域 AQWA-Drift 和 Naut 计算，用卷积积分的方法将辐射力转换为延迟函数，用于时域计算。一般进行时域计算时都要使用该选项。

（5）**CQTF** 用于 AQWA-Line，使用全 QTF 矩阵法计算二阶波浪载荷。全 QTF 法适用于非线性较强的系泊分析。

（6）**CRAO** 用于 AQWA-Fer，考虑系泊或其他约束对于浮体运动 RAO 影响。如果进行多个波浪谱作用下的分析，需要与 PRRI 共同使用。

（7）**CRNM** 用于 AQWA-Fer，忽略系泊系统的影响来计算浮体运动 RAO，一般用于用户输入附加质量、辐射阻尼以及刚度数据时进行 RAO 计算的场合。

（8）**DATA** 进行模型检查。

（9）**END** 表明控制命令输入完毕，是 OPTIONS 中最后一个命令，输入时必须包括该命令。

（10）**FDLL** 在计算中调用用户定义（User_force）的外部载荷文件。

（11）**FQTF** 用于 AQWA-Drift，表示使用全 QTF 方法计算时域二阶波浪载荷。

（12）**GLAM** 用于 AQWA-Fer，表示输出关于全局坐标系的结果。

（13）**GOON** 忽略模型警告继续运行。一般情况下 AQWA 出现 Warning 或者 Error 程序会中断运行，输入 GOON 选项可以忽略 Warning，使程序能够继续运行。使用该选项的前提条件是用户对于 Warning 对计算精度的影响有充分的认识。

（14）**LAAR** 该选项功能是将铰单元反力以局部坐标系的形式进行输出。

（15）**LDRG** 用于 AQWA-Line 和 Fer，主要功能是进行 Morison 杆件拖曳力的线性化。用于 Line 时，需要 Category13 输入波浪谱参数；用于 Fer 时，可以分析多个波浪谱作用下拖曳力的影响情况。

（16）**LNST** 用于 AQWA-Naut 时域分析，指定时域分析时浮体初始运动的速度和位移参考 Line 的计算结果。使用该命令有利于减小浮体时域分析开始阶段的瞬态运动。

（17）**LSAR** 铰单元支反力结果以局部坐标系形式输出。

（18）**LSTF** 以线性刚度矩阵形式考虑静水刚度，忽略瞬时湿表面变化影响，该选项一般影响 AQWA-Naut 的计算结果。

（19）**MQTF** 用于 AQWA-Line 分析，考虑不同波浪方向组合对二阶波浪载荷的影响，计算结果以后缀名.mqt 的文本文件形式进行存储。

（20）**MRAO** 在时域计算中以 RAO 为依据来计算浮体波频运动。

（21）**NASF** 忽略所有结构阻尼。

（22）**NOCP** 忽略流速对于波浪相位的影响，主要用于时域分析。

（23）**NODL** 精简 lis 文件输出内容。

（24）**NODR** 用于 AQWA-Line 分析，作用是不计算波浪漂移力。此时波浪漂移力可以由用户自行输入。

（25）**NOFP** 用于 AQWA-Line 分析，不在 lis 文件里面输出制定流场点的波浪升高数据。

（26）**NOLL** 不显示 AQWA 运行窗口。

（27）**NOST** 不对时域计算结果进行自动统计分析。

（28）**NOWD** 时域分析中不自动进行波浪漂移阻尼的计算。使用该选项意味着用户需要在 Category9 中自行定义漂移阻尼。

（29）**NPPP** 用于 AQWA-Line 分析，告知程序不进行压力后处理计算。

（30）**NQTF** 用于 AQWA-Line 分析，使用近场法计算二阶定常漂移力。程序默认使用远场法计算二阶定常漂移力，使用近场法可以给出六个自由度波浪漂移力。近场法对模型单元质量要求较高，同时，全 QTF 矩阵法以近场法计算结果为基础，用户在使用近场法的时候有必要对模型单元质量进行考察与优化。

（31）**NRNM** 用于 AQWA-Line 分析，输出 Category18 指定的点位置对应的运动 RAO 结果。当使用该选项时，RESTART 应设置为 1～5。

（32）**NYWD** 时域分析中不自动进行艏摇方向波浪漂移阻尼的计算。

（33）**RDDB** 从 Res 文件读取之前 AQWA-Line 计算的水动力数据。该选项是水动力数据计算文件已经删除时的补救措施。

（34）**RDEP** 用于时域分析和频域分析，读取 AQWA-Librium 计算的平衡位置结果文件。一般进行 Fer、Drift 和 Naut 分析前先进行 Librium 平衡计算，而后读取平衡位置计算结果进行后续分析，这有助于增强时域分析的收敛性，规避不合理的瞬态响应。

（35）**REST** 运行内容大于 Stage1 时都需要输入该命令，换言之，进行任何计算都需要输入该命令。

（36）**RNDD** 该命令与 Category17 的 SC1 选项共同使用，其主要功能是根据 Wieselburge 雷诺数曲线来计算 Morison 单元的拖曳力系数。当使用该选项时，在 Category4 中设置的拖曳力系数将失效。该选项主要用于解决模型试验中 Morison 杆件因为缩尺比所带来的雷诺数不相似。

（37）**SDRG** 时域计算中使用低频相对速度来计算船体所受流载荷。程序默认是使用低频与波频合起来的相对速度作为流载荷的计算依据。

（38）**SFBM** 用于 AQWA-Line 分析，其功能是在 Stage5 中计算船体剪力和弯矩。程序会生成后缀名）Shb 的计算文件，该文件可以通过 AGS 查看。

（39）**SQTF** 用于 AQWA-Drift 分析，考虑二阶和频载荷的影响，需要与 FQTF 命令一起使用。

（40）**TRAN** 用于 AQWA-Naut 时域瞬态分析。

（41）**TRAO** 用于在 AQWA-Naut 瞬态分析中使用用户输入 RAO 数据来进行运动计算。

（42）**WHLS** 用于 AQWA-Naut 时域分析。在 Naut 模块中，如果进行规则波分析，无论是一阶 Airy 波还是二阶 Stokes 波都使用 Wheeler 延展方法来估计瞬时波面水质点变化。当进行不规则分析时，如果使用了 WHLS 命令，程序模拟的不规则波波面由线性波理论来计算；如果不使用 WHLS 命令，不规则波的波面将使用 Wheeler 延展法来对波面进行修正。

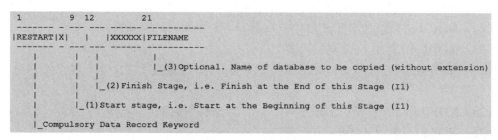

```
1         9 12       21
------- - --- --- ------ -----------
|RESTART|X|  |  |XXXXXX| FILENAME
------- - --- --- ------ -----------
   |      |   |           |
   |      |   |           |_(3)Optional. Name of database to be copied (without extension)
   |      |   |
   |      |   |_(2)Finish Stage, i.e. Finish at the End of this Stage (I1)
   |      |
   |      |_(1)Start stage, i.e. Start at the Beginning of this Stage (I1)
   |
   |_Compulsory Data Record Keyword
```

图 4.10　Restart 编写格式

RESTART 表明文件涵盖的 Stage，书写格式是在"Restart"后，四个字符空间内分别填写需要运行的 Stage（1~6），第一个为开始 Stage；另一个为结束 Stage，每个数字占据两个字符位。例如：运行 Stage1~3，在 RESTART 后输入"空格+数字 1"，其后输入"空格+数字 3"。

RESTART 另一个重要功能是引用，运行 Stage4~6 时可以直接调用已经算好的水动力数据（.HYD）或平衡位置计算结果（.eqp），此时在 RESTART 行第 21 个字符位置可以输入需要引用的文件名称。如果选项中包括"RDEP"，此时文件名应为 Librium 平衡位置计算文件 eqp 的文件名。

4.4　Data Category（DECK）用法与解释

Data Category 以文本的形式实现模型数据和计算控制参数的输入。Data Category 在以往的版本中称为 DECK（卡片），后文将以"卡片"代表 Data Category。从 4.2.1 节我们知道若干对应的卡片组成 Stage，各 Stage 的组合可以实现数据的读入和计算程序的调用。AQWA 中的卡片由**卡片名称**、**项目**、**结束标记**三部分组成。

典型卡片书写格式如图 4.11 所示：

- 09 表示对应行为卡片 9 的输入内容；
- DRM1 为卡片名称，此处"1"表示以下输入内容对应的是浮体 1，相应地，如果还有浮体 2，此处数字应为 2；
- FIDA 和 FIDD 为卡片 9 内包含的选项及对应的输入参数；
- END 表示 DRM1 输入完毕；

● FINI 用于多体分析，表示卡片 9 的内容输入完毕。

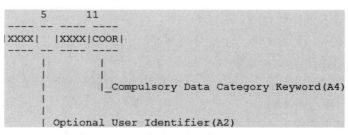

```
JOB TANK  DRIF  WFRQ
TITLE                        TANKER + BUOY
OPTIONS REST PPEL LSTF END
RESTART   4  5       ALTAKBUY
    09    DRM1
    09FIDA        1.0373E6  1.5702E7   1.0E12    1.0E15   1.0E15 2.2564E11
    09FIDD        1.80E5    1.80E6     1.0E10    1.0E13   1.0E13  1.00E10
END09YRDP    4  305    2500.0
    09    FINI
```

图 4.11　典型卡片书写格式

目前为止，AQWA 软件中的卡片共有 21 个，下面将对各个卡片以及主要输入内容进行介绍。

4.4.1　卡片 1（Category1）定义节点

单元节点是构成模型单元最基本的要素。在 AQWA 中，各个单元对应节点的编号必须是独有的，避免出现重复编号。当前 32 位 AQWA 程序最多接受的节点数为 2.2 万个，如果模型为四分之一对称，节点数可以提高到 8.8 万个；对于 64 位 AQWA 程序，相应的节点数可以提高至 4.6 万个和 9.2 万个。

图 4.12 中卡片 1 的名称行书写格式是：左起第 5、6 个字符对应卡片代号 "01"，从 11 个字符开始输入 **COOR** 四个字符为卡片 1 的卡片名称。

所有卡片名称行的书写规则都是如此，即两个数字代表对应卡片，四个字符代表卡片名。

```
        5         11
   ---- -- ---- ----

   |XXXX|  |XXXX|COOR|
   ---- -- ---- ----
        |       |
        |       |
        |       |_Compulsory Data Category Keyword(A4)
        |
        |
        | Optional User Identifier(A2)
```

图 4.12　卡片名称行书写格式

由于历史原因，AQWA 保留了很多老版本的建模规则，在此不再赘述。这里仅对最常用的项目进行介绍。

通过 ANSYS 或者 AGS 生成的 AQWA 模型都在 COOR 卡片名称行的下一行自带 **NOD5** 行，其含义是节点的定义以五个数据来表达，这五个数据分别为：

● 对应卡片号（01）；
● 节点编号；
● 节点对应 X 坐标位置；
● 节点对应 Y 坐标位置；
● 节点对应 Z 坐标位置。

如图 4.13 所示，5 个数据完成一个节点的定义。节点编号占据 5 个字符位置，坐标数据各占 10 个字符位置。

NOD5 的书写格式即为典型项目输入格式，每行 5～6 字符位置为对应卡片数字，7～10 字符位置为项目名称，其后按照项目输入格式要求进行相关数据的输入。

```
JOB MESH  LINE
TITLE                  MESH FROM LINES PLANS/SCALING
OPTIONS REST END
RESTART    1  2
    01     COOR
    01NOD5
    01     1           -135.9000     0.0000    16.0000
    01     2           -135.9000     0.0000    19.3767
    01     3           -135.9000     0.0000    22.7533
    01     4           -135.9000     0.0000    26.1300
    01     5           -135.8532     0.0000    16.0000
   01 1765              137.7000     0.0000    16.1200
   01 1766              137.7000     0.0000    19.9700
   01 1767              137.7000     0.0000    23.8200
   01 1768              137.7000     0.0000    27.6700
   01 1769              137.7000     0.0000    28.4597
END0199999                0.0000     0.0000     0.0000
```

图 4.13　典型卡片 1 数据组成

当节点定义完成后，最后一行之前三个字符位置要输入 END 以表示卡片 1 输入完毕。需要注意的是，通过 ANSYS 或者 AGS 建立的模型最后一行会有一个特殊节点，编号一般为 99999。该节点为浮体重心坐标，默认其位置在建模原点的平均水面位置，通常需要用户进行手动修改。

4.4.2　卡片 2（Category2）ELM*

卡片 2 的主要功能是定义计算单元，单元节点号来自于卡片 1 的定义。卡片 2 的卡片名称为 ELM*，*符号表示所定义的浮体代号，如果模型是单体模型，此处数字为 1；如果是多体模型，数字应与定义的浮体对应。

卡片 2 涉及到的输入内容较多，主要分为两类：一类是单元定义，另一类是计算设置。

AQWA 能够定义的单元类型主要有：

- **QPPL**：四边形面元单元，四个节点逆时针顺序组成的单元，法相指向水体；
- **TPPL**：三角形面元单元，三个节点逆时针顺序组成的单元，法相指向水体；
- **TUBE**：莫里森管单元，由两个节点组成；
- **STUB**：椭圆管单元，三节点组成，主要用于定义非圆截面莫里森管结构；
- **DISC**：碟形单元，一般用来模拟垂荡板结构，两个节点用来指定法相方向，不具备重量和厚度；
- **PMAS**：质量单元，由一个节点组成，该节点即为浮体重心；
- **PBOY**：浮力单元，与质量单元类似，对结构施加指定的浮力；
- **FPNT**：外部流场关注点单元，用来输出浮体外流场内指定位置的变化情况，一般位于平均水面处，由一个节点组成。

典型单元输入格式如图 4.14 所示：每行 5～6 字符位为对应卡片数字；7～10 字符位为单元名称；11～15 字符位为辐射/绕射单元标记“DIFF”填写位置，当这个标记出现时，其对应的 QPPL 或 TPPL 单元为水动力计算单元；21 字符位以后为构成单元的节点信息，主要是组成单元的节点编号，每个节点编号用左右括号标记，这部分内容输入格式较为随意，只要注意需要有括号标记即可。

从图 4.14 中可以注意到，QPPL 行 21 字符位以后的节点信息较为复杂，其含义是批量生成对应单元，但现在一般极少使用这种方法进行建模。

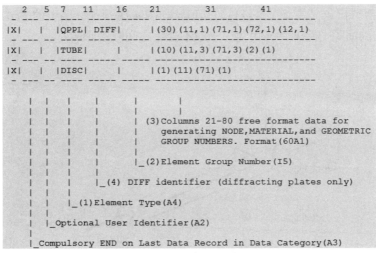

```
      2    5  7   11    16     21          31        41
   - --- -- ----- ----- ----- ----- ----- ----- ----- -----
  |X|  |   |QPPL DIFF|      |(30)(11,1)(71,1)(72,1)(12,1)
   - --- -- ----- ----- ----- ----- ----- ----- ----- -----
  |X|  |   |TUBE|     |      |(10)(11,3)(71,3)(2)(1)
   - --- -- ----- ----- ----- ----- ----- ----- ----- -----
  |X|  |   |DISC|     |      |(1)(11)(71)(1)
   - --- -- ----- ----- ----- ----- ----- ----- ----- -----

     |  |   |    |     |      |
     |  |   |    |     |      |
     |  |   |    |     |      |(3)Columns 21-80 free format data for
     |  |   |    |     |      |   generating NODE,MATERIAL,and GEOMETRIC
     |  |   |    |     |      |   GROUP NUMBERS. Format(60A1)
     |  |   |    |     |      |
     |  |   |    |     |_(2)Element Group Number(I5)
     |  |   |    |
     |  |   |    |_(4) DIFF identifier (diffracting plates only)
     |  |   |
     |  |   |_(1)Element Type(A4)
     |  |
     |  |_Optional User Identifier(A2)
     |
     |_Compulsory END on Last Data Record in Data Category(A3)
```

图 4.14　典型卡片 2 基本输入格式

QPPL：为四节点水动力计算单元，16～20 字符位为单元的组别，一般情况下没有影响，但使用 VLID 驻波抑制选项时，需要定义单元组别，这一点将在 VLID 选项中进行说明。

在 21 字符位后输入"(1)"，表示生成一个单元，随后按逆时针顺序输入带括号的四个节点信息，对于 TPPL 单元输入方法一样，区别是 TPPL 仅需三个节点来建立。

PMAS：是质量单元，只需要输入 1 个节点，该节点为卡片 1 中的 99999 号节点。PMAS 重心节点后还跟着输入两个"(1)"，分别对应卡片 3 的排水量信息和卡片 4 的惯性质量信息。如果出现多体分析模型，卡片 3 和卡片 4 的数据会产生变化，此时 PMAS 中最后两个数据代号一定要与其一一对应。这两个卡片将在后文进行介绍。

```
   02    ELM1
   02SYMX
   02ZLWL          (        10.0000)
   02QPPL      1(1)(6)(5)(1)(2)
   02QPPL      1(1)(7)(6)(2)(3)
   02QPPL      1(1)(8)(7)(3)(4)
   02TPPL      1(1)(9)(8)(4)
   02QPPL      2(1)(11)(10)(5)(6)
   02QPPL      2(1)(12)(11)(6)(7)
   02TPPL      2(1)(13)(12)(7)
   02QPPL      2(1)(14)(13)(7)(8)
```

```
   02QPPL DIFF  87(1)(1761)(1760)(1742)(1743)
   02TPPL DIFF  87(1)(1761)(1743)(1744)
   02QPPL DIFF  87(1)(1762)(1761)(1744)(1745)
   02QPPL DIFF  87(1)(1763)(1762)(1745)(1746)
   02QPPL       87(1)(1764)(1763)(1746)(1747)
   02TPPL       87(1)(1764)(1747)(1748)
   02TPPL       87(1)(1768)(1755)(1756)
   02QPPL       87(1)(1769)(1768)(1756)(1757)
   02TPPL       87(1)(1769)(1757)(1758)
   02TPPL       87(1)(1769)(1758)(1759)
   END02PMAS     0(1)(99999)(1)(1)
   02    FINI
   03    MATE
   END03        1 97142104.  0.000000   0.000000
   04    GEOM
   04PMAS       1 2.8074E10  0.000000   0.00000  4.5448E11  0.000000  4.9157E11
   END04
```

图 4.15　典型卡片 2 基本输入格式（QPPL、TPPL 与 PMAS）

TUBE：为两节点定义的莫里森杆件。其形状如图 4.16 所示，图中的 End Cut 表示管端点与定义节点之间的间隙，除非特殊用途，一般不会考虑间隙的影响。

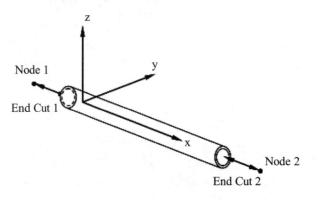

图 4.16   TUBE 单元形状示意

STUB：为三节点定义的非圆形截面莫里森杆件。其形状如图 4.17 所示，图中的 Node 1 和 Node 2 定义 STUB 单元长度特征，Node 3 定义截面方向特征。

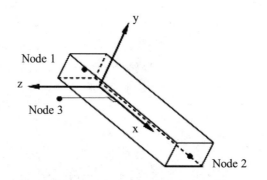

图 4.17   STUB 单元形状示意

DISC：为两节点定义的无质量、无厚度莫里森单元，一般用来模拟垂荡板结构。Node 1 指向 Node 2 来定义 DISC 单元的法线方向。

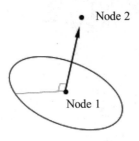

图 4.18   DISC 单元形状示意

TUBE、STUB 和 DISC 单元的基本输入格式如图 4.19 所示。

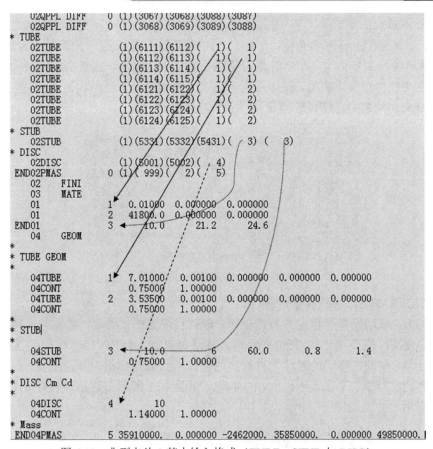

图 4.19　典型卡片 2 基本输入格式（TUBE、STUB 与 DISC）

02TUBE 对应行定义一个 TUBE 单元，输入的 5 个参数分别为：定义单元数、节点 1、节点 2、材料属性编号、几何属性编号。材料属性编号对应 Category3 MATE，几何属性编号对应 Category4 GEOM。在图中，TUBE 单元分为两种几何属性，分别对应 GEOM 编号 1 和编号 2。

STUB 单元由 6 个参数定义，分别为：定义单元数、节点 1、节点 2、节点 3、材料属性编号、几何属性编号。材料属性对应 MATE 编号 3，几何属性对应 GEOM 编号 3。

DISC 单元由 4 个参数定义，分别为：定义单元数、节点 1、节点 2、几何参数编号。几何参数编号对应 GEOM4。

关于 Category3 MATE 和 Category4 GEOM 的具体含义将在后面进行介绍。需要特别说明的是，**不同单元类型对应的材料属性编号和几何属性编号必须有区别且唯一，不要出现重复编号以免出错**。

卡片 2 中的计算设置项目位置一般在卡片名称行之后、单元定义行之前。主要有：

- **SYMX/SYMY**：定义模型对称性，SYMX 为关于 X 轴对称，SYMY 为关于 Y 轴对称，二者都输入时表明模型为关于 X、Y 轴对称，即四分之一模型。需要说明的是，**设置对称仅对辐射/绕射水动力计算模型有效，对莫里森杆件和其他单元是无效的**。

- **HYDI**：表示考虑多体耦合水动力影响。使用 HYDI 需要在 16～21 字符位置输入考虑哪些浮体之间的影响，如图 4.20 所示。举个例子，如果模型文件有两个体，在第二个体 HYDI 行输入"1"，那么程序计算时会考虑 1 号结构与 2 号结构之间的耦合影响；如果模型文件有 5 个体，在第三个体输入"1"，那么程序计算时会考虑 1 号结构、2 号结构与 3 号结构之间多体耦合影响。需要注意的是，这里输入的结构号必须是已经在文件中定义完成的，譬如需要考虑 3 号结构对于 4 号结构的影响，但文件中并没有定义 3 号结构，这样的设定会导致程序停止运行。

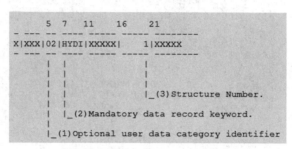

```
        5  7   11    16    21
- --- -- ---- ----- ----- --------
X|XXX|02|HYDI|XXXXX|    1|XXXXX
- --- -- ---- ----- ----- --------
    | |            |
    | |            |
    | |            |_(3)Structure Number.
    | |
    | |_(2)Mandatory data record keyword.
    |
    |_(1)Optional user data category identifier
```

图 4.20　卡片 2：HYDI 项目输入

- **RMXS/RMYS**：移除模型对称性。
- **MSTR**：移动模型至指定界节点位置，该项目位置比较特殊，必须是卡片 2 的最后一行。使用时需要在 21 字符位置后输入移动参考点，相对于该点模型的 X、Y 以及 Rz 移动量。模型在移动的时候先将模型的建模原点移动到指定节点位置，随后按照输入内容再进行 X、Y 以及 Rz 方向的移动，如图 4.21 所示。这个项目在 6.4 节中有具体的应用。

```
        5  7   11    16    21
- --- -- ---- ----- ----- --------
X|   |02|MSTR|XXXXX|XXXXX| (NNN) (X,Y,RZ)
- --- -- ---- ----- ----- --------
   | | |              |
   | | |              |
   | | |              |_ (4)Columns 21-80. Free format data to
   | | |                    define new position of structure.
   | | |
   | | |_(3)Mandatory data record keyword.
   | |
   | |_(2)Optional user data category identifier.
   |
   |_(1)Compulsory END on Last Data Record in Data Category(A3)
```

图 4.21　卡片 2：MSTR 项目输入

- **FIXD**：定义结构为固定不动的。该项目在 6.3 节中有具体的应用。
- **VLID**：抑制驻波的选项，通常用于分析两船接近或者分析月池影响。当两船较为接近时，两船之间的水体极易产生共振，使得分析结果偏差较大。通过人为对这部分水体施加"阻尼"可以抑制共振程度，使得分析结果较为合理。VLID 具体使用方法是：

（1）需要在已经定义的模型中定义一组四边形水动力计算单元（即 QPPL 加 DIFF 标记），并在 Group number 位置（请参考 QPPL 书写格式）标记需要 VLID 引用的组别号。

（2）在 VLID 行 16～20 字符位置输入引用的单元组别，随后在 21 字符位置后输入需要添加的阻尼（DAMP=具体数值），以及 VILD 起作用的特征长度范围（GAP=具体数值），如图 4.22 所示。DAMP 数值在 0～0.2 范围之间，对于月池分析，GAP 应为月池的最小特征长度，如果是分析两结构物接近的情况，GAP 应为两船水线面最小距离。

```
    2   5  7   11    16    21
  - --- -- ---- ----- ----- ----------------------------------
  |X|  |  |VLID|     |     |(DAMP=???,GAP=???)
  - --- -- ---- ----- ----- ----------------------------------
    |  |  |              |     |
    |  |  |              |     |_(2)Mandatory parameters
    |  |  |              |
    |  |  |              |_(1)Group number
    |  |  |
    |  |  |_Compulsory Data Record Keyword (A4)
    |  |
    |  |_Optional User Identifier (A2)
    |
    |_Compulsory END on last data record in Data Category (A3)
```

图 4.22　卡片 2：VLID 项目输入

- **ILID**：即俗称的"加盖"法（lid）。其主要功能是在船体内增加一个限制条件，以达到消除不规则频率的效果。ILID 的具体用法是：

（1）在模型单元定义之前输入，在 ILID 行 11～15 字符位置输入 AUTO 表示由程序自动生成"lid"。此时一般情况下不需要再进行其他输入。自动生成 lid（图 4.23）仅对单一水线面结构有效，对于诸如半潜式平台这类多立柱、多个分割开的水线面使用 ILID 需要通过用户自定义来完成（图 4.24）。

（2）自定义 lid 的方法与 VLID 的方法类似，需要在模型中定义一组单独组别的辐射/绕射计算单元，ILID 通过引用这些单元来实现"lid"的定义。这些自定义的单元必须在船体水线面范围内，单元法相方向向上，位置位于平均水平面。

```
    2   5  7   11    16    21
  - --- -- ---- ----- ----- ----------------------------------
  |X|  |  |ILID| AUTO|     |(LID_SIZE=????,START_NODE=NNNNN)
  - --- -- ---- ----- ----- ----------------------------------
    |  |  |    |     |     |
    |  |  |    |     |     |_(3)Optional parameters
    |  |  |    |     |
    |  |  |    |     |_(2)Group number
    |  |  |    |
    |  |  |    |_(1)Automatic lid generation
    |  |  |
    |  |  |_Compulsory Data Record Keyword (A4)
    |  |
    |  |_Optional User Identifier (A2)
    |
    |_Compulsory END on last data record in Data Category (A3)
```

图 4.23　卡片 2：ILID 项目输入（自动生成）

```
    2   5  7   11    16    21
  - --- -- ---- ----- ----- ----------------------------------
  |X|  |  |ILID|     |     |
  - --- -- ---- ----- ----- ----------------------------------
    |  |  |              |
    |  |  |              |_(1)Group number
    |  |  |
    |  |  |_Compulsory Data Record Keyword (A4)
    |  |
    |  |_Optional User Identifier (A2)
    |
    |_Compulsory END on last data record in Data Category (A3)
```

图 4.24　卡片 2：ILID 项目输入（用户自定义）

● **ZLWL**：定义水线位置即计算水线距离模型 Z 向原点的位置，如果模型原点位于船底基线，吃水 10m，则在 ZLWL 一行第 21 个字符位以后的括号中输入 10。如果模型原点就位于平均水平面，船体已经按照吃水状态进行建模和水线切割，则该数值即为 0。AQWA 是不自动进行水线面单元划分的，如果模型中存在横跨水线的单元，程序会报错停止运行。如果用 ANSYS 建模，一般会将模型向下移动，在水线面位置利用工作平面将模型分为水上、水下分开，此时由于建模原点位于水线，则输出的模型 ZLWL 值为 0；如果用 AGS 建模，程序可以自动按照指定水线进行单元划分，输出的模型 ZLWL 值为用户指定的吃水。如图 4.25 所示。

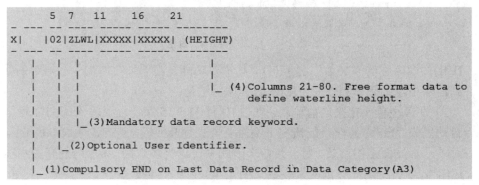

图 4.25　卡片 2：ZLWL 项目输入（用户自定义）

● **SEAG**：用来生成一个方形波面范围，用来输出波面升高和波浪压力变化情况。当前该项目参数设定只能通过 Workbench 实现。如图 4.26 所示。

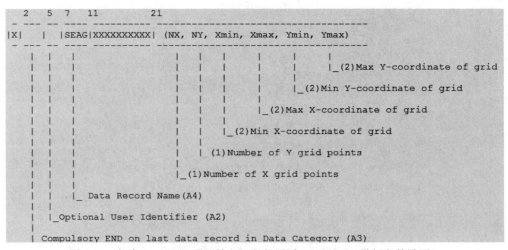

图 4.26　卡片 2：SEAG 项目输入（只能通过 Wokrbench 进行参数设置）

4.4.3　卡片 3（Category3）MATE

卡片 3 主要功能是定义"材料属性"，对应卡片名称为 MATE。所谓的"材料属性"与卡片 2 定义的单元类型密切相关，具体对应关系如表 4.1 所示。

表 4.1　材料属性与单元类型对应关系

单元类型	属性 1	属性 2	属性 3
TPPL/QPPL	无	无	无
TUBE	密度	无	无
STUB	单位重量	Y 轴向单位惯性矩	Z 轴向单位惯性矩
PMAS	质量	无	无
DISC	无	无	无

卡片 3 的输入格式如图 4.27 所示。16～20 字符位为材料属性代号，**该代号一定要与卡片 2 中定义的材料属性代号相一致**。21 字符位开始，每十个字符位定义一个材料属性，共三个属性内容，三个属性对应表 4.1 中的各个单元类型进行设置。

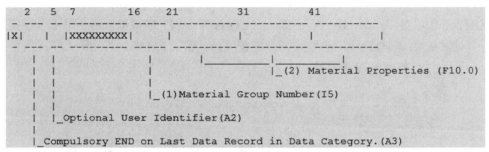

图 4.27　卡片 3 输入格式

4.4.4　卡片 4（Category4）GEOM

卡片 4 的主要功能是定义单元的"几何属性"，对应卡片名称为 GEOM。这里的几何属性与卡片 2 定义的单元类型有关。具体对应关系如表 4.2 所示。

表 4.2　几何属性与单元类型对应关系

单元类型	属性 1	属性 2	属性 3	属性 4	属性 5	属性 6	常数 1	常数 2
TUBE	外直径	壁厚	0.密封 1.敞开	端点间隙 1	端点间隙 2	\	附加质量系数，默认 Cm =0.75	拖曳力系数，默认 Cd=1.0
STUB	Y 向直径	Z 向直径	横截面积	Y 向拖曳力系数 Cd	Y 向附加质量系数 Cm	\	Z 向附加质量系数 Cm	Y 向拖曳力系数 Cd
PMAS	惯性矩 Ixx	惯性矩 Ixy	惯性矩 Ixz	惯性矩 Iyy	惯性矩 Iyz	惯性矩 Izz	\	\
DISC	直径	\	\	\	\	\	附加质量系，默认 Cm=1.14	拖曳力系默认 Cd=1.0

卡片 4 几何属性定义包含两部分内容：对应单元类型几何属性和对应几何属性的常数定义。在编写的时候首先需要在对应行 7～10 字符位输入单元类型，在 16～21 字符位输入对应 Category2 单元引用的材料属性编号，在 21 字符位以后，每十个字符的空间输入六个对应参数，

在下一行输入 CONT 常数项。如图 4.28 所示。

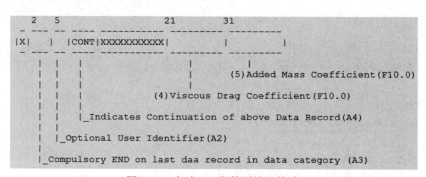

图 4.28 卡片 4：几何属性输入格式

CONT 常数项对应行 7～10 字符位输入 "CONT"，在 21 字符位以后，每十个字符的空间输入两个对应参数。编写完成后的效果请参考图 4.19。除了 PMAS，其他所有单元类型行都对应一个 CONT 行。如图 4.29 所示。

```
  2   5               21        31
  - --- -- ---- ----------- ---------- ---------
 |X|  |  |CONT|XXXXXXXXXXX|          |         |
  - --- -- ---- ----------- ---------- ---------
      |  |    |           |          |
      |  |    |           |          (5)Added Mass Coefficient(F10.0)
      |  |    |           |
      |  |    |           (4)Viscous Drag Coefficient(F10.0)
      |  |    |_Indicates Continuation of above Data Record(A4)
      |  |
      |  |_Optional User Identifier(A2)
      |
      |_Compulsory END on last daa record in data category (A3)
```

图 4.29 卡片 4：常数项输入格式

这里需要特别说明：

定义 TUBE 的直径为外径，当设定单元为敞开时，如果单元与水有接触，其内部会与水联通，且水位一致。

PMAS 六个参数为对应结构物的 3×3 惯性质量矩阵。

TUBE、STUB 以及 DISC 的附加质量系数、拖曳力系数在计算中均有默认值，改变附加质量系数能够在计算结果中有体现，但 **Line 并不会考虑拖曳力系数，改变拖曳力系数对于计算结果并没有影响**。如果想查看拖曳力系数大小对 RAO 的影响需要使用拖曳力线性化方法，具体参考第 6 章 6.2 节。

4.4.5 卡片 5（Category5）GLOB

卡片 5 的主要功能是定义水动力计算的全局常数，卡片名称为 GLOB，内容包括水深、海水密度和重力加速度。三个常数设置格式一致：在对应行 7～10 字符位置输入 DPTH（定义水深）、DENS（定义海水密度）、ACCG（定义重力加速度），在 11 字符位后输入具体数据。如图 4.30 至图 4.32 所示。

```
    2   5   7   11
  - --- -- ---- ----------
  |X|   |  |DPTH|          |
  - --- -- ---- ----------
    |  |  |          |
    |  |  |          |_(1)Water Depth(F10.0)
    |  |  |              (Default Value 1000.0)
    |  |  |
    |  |  |_Compulsory Data Record Keyword(A4)
    |  |
    |  |_Optional User Identifier(A2)
    |
    |_Compulsory END on Last data record in data category(A3)
```

图 4.30   卡片 5：水深输入格式

```
    2   5   7   11
  - --- -- ---- ----------
  |X|   |  |DENS|          |
  - --- -- ---- ----------
    |  |  |          |
    |  |  |          |_Density of Water(F10.0)
    |  |  |              (Default Value 1025.0)
    |  |  |
    |  |  |_Compulsory Data Record Keyword(A4)
    |  |
    |  |_Optional User Identifier(A2)
    |
    |_Compulsory END on Last data record in data category(A3)
```

图 4.31   卡片 5：海水密度输入格式

```
    2   5   7   11
  - --- -- ---- ----------
  |X|   |  |ACCG|          |
  - --- -- ---- ----------
    |  |  |          |
    |  |  |          |_(1)Acceleration Due to Gravity(F10.0)
    |  |  |              (Default Value 9.81)
    |  |  |
    |  |  |_(1)Compulsory Data Record Keyword(A4)
    |  |
    |  |_Optional User Identifier(A2)
    |
    |_Compulsory END on Last data record in data category(A3)
```

图 4.32   卡片 5：重力加速度输入格式

这三个常数是一一对应的，共同定义了计算量纲，当三个常数相应变化时，程序内部量纲也将发生变化，公制单位具体对应关系如表 4.3 所示。

表 4.3   量纲与常数定义关系举例

力单位	长度单位	钢材弹性模量	重力加速度	重量单位	钢材密度	海水密度
N	m	2.1E11	9.81	1kg	7850	1025
N	cm	2.1E07	981	100kg	7.85E-5	1.025E-5
N	mm	2.1E05	9810	1000kg	7.85E-9	1.025E-9
kN	m	2.1E08	9.81	1000kg	7.85	1.025
kN	cm	2.1E04	981	1E5kg	7.85E-08	1.025E-08
kN	mm	2.1E02	9810	1E6kg	7.85E-12	1.025E-12

一般水动力计算模型使用 m 和 mm 为建模单位，如果建模使用的长度单位为 m，那么

在卡片 5 中水深单位为 m，重力加速度为 $9.81m^2/s$、海水密度为 $1025kg/m^3$；如果建模使用的长度单位为 mm，那么在卡片 5 中水深单位为 mm，重力加速度为 $9810mm^2/s$、海水密度为 $1.025E-9kg/mm^3$。**在建模过程中一定要明确模型长度单位，不要把 Category5 的常数项弄混。**

4.4.6　卡片 6（Category6）FDR*

卡片 6 的主要功能是定义水动力计算周期、波浪方向、航速以及实现部分文件引用操作功能。卡片名称为 FDR1，如果模型涉及到多体分析，则需要针对各个计算体单独指定卡片 6，对应卡片名称也将按顺序（即 Category2 中定义 ELM*所的顺序）顺延，如 FDR1 对应第一个体，FDR2 对应第二个体，最多为 50 个。多体输入时要在卡片 6 的最后添加 FINI，表示输入结束。

在 AQWA 中，水动力计算频率可以按照圆频率 FREQ（单位 rad/s）、周期 PERD（单位 s）、和频率 HRTS（单位 Hz）单位来进行输入。

输入格式（以周期为例）：每行 7～10 字符位置输入 PERD，11～15 字符位输入本行起始计算周期在计算总周期个数中的位置，16～21 字符位输入本行计算结束周期在计算总周期个数中的位置。21 字符位开始，每个计算周期占据 10 个字符位，最多一行输入 6 个周期数据。

举例来说：如果总的计算周期个数为 20 个，每行输入 6 个周期，那么第一个 PERD 行，11～15 字符位应为数字"1"，16～21 字符位应为数字"6"；第二个 PERD 行，11～15 字符位应为数字"7"，16～21 字符位应为数字"12"，并以此类推。到第四个 PERD 行时，11～15 字符位应为数字"19"，16～21 字符位应为数字"20"。如果计算周期个数与指定位数不一致，程序会终止运行。

如果按照圆频率或者频率单位来输入，计算频率应按照增序（从最低频率输入，直至最高频率）进行输入；**如果以周期单位进行输入，则应该按照降序排列进行输入。**如图 4.33 所示。

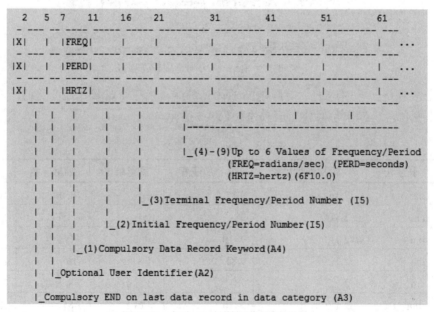

图 4.33　卡片 6：计算周期/频率输入

需要特别注意的是：

AQWA 能够**最多计算 100 个频率（周期）**；

AQWA 中对**计算频率大小范围是有限制的**，这个限制范围与模型单元大小有关。AQWA 要求最小面元单元能够覆盖的最大波浪频率（最小波浪周期）对应波长的 1/7。如果辐射/绕射模型单元大小为 2m，根据色散关系可以推出无限水深状态下对应最大计算波浪频率为 2.08rad/s（3s）。如果需要涵盖更大的频率，则水动力计算单元必须足够小。

一般通过 ANSYS 或者 AGS 建立的模型自动给出最大计算波浪频率，而最小波浪频率根据 $0.05\sqrt{g/d}$ 确定，g 为重力加速度，d 为水深。

AQWA 可以根据最大、最小波浪频率自动生成这个范围内的用于水动力计算的波浪频率，但这一方法往往不能满足计算要求，这里**推荐手动输入计算频率**，计算频率的选取及需要注意的技巧将在 4.5 节进行进一步介绍。波浪方向输入如图 4.34 所示。

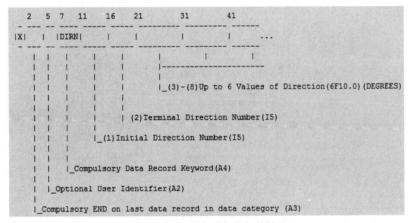

图 4.34　卡片 6：波浪方向输入

波浪方向输入与波浪频率输入格式类似，每行 7～10 字符位置输入 DIRN，11～15 字符位输入本行起始波浪方向在计算总波浪方向个数中的位置，16～21 字符位输入本行结束波浪方向在计算总波浪方向个数中的位置。21 字符位开始，每个计算方向占据 10 个字符位，最多一行输入 6 个波浪方向。具体输入格式可参考图 4.35。

```
06    FDR1
06PERD    1     6      35.0      30.0       25.0      22.0      20.0      18.0
06PERD    7    12      17.0      16.0       15.0      14.0      13.0      12.0
06PERD   13    18      11.0      10.0        9.0       8.0       7.0       6.0
06PERD   19    20       5.0       4.9
06DIRN    1     6       0.0      22.5       45.0     67.50     90.00    112.5
END06DIRN 7     9     135.0     157.5      180.0
```

图 4.35　卡片 6：计算周期与波浪方向输入实例

需要特别注意的是，**AQWA 波浪起止方向是有严格规定的，与模型的对称方式有关**：当计算模型关于 X 轴对称时，波浪起止方向为 0°～180°或-180°～0°；当计算模型关于 Y 轴对称时，波浪起止方向为-90°～90°；当模型为四分之一时，波浪起止方向为 0°～90°；如果模型不存在对称，则波浪起止方向为-180°～180°。如果出现计算方向个数不对应或方向起止错误，程序将无法进行计算。

卡片 6 具有引用其他计算文件的功能，该功能可以将同一模型之前已经计算完的水动力数据导入本次运行结果文件中，避免了额外进行计算所耗费的时间。其用法是：

当计算分析仅包括单体时，在 FDR1 一行下方陆续输入 FILE、CSTR、CPDB 三行，并以 END 结束输入。FILE 作用是指定需要进行导入的水动力计算文件名称，注意，此处需要加.HYD 文件后缀名。CSTR 输入对应文件中结构代号，如果是单体则此处为数字 "1"，如果该计算文件结果存在多体，则需指定需要导入的结构编号。

当计算分析为多体时，如果计算文件不考虑多体耦合，在 FDR1 一行下陆续输入 FILE、CSTR、CPDB 三行，如图 4.36 至图 4.39 所示，并以 END 结束输入。针对其他结构同样按照此格式进行输入，注意修改 FDR 后面对应的结构编号；如果计算文件考虑多体耦合且来自于同一文件，则仅需要针对 FDR1 进行输入，并以 FINI 行结束输入。

当对模型单元进行了修改，读取之前计算的水动力文件会发生结构不匹配的情况导致错误。如果对阻尼、刚度等进行了修改，数据导入后并不会重新进行水动力计算。6.4 节将有相关选项的应用。

```
  2   5   7   11
- --- -- ---- -----
|X|  |  |CSTR|    |
- --- -- ---- -----
  |  |  |    |
  |  |  |    |
  |  |  |    |_Structure number from which the frequency and
  |  |  |      associated parameters are to be copied(I5)
  |  |  |
  |  |  |_Compulsory Data Record Keyword(A4)
  |  |
  |  |_Optional User Identifier(A2)
  |
  |_Compulsory END on Last data record in data category(A3)
```

图 4.36　卡片 6：计算数据复制

```
  2   5   7   11   16    21
- --- -- ---- ----- -----  ---------
|X|  |  |FILE|     |XXXXX|
- --- -- ---- ----- -----  ---------
  |  |  |    |      |
  |  |  |    |      |_(2)Filename from which the database
  |  |  |    |            is to be copied
  |  |  |    |
  |  |  |    |
  |  |  |    |_(1)(Optional) Number of file unit from which the
  |  |  |         frequency and associated parameters
  |  |  |         are to be copied(I5)
  |  |  |
  |  |  |_Compulsory data record keyword(A4)
  |  |
  |  |_Optional user identifier(A2)
  |
  |_Compulsory END on last data record in data category(A3)
```

图 4.37　卡片 6：需要复制计算数据的文件名

```
    06    FDR1
    06FILE          AL_RUN1.HYD
    06CSTR      1
    06CPDB
END
    06    FDR2
    06FILE          AL_RUN3.HYD
    06CSTR      1
    06CPDB
END
```

图 4.38　卡片 6：水动力数据复制操作示意

```
    2   5   7
 - --- -- ----
 |X|  |  |CPDB|
 - --- -- ----
   |   |   |
   |   |   |_Compulsory Data Record Keyword(A4)
   |   |
   |   |_Optional User Identifier(A2)
   |
   |_Compulsory END on Last data record in data category(A3)
```

图 4.39　卡片：6 复制数据文件命令

卡片 6 可以指定船体航速，在计算中程序会自动进行遭遇频率的换算。输入格式是：在航速输入行 7～10 字符位输入 FWDS，21 字符位后输入航速数值，该数值占据 10 个字符位，如图 4.40 所示。当船沿着 X 正轴移动时，速度为正值；当沿着 X 轴负向移动时，速度为负值。注意：速度单位跟模型量纲有关，如果单位是 m，则速度为 m/s；如果单位是 mm，则速度为 mm/s。

这里需要注意：**考虑航速的时候，只能进行一个波浪方向的水动力计算。**

```
    2   5  7   11           21          31
 - --- -- ---- ----------- ----------- ------------
 |X|  |  |FWDS|XXXXXXXXXX|           |
 - --- -- ---- ----------- ----------- ------------
   |  |  |            |
   |  |  |            |_(1) Value of Speed (F10.0)
   |  |  |
   |  |  |_Compulsory Data Record Keyword(A4)
   |  |
   |  |_Optional User Identifier(A2)
   |
   |_Compulsory END on Last data record in data category(A3)
```

图 4.40　卡片 6：船体航速设定

4.4.7　卡片 7（Category7）WFS*

卡片 7 的主要功能是用户按照软件格式自行输入水动力数据、指定水动力计算平衡位置、指定浮力、指定稳性高、进行刚度和阻尼修正等。卡片名称为 WFS1，如果模型涉及到多体分析，则针对各个体需要单独指定卡片 7，涉及到多体时与卡片 6 写法一致，最后需要 FINI 行来表示输入结束。

在 Category7 中，对于水动力数据的导入需要用户根据格式要求进行编写，主要涉及的选项有：

● **FREQ/PERD/HRTZ**：导入数据按照圆频率/周期/频率格式进行输入，每行 16～20 字符位输入波浪频率/周期数，该周期数需要与卡片 6 指定内容相对应。21 字符位按照指定单位输入频率/周期数据。如图 4.41 所示。

● **WAMS/WDMP**：输入附加质量/线性阻尼系数。附加质量和阻尼均是关于波浪频率/周期的 6×6 矩阵，使用 WAMS/WDMP 可以按照矩阵形式按行输入。如果运行文件中出现了 WAMS/WDMS 行，程序会自动停止进行水动力计算，转而读取 Category7 中输入的数据。如图 4.42 所示。

注意：使用输入附加质量和阻尼数据时，时域计算不能引用该数据进行卷积积分。

```
   2   5  7   11    16     21
 - --- -- ---- ----- ----- ----- -----
|X|   |  |FREQ|XXXXX|     |     |     |
 - --- -- ---- ----- ----- ----- -----
|X|   |  |PERD|XXXXX|     |     |     |
 - --- -- ---- ----- ----- ----- -----
|X|   |  |HRTZ|XXXXX|     |     |     |
 - --- -- ---- ----- ----- ----- -----
   |   |  |                |     |
   |   |  |                |     |
   |   |  |                |     |
   |   |  |                |     |_(2)Frequency/Period Value(F10.0)
   |   |  |                |         (FREQ=radians/sec)
   |   |  |                |         (PERD=seconds)
   |   |  |                |         (HRTZ=hertz)
   |   |  |                |
   |   |  |                |_(1)Frequency/Period Number(I5)
   |   |  |
   |   |  |
   |   |  |_Compulsory Data Record Keyword(A4)
   |   |
   |   |_Optional User Identifier(A2)
   |
   |_Compulsory END on last data record in data category(A3)
```

图 4.41   卡片 7：指定输入水动力数据对应的圆频率/周期/频率

```
   2   5  7   11    16     21       31        41
 - --- -- ---- ----- ----- --------- --------- ---------
|X|   |  |WAMS|     |     |         |         |      ...
 - --- -- ---- ----- ----- --------- --------- ---------
|X|   |  |WDMP|     |     |         |         |      ...
 - --- -- ---- ----- ----- --------- --------- ---------
   |   |  |      |     |       |         |
   |   |  |      |     |       |_____
   |   |  |      |     |       |                       |
   |   |  |      |     |       |_(3)-(8) 6 Mass/Inertia or Linear Damping Values(6E10.0)
   |   |  |      |     |       |
   |   |  |      |     |_(2) Row Number of Added Mass or Damping Matrix(I5)
   |   |  |      |
   |   |  |      |_(9),(10)  Structure Number(I5)
   |   |  |
   |   |  |_(1) Compulsory Data Record Keyword(A4)
   |   |
   |   |_Optional User Identifier(A2)
   |
   |_Compulsory END on last data record in data category(A3)
```

图 4.42   卡片 7：指定主对角线对应附加质量/线性阻尼

- **WDGA/WDGD：输入附加质量/线性阻尼系数矩阵中的主对角线数据**，仅适用于各自由度耦合响应不明显、非对角线数据影响不大的情况。由于输入的是附加质量/线性阻尼矩阵主对角线数据，因而每行最多输入 6 个数据，分别对应 6 个自由度的主对角线项。一旦出现 WDGA/WDGD，程序会自动停止进行水动力计算，转而读取 Category7 中输入的数据。如图 4.43 所示。

```
   2   5  7   11        21        31        41
 - --- -- ---- --------- --------- --------- ---------
|X|   |  |WDGA|XXXXXXXX|         |         |      ...
 - --- -- ---- --------- --------- --------- ---------
|X|   |  |WDGD|XXXXXXXX|         |         |      ...
 - --- -- ---- --------- --------- --------- ---------
   |   |  |          |         |         |
   |   |  |          |_____
   |   |  |          |                       |
   |   |  |          |_(2)-(7)6 Mass/Inertia or Linear Damping Values(6E10.0)
   |   |  |
   |   |  |_(1)Compulsory Data Record Keyword(A4)
   |   |
   |   |_Optional User Identifier(A2)
   |
   |_Compulsory END on last data record in data category(A3)
```

图 4.43   卡片 7：输入对应波浪频率/周期的附加质量/线性阻尼矩阵

- **DIRN**：指定输入数据所对应的波浪方向。该行应在波浪载荷和 RAO 数据之前输入。卡片 7 出现 DIRN 行时 AQWA-Line 将不进行辐射/绕射计算，所有数据都将由用户指定。

```
   2   5   7   11    16    21
 - --- -- ---- ----- ----- ---------
|X|   |  |DIRN|XXXXX|     |         |
 - --- -- ---- ----- ----- ---------
   |   |  |    |     |         |
   |   |  |    |     |         |
   |   |  |    |     |         |
   |   |  |    |     |         |_(2)Values of Direction (DEGREES)(6F10.0)
   |   |  |    |     |
   |   |  |    |     |_(1)Direction Number(I5)
   |   |  |    |
   |   |  |    |_Compulsory Data Record Keyword(A4)
   |   |  |
   |   |  |_Optional User Identifier(A2)
   |   |
   |   |_Compulsory END on last data record in data category(A3)
```

图 4.44　卡片 7：指定对应波浪方向

- **TDIF/RDIF/TFKV/RFKV/TRAO/RRAO**：分别输入对应指定波浪频率/周期的：
  TDIF 平面运动自由度对应的波浪绕射力，单位为：力/单位波幅；
  RDIF 转动运动自由度对应的波浪绕射力，单位为：力/单位长度/单位波幅；
  TFKV 平面方向内 F-K 力，单位为：力/单位波幅；
  RFKV 转动方向 F-K 力矩，单位为：力/单位长度/单位波幅；
  TRAO 平面运动 RAO，单位为：运动幅值/单位波幅；
  RRAO 转动运动 RAO，单位为：转动运动幅值（°）/单位波幅。

每行包括 6 个数据，这 6 个数据分别对应相应载荷/RAO 矩阵的主对角线项。如图 4.45 所示。

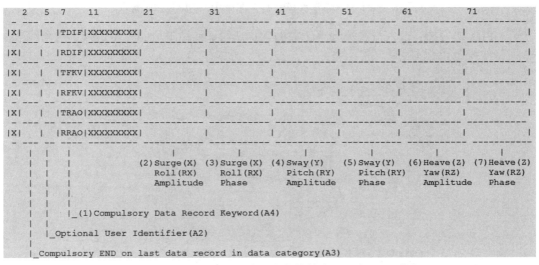

图 4.45　卡片 7：指定对应周期的绕射力/F-K 力/RAO 数据

- **AAMS/ADMP**：输入**对应波浪频率**的附加质量、线性阻尼的修正矩阵。主要针对已有的计算结果进行额外数据修正，注意，这两个项目按矩阵行的形式进行输入。如图 4.46 所示。

```
        2    5   7    11      16     21          31          41
       - --- -- ---- ----- ----- --------- --------- ------
      |X|   |  |AAMS|XXXXX|      |          |          |     ...
       - --- -- ---- ----- ----- --------- --------- ------
      |X|   |  |ADMP|XXXXX|      |          |          |     ...
       - --- -- ---- ----- ----- --------- --------- ------
        |  |  |       |          |          |          |
        |  |  |       |          |          |_____
        |  |  |       |          |          |
        |  |  |       |          |          |_(3)-(8)6 Added Mass/Damping Values(6F10.0)
        |  |  |       |          |
        |  |  |       |          |_(2)Row Number of Added Mass/Damping Matrix(T5)
        |  |  |       |
        |  |  |_(1)Compulsory Data Record Keyword(A4)
        |  |
        |  |_Optional User Identifier(A2)
        |
        |_Compulsory END on last data record in data category(A3)
```

图 4.46　卡片 7：添加与频率相关的附加质量/阻尼矩阵修正数据

● **FIAM/FIDP**：输入**与波浪频率相关**的附加质量、线性阻尼的修正矩阵数据。如图 4.47 所示。AQWA-Line 是基于势流理论的水动力计算软件，黏性载荷的作用通常需要补充额外数据进行计算修正。FIAM/FIDP 相当于黏性水动力载荷的修正项。

```
        2    5   7    11          21        31        41
       - --- -- ----- ----- --------- --------- ------
      |X|   |  |FIDA|  XXXXX |      |          |        ...
       - --- -- ----- ----- --------- --------- ------
      |X|   |  |FIDD|  XXXXX |      |          |        ...
       - --- -- ----- ----- --------- --------- ------
        |  |  |          |          |          |
        |  |  |          |          |          |_____
        |  |  |          |          |          |
        |  |  |          |          |_(2)-(7)6 Added Mass/Damping Values(6F10.0)
        |  |  |          |
        |  |  |          |
        |  |  |          |
        |  |  |_(1)Compulsory Data Record Keyword(A4)
        |  |
        |  |_Optional User Identifier(A2)
        |
        |_Compulsory END on last data record in data category(A3)
```

图 4.47　卡片 7：添加与频率无关的附加质量/阻尼矩阵数据

● **FIDA/FIDD**：输入**与波浪频率无关**的附加质量、线性阻尼的修正矩阵主对角线数据。如图 4.48 所示。

```
        2    5   7    11          21        31        41
       - --- -- ---- ----- --------- --------- ------
      |X|   |  |FIDA|  XXXXX |      |          |        ...
       - --- -- ---- ----- --------- --------- ------
      |X|   |  |FIDD|  XXXXX |      |          |        ...
       - --- -- ---- ----- --------- --------- ------
        |  |  |          |          |          |
        |  |  |          |          |          |_____
        |  |  |          |          |          |
        |  |  |          |          |_(2)-(7)6 Added Mass/Damping Values(6F10.0)
        |  |  |          |
        |  |  |          |
        |  |  |          |
        |  |  |_(1)Compulsory Data Record Keyword(A4)
        |  |
        |  |_Optional User Identifier(A2)
        |
        |_Compulsory END on last data record in data category(A3)
```

图 4.48　卡片 7：添加与频率无关的附加质量/阻尼主对角线修正数据

通常情况下，FIDA/FIDD 的使用概率较高。

用户可以根据要求指定进行水动力计算时平衡条件下的重心位置、浮体所受浮力以及稳性高度。

● **ZCGE**：指定自由漂浮状态时浮体重心相对于局部坐标系的垂向位置。由于重心位置影响水动力的计算结果，如果浮体在后续分析重心位置时出现 Z 向明显变化，需要用 ZCGE 指定一个合理的垂向位置来进行水动力计算。如图 4.49 所示。该项和调整卡片 1 重心位置坐标点位置起到的效果是一样的。

```
   2    5  7    11         21
 - --- -- ---- --------- ---------
|X|    |  |ZCGE|XXXXXXXX|          |
 - --- -- ---- --------- ---------
   |  |  |                |
   |  |  |                |_(1)Z Coordinate of the Center of Gravity at Equilibrium(F10.0)
   |  |  |
   |  |  |_Compulsory Data Record Keyword(A4)
   |  |
   |  |_Optional User Identifier(A2)
   |
   |_Compulsory END on Last data record in data category(A3)
```

图 4.49　卡片 7：指定平衡重心位置

● **BFEQ**：指定计算时浮体所受浮力，主要起到浮力修正作用。如图 4.50 所示。

```
   2    5  7    11         21
 - --- -- ---- --------- ---------
|X|    |  |BFEQ|XXXXXXXX|          |
 - --- -- ---- --------- ---------
   |  |  |                |
   |  |  |                |_(2)Vertical Buoyancy Force at Equilibrium(F10.0)
   |  |  |
   |  |  |_Compulsory Data Record Keyword(A4)
   |  |
   |  |_Optional User Identifier(A2)
   |
   | Compulsory END on Last data record in data category(A3)
```

图 4.50　卡片 7：指定平衡位置所受浮力

● **GMXX/GMYY**：指定平衡位置浮体初稳高，主要起初稳性高修正作用。如图 4.51 所示。

```
   2   5  7    11    16    21         31        41        51
 - --- -- ---- ----- ----- --------- --------- ---------
|X|   |  |GMXX|     |     |         |         |         |
 
|X|   |  |GMYY|     |     |         |         |         |
 - --- -- ---- ----- ----- --------- --------- ---------
   |  |  |                |
   |  |  |                |_ (1) Required Value
   |  |  |
   |  |  |_ Data Record Name(A4)
   |  |
   |  |_Optional User Identifier (A2)
   |
   |_Compulsory END on last data record in Data Category (A3)
```

图 4.51　卡片 7：指定平衡位置初稳性高

用户可以根据需要对浮体进行静水刚度矩阵修正：

● **ASTF**：对程序计算的静水刚度矩阵进行**补充修正**，相关数据添加到程序计算的刚度矩阵结果去。如图 4.52 所示。

● **LSTF**：对程序计算的静水刚度矩阵进行修正，用户输入静水刚度矩阵的各行数据，**代替原计算数据进行后续计算**。如图 4.53 所示。

```
 2   5  7   11   16    21        31        41
 - --- -- ---- ----- ----- --------- ---------- ------
|X|  |  |ASTF|XXXXX|     |         |         |        ...
 - --- -- ---- ----- ----- --------- ---------- ------
    |  |  |          |         |         |         |
    |  |  |          |         |         |---------------------
    |  |  |          |         |         |
    |  |  |          |         |         |_(2)-(7)6 Stiffness Values
    |  |  |          |         |                (6E10.0)(Units for freedoms
    |  |  |          |         |                     1-3 = force/length,
    |  |  |          |         |                     4-6 = force*length/RADIAN)
    |  |  |          |         |
    |  |  |          |         |_(1)Row Number of Stiffness Matrix(I5)
    |  |  |          |
    |  |  |_Compulsory Data Record Keyword(A4)
    |  |
    |  |_Optional User Identifier(A2)
    |
    |_Compulsory END on Last data record in data category(A3)
```

图 4.52　卡片 7：静水刚度修正

```
 2   5  7   11   16    21        31        41
 - --- -- ---- ----- ----- --------- ---------- ------
|X|  |  |LSTF|XXXXX|     |         |         |        ...
 - --- -- ---- ----- ----- --------- ---------- ------
    |  |  |          |         |         |         |
    |  |  |          |         |         |---------------------
    |  |  |          |         |         |
    |  |  |          |         |         |_(2)-(7)6 Stiffness Values
    |  |  |          |         |                (6E10.0)(Units for freedoms
    |  |  |          |         |                     1-3 = force/length,
    |  |  |          |         |                     4-6 = force*length/RADIAN)
    |  |  |          |         |
    |  |  |          |         |_(1)Row Number of Stiffness Matrix(I5)
    |  |  |          |
    |  |  |_Compulsory Data Record Keyword(A4)
    |  |
    |  |_Optional User Identifier(A2)
    |
    | Compulsory END on Last data record in data category(A3)
```

图 4.53　卡片 7：指定线性静水刚度

通常 ASTF 的使用频率更高。

● **SSTR**：当计算浮体为浸没物体时，需要加 SSTR 行进行标记，需要在卡片 7 另起一行，在 7 个字符位后输入 SSTR。如图 4.54 所示。

```
 2   5  7
 - --- -- ----
|X|  |  |SSTR|
 - --- -- ----
    |  |  |
    |  |  |_(1)Submerged structure(A4)
    |  |
    |  |_Optional User Identifier(A2)
    |
    |_Compulsory END on Last
      Data Record in Data Category.(A3)
```

图 4.54　卡片 7：标记浮体为浸没物体

卡片 7 在实际应用中使用较多的是对浮体阻尼进行修正（FIDD）以及补充修正静水刚度矩阵（ASTF）。除了一些较为特殊的水动力分析，AQWA 的水动力计算结果一般能够满足要求，不需要用户输入水动力数据来进行修正。其他诸如指定浮力、初稳高等多出现在特殊场合，如模型排水体积偏小或者具有自由液面导致初稳高降低等情况，用户也应熟悉和掌握有关选项的使用方法，以备不时之需。

4.4.8　卡片 8（Category8）DRC*

卡片 8 的主要功能是用户输入二阶定常波浪载荷。卡片名称为 DRC1，如果模型涉及到多体分析，则针对各个体需要单独指定卡片 8，此时与卡片 6 写法一致，最后需要 FINI 行来标记输入结束。

卡片 8 的格式同 Category7 相似，首先需要指定输入数据对应的波浪频率/周期（可参考图 4.41），随后按照固定格式输入二阶定常波浪力。

二阶定常波浪力以系数表达，具体编写格式是：7～10 字符位输入 DRF*，分别对应六个自由度的二阶定常波浪力 DRFX、DRFY、DRFZ、DRRX、DRRY 和 DRRZ。11～15 输入波浪方向，对应 Category6 所指定的波浪方向。21 字符位开始，每 10 个字符位置输入对应波浪角度的二阶波浪力，最多一行输入 6 个。

当全部定义完成后，另起一行输入波浪频率，以相同格式输入对应波浪方向的二阶定长波浪载荷。如图 4.55 所示。

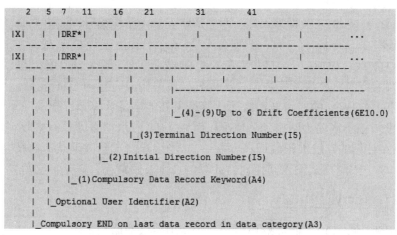

图 4.55　卡片 8：输入指定二阶波浪载荷

以这种方法输入的二阶波浪力为 QTF 矩阵的主对角线值，进行时域分析时该载荷以 Newman 近似法来构成二阶差频和频载荷矩阵。

AQWA 还支持全 QTF 矩阵的输入，具体方法是：在 7～10 字符位输入 CQTF，21 字符位输入包含 QTF 数据的文件名，程序读取此处表明的文件读入 QTF 矩阵数据。如图 4.56 所示。

```
   2  5 7  11   16   21
 - --- -- ----- ----- ---------
|X|  |  |CQTF|   |XXXXX|
 - --- -- ----- ----- ---------
  |  |  |    |     |
  |  |  |    |     |_(2)File containing QTF values in AQWA format(A108)
  |  |  |    |
  |  |  |    |_(1) Structure number from which the QTF values are to be copied(I5)
  |  |  |
  |  |  |_Compulsory Data Record Keyword(A4)
  |  |
  |  |_Optional User Identifier(A2)
  |
  |_Compulsory END on Last data record in data category(A3)
```

图 4.56　卡片 8：读入编写好的 QTF 文件

QTF 文件需满足 AQWA 的格式要求，如图 4.57 所示。

```
AQTF-1.0 :EXAMPLE QTF DATA FILE
 1 4 3    0.00000    30.00000    45.00000    90.00000
          0.3490659   0.4188791   0.5235988
 1 1 1 1  5.9360E+04  1.5438E-02  9.2001E+05  3.7491E+00  4.0415E+06  2.9768E-01
          0.0000E+00  0.0000E+00  0.0000E+00  0.0000E+00  0.0000E+00  0.0000E+00
         -3.9416E+04  1.4039E-02  2.9887E+06 -2.8746E+00 -5.9962E+06 -1.4445E-01
          2.8808E+05  1.5872E-02  1.6689E+06  1.0933E+00  3.1541E+07  8.5249E-01
 1 1 1 2  1.8867E+05  4.9260E-02 -1.6417E+05  4.2471E-01  1.0464E+07  5.7609E-01
          4.2620E+05  2.6780E+02  4.5498E+05  1.8771E+00  1.3861E+07 -3.7482E-01
         -3.8360E+05  7.1545E-02 -2.1790E+06  1.2171E+00 -1.3207E+07 -7.2684E-01
         -1.6839E+05  1.0648E-02  1.5811E+06  3.7608E-01  9.6265E+06  3.0844E-01

     Etc. (total number of blocks of data like the 2 above is 4*3*3=36)
```

图 4.57　QTF 文件格式

AQWA 中的 QTF 文件为本文文件，后缀名为.qtf，具体文件内容组成为：
- 第一行为名称行。
- 第二行各个数字分别为：结构编号、波浪方向个数、波浪频率、波浪方向具体数值。
- 第三行为波浪频率。
- 从第四行开始 QTF 数据输入。前四个数字表示：结构编号、波浪方向、波浪频率 1、波浪频率 2。后面 4 行 6 列的数据含义是：6 个自由度差频 QTF 载荷实部、6 个自由度差频 QTF 载荷虚部；6 个自由度和频 QTF 载荷实部、6 个自由度和频 QTF 载荷虚部。
- 其他波浪方向、波浪频率数据依次排列，最终构成完整的 QTF 文件。

一般情况下，AQWA 的二阶波浪载荷计算结果都能满足计算精度要求。但 AQWA 的全 QTF 法计算精度依赖于水动力网格划分情况，而 AQWA 对水动力计算网格限制较大，某些特定场景下 AQWA 计算的二阶波浪载荷精度并不高。当用户对二阶波浪载荷的精度要求较高时，可以在 Category8 中按照格式输入其他软件计算的二阶波浪载荷，以达到更好的计算精度。

4.4.9　卡片 9（Category9）DRM*

卡片 9 的主要功能是输入低频附加质量、低频阻尼以及艏摇拖曳力。卡片名称为 DRM1，如果模型涉及到多体分析，则针对各个体需要单独指定卡片 9，涉及到多体时与之前卡片写法一致，最后需要 FINI 行来标记输入结束。

卡片 9 主要设置内容包括：
- **DGAM/DGDP**：低频附加质量/阻尼矩阵主对角线数据。当时域分析使用卷积积分法时，该项输入数据无效。
- **FIDA/FIDD**：输入低频附加质量/阻尼矩阵主对角线数据。与卡片 7FIDA/FIDD 数据输入方法一致。如果卡片 9 输入了相关数据，则卡片 7 输入的数据将被替换。
- **FIAM/FIDP**：作用与 FIDA/FIDD 类似，区别是该项输入数据为全矩阵数据。
- **LFAD**：作用是在低频漂移分析中使用水动力计算数据中最低频率（最高周期）的附加质量和阻尼计算结果作为低频附加质量和低频阻尼。如果卡片 9 输入了 LFAD，则 DGAM、DGDP 数据将失效。如果使用卷积积分，则程序默认 LFAD 生效。
- **YRDP**：艏摇拖曳力系数（Yaw-Rate Drag）。当船形结构发生艏摇运动时会产生一个明显的黏性力，从而起到减缓船体艏摇的作用。艏摇拖曳力系数单位是力矩/单位长度/（单位速度平方），这里的速度指的是船体一侧的相对流速。

具体输入格式是：11～15 字符位输入第一个节点（船艏），16～20 字符位输入第二个节点（船艉），21 字符位后输入艏摇拖曳力系数。

艏摇拖曳力计算公式为：

$$M_{yaw} = C_{d-Yaw} \int_{X_{min}}^{X_{max}} [u_y \, |u| - (u_y + x_\beta) \sqrt{{u_x}^2 + (u_y + x_\beta)^2}] x \mathrm{d}x \tag{4.2}$$

其中：C_{d-Yaw} 为艏摇拖曳力系数；X_{max} 为船长方向最远积分位置（一般为船艏）；X_{min} 为船长方向最小积分位置（一般为船尾）；β 为流速与船体相对角度；u_x 为相对流速在局部坐标系 X 方向的分量；u_y 为相对流速在局部坐标系 Y 方向的分量。在 YDRP 行中第一个节点为船艏积分位置，第二个节点为船尾积分位置，艏摇拖曳力系数即为 C_{d-Yaw}。一般在卡片 1 中在船艏艉水线位置各定义一个节点作为卡片 9 的 YRDP 输入使用。这里的艏摇拖曳力系数需要额外进行计算。

Wichers（1979 年）对艏摇拖曳力系数有过具体研究：

$$x_{2D} = \frac{1}{2} \rho D C_{2c} \int_{AP}^{FP} [(V_{cr} - \dot{x}_6 l) \sqrt{(V_{cr} - \dot{x}_6 l)^2 + {U_{cr}}^2} - {V_{cr}}^2) \mathrm{d}l \tag{4.3}$$

$$x_{2D} = \int_{AP}^{FP} \Delta x_{2D} l \tag{4.4}$$

采用式（4.2）变量表达，则式（4.4）可以写成以下形式：

$$x_{6D} = \frac{1}{2} \rho D C_{2c} \int_{X_{min}}^{X_{max}} [u_y \, |u| - (u_y + x_\beta) \sqrt{{u_x}^2 + (u_y + x_\beta)^2}] x \mathrm{d}x \tag{4.5}$$

其中：ρ 为水密度，C_{2c} 为横流状态下船体横向拖曳力系数，D 为吃水。

比较式（4.5）与式（4.2），则 C_{d-Yaw} 可以用下式来近似表达：

$$C_{d-Yaw} = \frac{1}{2} \rho D C_{2c} \tag{4.6}$$

在没有具体的试验结果的条件下，初步估算船体艏摇拖曳力载荷时可以采用式（4.6）来估计 YDRP 中的艏摇拖曳力系数。如图 4.58 所示。举例来说：对于 200m 长、吃水 8m 的油轮，如果 $C_{2c}=2$，水密度为 1025kg/m^3，则 C_{d-Yaw} 数值大概为 8200。

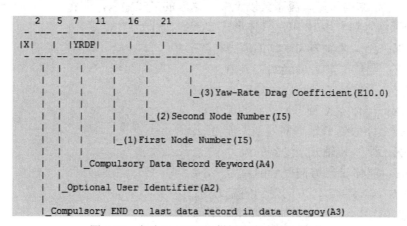

图 4.58　卡片 9：YRDP 艏摇拖曳力输入格式

卡片 9 使用频率较高的选项是 FIDD 和 YRDP。用 FIDD 指定艏摇阻尼可以代替 YRDP，但通常情况下很难估计艏摇阻尼的量级。对于特殊结构物，如单点系泊的 FPSO 以及一般油轮类型船舶，通过输入 YRDP 可以起到控制船体艏摇运动的作用，从而能够给出更合理的计算结果。

4.4.10　卡片 10（Category10）HLD*

卡片 10 的主要功能是输入浮体的流力、风力系数、非线性横摇阻尼及推进器的推力等。卡片名称为 HLD1，如果涉及到多体分析，则针对各个体需要单独指定卡片 10，此时编写规则与之前卡片写法类似，最后需要 FINI 行来标记输入结束。

定义风流力系数之前需要先输入环境方向 DIRN。此处 DIRN 的定义方法与卡片 6 一样，当输入的风流力系数与卡片 6 一致时，这里可以忽略 DIRN 的输入。

根据第 2 章可知，一般浮体所受风、流载荷可以用下式来表达：

$$F_{X-wind\&current} = \frac{1}{2}\rho C_d A V^2 \cos\beta \tag{4.7}$$

$$F_{Y-wind\&current} = \frac{1}{2}\rho C_d A V^2 \sin\beta \tag{4.8}$$

其中：β 为环境方向；F_X 为风力/流力在 X 轴上的分量；F_Y 为风力/流力在 Y 轴上的分量；ρ 为空气或者水密度；C_d 为风力系数或流力系数；A 为迎风或迎流面积；V 为相对风速或者相对流速。

由于结构的不对称性，一般还有三个力矩作用：

$$M_Y = F_X(C_B - C_G) \tag{4.9}$$

$$M_X = F_Y(C_B - C_G) \tag{4.10}$$

$$M_Z = F_X d_X + F_Y d_Y \tag{4.11}$$

其中：F_X 为结构 X 轴方向受到的风力/流力；F_Y 为结构 Y 轴方向受到的风力/流力；C_B 为风力/流力作用点；C_G 为结构重心位置；M_Y 为 X 轴方向风/流载荷产生的力矩；M_X 为 Y 轴方向风/流载荷产生的力矩；M_Z 为结构艏摇方向受到的风/流力矩；d_X、d_Y 分别为 X/Y 轴方向风流载荷作用点与结构 Z 轴转动中心距离。

在卡片 10 中，**结构所受风流系数以无关于速度的形式输入**，即将式（4.7）至式（4.11）中不含速度的项输入到卡片 10 中，具体形式如下：

- **CUFX**：浮体 X 轴方向受到的流力；
- **CUFY**：浮体 Y 轴方向受到的流力；
- **CURZ**：浮体绕 Z 轴方向受到的流力矩；
- **CURX**：浮体绕 X 轴方向受到的流力矩；
- **CURY**：浮体绕 Y 轴方向受到的流力矩；
- **WIFX**：浮体 X 轴方向受到的流力；
- **WIFY**：浮体 Y 轴方向受到的流力；
- **WIRZ**：浮体绕 Z 轴方向受到的流力矩；
- **WIRX**：浮体绕 X 轴方向受到的流力矩；
- **WIRY**：浮体绕 Y 轴方向受到的流力矩。

填写格式：每行 7～10 字符位置输入需要定义的风流载荷代号，11～15 字符位输入本行起始波浪方向在计算总波浪方向中的位置，16～21 字符位输入本行结束波浪方向在计算总波浪方向个数中的位置。21 字符位开始，每个计算方向占据 10 个字符位，最多一行输入 6 个波浪方向，如图 4.59 所示。具体实例如图 4.60 所示。

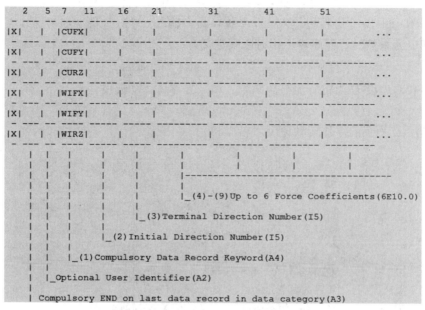

图 4.59　卡片 10：风流力系数输入格式

```
  10    HLD1
  10WIFX   1    5    1.460E3    1.692E3    1.685E3    1.175E3    3.745E2
  10WIFX   6   10   -3.427E2   -9.839E2   -1.520E3   -1.692E3   -1.794E3
  10WIFY   1    5    0.000E0    1.803E3    3.623E3    5.168E3    6.093E3
  10WIFY   6   10    6.293E3    5.618E3    4.103E3    1.873E3  8.374E-14
  10WIRZ   1    5    2.475E2   -1.407E5   -1.689E5   -1.068E5   -1.167E4
  10WIRZ   6   10    1.167E5    1.842E5    1.559E5    8.647E4   -2.475E2
  10CUFX   1    5    0.505E5    0.572E5    0.532E5    0.344E5    0.172E5
  10CUFX   6   10   -0.160E5   -0.295E5   -0.451E5   -0.466E5   -0.551E5
  10CUFY   1    5    0.000E0    0.207E6    0.394E6    0.486E6    0.542E6
  10CUFY   6   10    0.550E6    0.478E6    0.382E6    0.195E6    0.000E0
  10CURZ   1    5    0.000E0   -0.118E8   -0.213E8   -0.239E8   -0.118E8
END10CURZ   6   10    0.808E7    0.220E8    0.191E8    0.103E8    0.00000
```

图 4.60　卡片 10：风流力系数输入实例

AQWA 中风力、流力实际作用位置为结构的重心。对于浮体特征长度方向位于水面的情况，由于风力/流力作用中心与重心相距较近，此时 M_X、M_Y 的力矩作用很小。如果浮体特征长度方向垂直于水面，风力/流力的作用中心与重心具有明显的距离，此时力矩作用明显，M_X、M_Y 的影响不可忽略。

AQWA 还提供另一种计算流力载荷的方法，当认为浮体具备莫里森杆件特性时，可以通过定义参数，以莫里森公式来计算浮体所受拖曳力载荷。根据第 2 章我们知道，莫里森公式拖曳力载荷计算公式为：

$$F_d = \frac{1}{2}\rho C_d Du|u| \qquad (4.12)$$

其中：ρ 为水密度；C_d 为拖曳力系数；D 为特征长度；u 为相对速度。

在 AQWA 中，定义莫里森拖曳力系数同之前定义风流力系数格式类似，将式（4.12）中与速度无关的项作为系数输入到文件中。具体形式：

- **MDIN**：以 6×6 矩阵形式输入浮体所受拖曳力系数矩阵。每行 11～15 输入矩阵行号，16～20 输入矩阵列号，如果忽略，表明本行输入的为矩阵主对角线数据。21 字符位开始，每 10 个字符位输入一个数据，最多输入 6 个，如图 4.61 所示。当定义莫里森拖曳力系数时，程序对于相对速度定义为：

$$U = U_{uniform} + U_{current-profile} - U_{Structure} \tag{4.13}$$

平面内相对速度 U 为定常流与剖面流之和减去浮体运动速度。

$$U' = -U_{Structure} \tag{4.14}$$

转动速度 U' 为负的浮体转动速度。

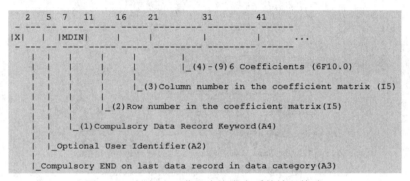

```
   2   5  7   11    16     21         31          41
   -  ---  --  ----  -----  -----  ---------  ----------  ------
   |X|  |  |MDIN|      |      |           |          |      ...
   -  ---  --  ----  -----  -----  ---------  ----------  ------
    |  |   |     |      |      |
    |  |   |     |      |      |_(4)-(9)6 Coefficients (6F10.0)
    |  |   |     |      |
    |  |   |     |      |_(3)Column number in the coefficient matrix (I5)
    |  |   |     |
    |  |   |     |_(2)Row number in the coefficient matrix(I5)
    |  |   |
    |  |   |_(1)Compulsory Data Record Keyword(A4)
    |  |
    |  |_Optional User Identifier(A2)
    |
    |_Compulsory END on last data record in data category(A3)
```

图 4.61　卡片 10：莫里森拖曳力系数输入格式

除了定义风流力、拖曳力外，卡片 10 还具有以下主要功能：

- **THRS**：定义推力，AQWA 中最多能定义 10 个不同的推力。输入格式是：在 THRS 行 16～20 字符位置输入定义推力的节点，该节点应在卡片 1 中已经定义完毕。21 字符位以后每 10 个字符空间定义推力在 X、Y、Z 方向的推力分量，该分量为固定于局部坐标系的定常力，如图 4.62 所示。

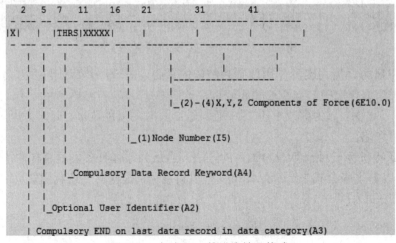

```
   2   5  7   11    16     21         31          41
   -  ---  --  ----  -----  -----  ---------  ----------  ---------
   |X|  |  |THRS|XXXXX|      |           |          |
   -  ---  --  ----  -----  -----  ---------  ----------  ---------
    |  |   |     |      |      |           |          |
    |  |   |     |      |      |-------------------|
    |  |   |     |      |      |
    |  |   |     |      |      |_(2)-(4)X,Y,Z Components of Force(6E10.0)
    |  |   |     |      |
    |  |   |     |      |_(1)Node Number(I5)
    |  |   |     |
    |  |   |_Compulsory Data Record Keyword(A4)
    |  |
    |  |_Optional User Identifier(A2)
    |
    |_Compulsory END on last data record in data category(A3)
```

图 4.62　卡片 10：推进力输入格式

- **NLRD/BOFF/BASE**：定义船体舭龙骨，如图 4.63 所示。具体参数如图 4.64 所示。

NLRD 表示定义舭龙骨，不需要输入参数。

BOFF 表示舭龙位置。对应行 11～15 字符位、16～20 字符位各输入两个节点，这两个节点负责定义舭龙骨深度（D_b）和舭龙骨宽度（$0.5B_b$）。21～30 字符位定义舭龙骨半径（r_b）。两个节点应垂直于船体基线，位于舭龙骨 D_b 与 $0.5B_b$ 位置。

BASE 定义舭龙骨纵向长度，通过 11～15 字符位、16～20 字符位各输入两个节点来定义。两个节点 Z 向位于船体基线位置，沿着船体中线纵向布置。

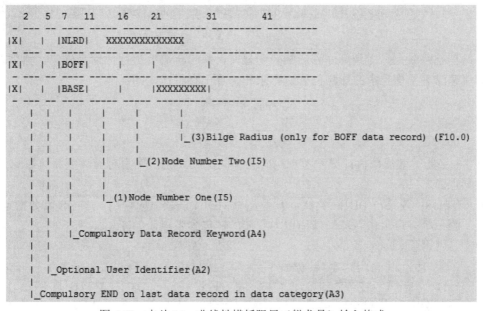

```
    2   5  7   11      16    21          31         41
- --- -- ---- ----- ----- ----- ----- ----- ----- ---------
|X|    | |NLRD|  XXXXXXXXXXXXX
- --- -- ---- ----- ----- ----- ----- ----- ----- ---------
|X|    | |BOFF|   |     |     |
- --- -- ---- ----- ----- ----- ----- ----- ----- ---------
|X|    | |BASE|      |    |XXXXXXXX|
- --- -- ---- ----- ----- ----- ----- ----- ----- ---------
  |    |    |    |     |     |
  |  |    |    |     |     |
  |  |    |    |     |            |_(3)Bilge Radius (only for BOFF data record) (F10.0)
  |  |    |    |     |
  |  |    |    |     |_(2)Node Number Two(I5)
  |  |    |    |
  |  |    |    |
  |  |    |    |_(1)Node Number One(I5)
  |  |    |
  |  |    |
  |  |    |_Compulsory Data Record Keyword(A4)
  |  |
  |  |
  |  |_Optional User Identifier(A2)
  |
  |_Compulsory END on last data record in data category(A3)
```

图 4.63　卡片 10：非线性横摇阻尼（舭龙骨）输入格式

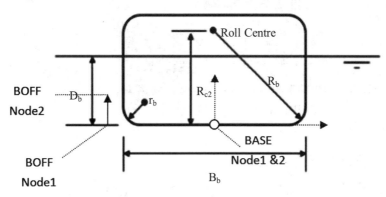

图 4.64　配备舭龙骨的船舶横截面示意

- **DDEP**：定义流载荷计算参考点。之前提到，AQWA 中流载荷是施加在结构重心的，当流的形式为剖面流时，流速沿着水深具有变化，此时需要使用 DDEP 来指定计算流速的参考位置。DDEP 行 21 字符位后输入流速计算参考位置，该值相对于固定坐标系，如图 4.65 所示。如果以水下 100m 位置来计算流载荷，则该值应为-100。

```
    2   5  7   11    16    21        31        41        51        61
  - --- -- ---- ----- ----- --------- --------- ---------
 |X|   |  |DDEP|XXXXX|XXXXX|         |         |         |
  - --- -- ---- ----- ----- --------- --------- ---------
    |  |  |                  |
    |  |  |                  |_(1) Reference height
    |  |  |
    |  |  |_ Data Record Keyword(A4)
    |  |
    |  |_Optional User Identifier (A2)
    |
    |_Compulsory END on last data record in Data Category (A3)
```

图 4.65　卡片 10：流载荷计算参考点

当结构吃水较大、受到剖面流影响较明显时，参考点需要进行估算来确定。具体方法是：对不同流速沿着结构吃水的影响位置进行求和，算出参考点，即：

$$Z = \frac{\sum_{i=1}^{n} U_i D_i}{D}, \ D = \sum_{i=1}^{n} D_i \qquad (4.14)$$

其中：Z 为等效流载荷计算参考点；U_i 为不同深度流速；D_i 为对应深度流速影响范围；D 为结构吃水。

- **DPOS**：效果与 DDEP 类似，但需要与 MDIN 选项对应使用。DPOS 需要指定结构上的一个节点来作为莫里森拖曳力载荷的计算参考点，如图 4.66 所示。

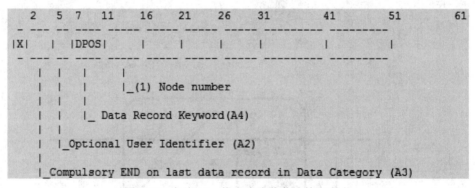

```
    2   5  7   11    16    21    26    31        41        51        61
  - --- -- ---- ----- ----- ----- ----- --------- ---------
 |X|   |  |DPOS|     |     |     |     |         |         |
  - --- -- ---- ----- ----- ----- ----- --------- ---------
    |  |  |       |
    |  |  |       |_(1) Node number
    |  |  |
    |  |  |_ Data Record Keyword(A4)
    |  |
    |  |_Optional User Identifier (A2)
    |
    |_Compulsory END on last data record in Data Category (A3)
```

图 4.66　卡片 10：拖曳力流载荷计算参考点

4.4.11　卡片 11（Category11）ENVR

卡片 11 输入风、流环境条件，卡片名称为 ENVR。主要输入项有：

- **CURR/WIND**：定义定常流速/风速。11～20 字符位输入流速/风速，21 字符位后输入流速/风速方向，如图 4.67 所示。当使用 CURR 时，水体中从海底到水面均为指定的流速；当使用 WIND 时，水面以上风速均为指定值。通常较少使用这两项。

```
   2   5   7   11        21
 - --- -- ---- --------- ----------
|X|  |  |CURR|           |          |
 - --- -- ---- --------- ----------
|X|  |  |WIND|           |          |
 - --- -- ---- --------- ----------
  |  |  |       |         |_(3)Direction of Current/Wind in Degrees(F10.0) (Default 0.0)
  |  |  |       |
  |  |  |       |
  |  |  |       |_(2)Uniform Current/Wind Speed(F10.0)(Default 0.0)
  |  |  |
  |  |  |_(1)Compulsory Data Record Keyword(A4)
  |  |
  |  |_Optional User Identifier(A2)
  |
  |_Compulsory END on last data record in data category(A3)
```

图 4.67　卡片 11：定义定长流速/风速

● **CPRF**：定义剖面流速及方向。使用 CPRF 需要对不同水深对应的不同流速大小和流速方向进行定义。11~20 字符位为水深，基准面为平均水面；21~30 字符位输入对应水深流速；31 字符位后输入流速方向，如图 4.68 所示。输入效果如图 4.69 所示。当使用 CPRF 时，需考虑输入卡片 10 中的 DDEP 或 DPOS 项。

```
   2   5   7   11        21        31
 - --- -- ---- --------- --------- ---------
|X|  |  |CPRF|           |         |          |
 - --- -- ---- --------- --------- ---------
  |  |  |       |         |         |_(3) Direction of Current in Degrees(F10.0)(Default Value 0.0)
  |  |  |       |         |
  |  |  |       |         |_(2) Current Speed(F10.0)(Default Value 0.0)
  |  |  |       |
  |  |  |       |_(1) Z - Position at which the Current is Defined(F10.0)
  |  |  |
  |  |  |_Compulsory Data Record Keyword(A4)
  |  |
  |  |_Optional User Identifier(A2)
  |
  |_Compulsory END on last data record in data category(A3)
```

图 4.68　卡片 11：定义剖面流

```
CPRF     -800.0      0.1       0.0
CPRF     -700.0      0.2       0.0
CPRF     -600.0      0.3       0.0
CPRF     -500.0      0.4       0.0
CPRF     -400.0      0.5      45.0
CPRF     -300.0      0.6      45.0
CPRF     -200.0      0.7      45.0
CPRF     -100.0      0.7      45.0
CPRF        0.0      0.9      45.0
```

图 4.69　卡片 11：剖面流实例

在 AQWA 中，当同时使用 CURR 和 CPRF 时，实际流速为 CURR 定义的流速与 CPRF 定义流速的和，这一点要特别注意，应避免同时使用这两项。

4.4.12　卡片 12（Category12）CONS

卡片 12 的功能是限制浮体运动和定义连接支座，卡片名称为 CONS。主要输入内容有：

- **DACF**: 忽略指定结构的运动自由度。11～15 字符输入需要定义的结构代号，16 字符位后输入需要忽略的运动自由度代号：1～6 分别对应纵荡、横荡、升沉、横摇、纵摇和艏摇，如图 4.70 所示。

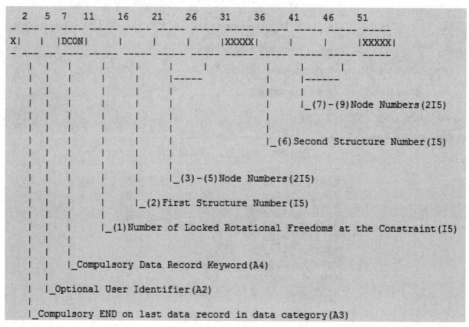

```
      2  5  7  11    16
    - --- -- ---- ----- -----
    |X|  |  |DACF|    |     |
    - --- -- ---- ----- -----
      |  |  |    |    |_(2)Freedom Number(I5)
      |  |  |    |
      |  |  |    |_(1)Structure Number(I5)
      |  |  |
      |  |  |_Compulsory Data Record Keyword(A4)
      |  |
      |  |_Optional User Identifier(A2)
      |
      |_Compulsory END on last data record in data category(A3)
```

图 4.70 卡片 12：锁定制定结构运动自由度

- **DCON**: 定义连接支座类型，连接支座通过两个结构的四个节点来定义。书写格式是每个 DCON 行定义一个连接支座，11～16 输入支座类型，16～21 字符位输入第一个结构代号，21～26、26～31 输入对应结构两个节点；36～40 字符位输入第二个结构代号，41～45、46～50 输入对应结构两个节点。

```
   2   5  7  11   16    21    26    31    36    41    46    51
 - --- -- ---- ----- ----- ----- ----- ----- ----- ----- ----- -----
 X|   |  |DCON|     |     |     |XXXXX|     |     |     |XXXXX|
 - --- -- ---- ----- ----- ----- ----- ----- ----- ----- ----- -----
     |  |  |    |     |     |     |     |     |     |     |
     |  |  |    |     |     |     |-----|     |     |------|
     |  |  |    |     |     |           |     |     |
     |  |  |    |     |     |           |     |     |_(7)-(9)Node Numbers(2I5)
     |  |  |    |     |     |           |     |
     |  |  |    |     |     |           |     |_(6)Second Structure Number(I5)
     |  |  |    |     |     |           |
     |  |  |    |     |     |_(3)-(5)Node Numbers(2I5)
     |  |  |    |     |
     |  |  |    |     |_(2)First Structure Number(I5)
     |  |  |    |
     |  |  |    |_(1)Number of Locked Rotational Freedoms at the Constraint(I5)
     |  |  |
     |  |  |_Compulsory Data Record Keyword(A4)
     |  |
     |  |_Optional User Identifier(A2)
     |
     |_Compulsory END on last data record in data category(A3)
```

图 4.71 卡片 12：定义支座

AQWA 可以定义四种支座类型，支座类型不一样，所需输入的节点数目不同：

（1）球形支座（Ball，类型 0），特点是不限制两个结的相对转动。球形支座连接的两个结构各一个节点输入到 DCON 即可建立球形支座。在球形支座中，节点表示球铰的位置。局部坐标系 x、y、z 轴平行于整体坐标系。如图 4.72 所示。

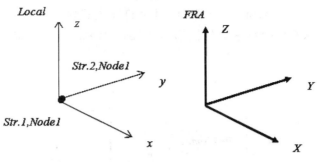

图 4.72 球形支座示意

（2）万向接头（Universal Joint，类型 1），特点是允许两个结构之间发生两个转动自由度的运动，第三个转动自由度需要传递弯矩。万向接头需要两个结构各两个节点来指定局部坐标系方向。万向接头局部坐标系为：x 轴为结构 1 的 1 号节点指向结构 1 的 2 号节点；y 轴为结构 2 的 1 号节点指向结构 2 的 2 号节点，结构 1、结构 2 的 1 号节点重合；z 向遵循右手定则。两结构间允许 x、y 轴自由转动，z 轴传递弯矩。如图 4.73 所示。

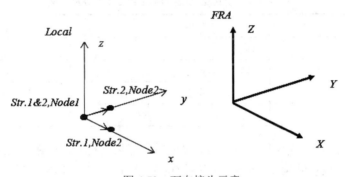

图 4.73 万向接头示意

（3）铰链支座（Hinged Joint，类型 2），连接结构间两个自由度方向需要传递弯矩，另一个自由度自由旋转。铰链支座需要两个结构各两个节点来指定局部坐标系方向。局部坐标系为：x 轴为结构 1、结构 2 的 1 号节点指向 2 号节点的方向；y 轴平行于整体坐标系的 XY 平面，与局部坐标系 x 轴遵循右手定则；z 轴垂直于整体坐标系 XY 面正向，且与局部坐标系 x、y 轴呈右手坐标系。两个结构可绕着局部坐标系 x 轴发生转动。如图 4.74 所示。

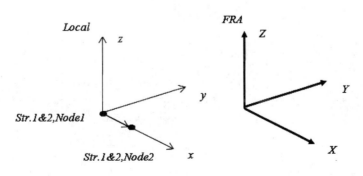

图 4.74 铰链支座示意

（4）固定支座（Locket Joint，类型 3），不允许发生相对转动。固定支座连接的两个结构各一个节点输入到 DCON 即可建立固定支座。局部坐标系 x、y、z 轴平行于整体坐标系。如图 4.75 所示。

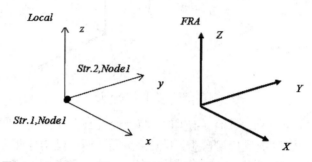

图 4.75 固定支座示意

铰支座类型与需要定义节点数及含义如表 4.4 所示。

表 4.4 铰支座类型与需要定义节点数及含义

类型	结构 1	结构 2
球形支座（0）	节点 1	节点 1
万向接头（1）	节点 1、节点 2	节点 1、节点 2
铰链支座（2）	节点 1、节点 2	节点 1、节点 2
固定支座（3）	节点 1	节点 1

在 AQWA 中定义连接支座很容易出错，需要特别仔细地检查。**在建立支座时，不能出现循环连接**，如"结构 1 连接结构 2，结构 2 连接结构 3，结构 3 又连接结构 1"的状况不能出现。

如果出现固定约束，结构代号"0"应输入在 DCON 行定义结构 1 的位置。

约束冗余系统很容易出错，能够通过一个支座实现的功能不要用多个支座来实现。

● **KCON/CCON/FCON**：定义支座刚度、阻尼和摩擦力系数。

KCON 定义支座刚度，CCON 定义支座阻尼，FCON 定义摩擦矩计算系数。使用 KCON 或 CCON 时，在 21 字符位后每 10 个字符空间输入关于铰支座局部坐标系 x、y、z 轴的刚度与阻尼系数。如图 4.76 所示。

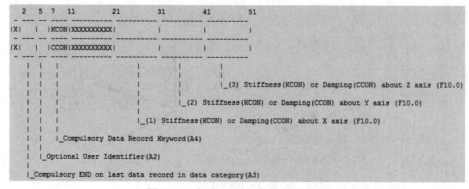

图 4.76 卡片 12：定义支座的刚度

使用 FCON 时，在 21 字符位后每 10 个字符空间内输入铰支座横向摩擦力系数、倾覆力摩擦系数、轴向摩擦系数、静摩擦矩，如图 4.77 所示。摩擦矩为：

$$M = \varepsilon\{k_1\sqrt{F_y^2 + F_z^2} + k_2\sqrt{M_y^2 + bM_z^2} + k_3F_x + k_4\} \tag{4.15}$$

式中 $k_1 \sim k_4$ 对应 FCON 输入的 4 个参数。这些定义内容一般很少用到，参数具体含义请参考 AQWA 帮助文件，这里不再赘述。

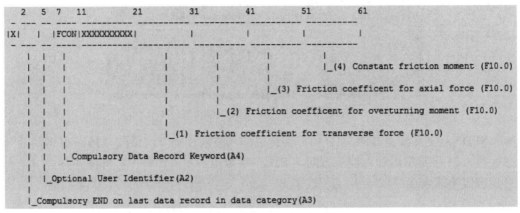

图 4.77　卡片 12：定义支座的摩擦矩计算系数

4.4.13　卡片 13（Category13）SPEC/WAVE

由于 AQWA 中的时域分析模块有 Drift 和 Naut 两个，因而 AQWA 对于两个模块的卡片 13 有不同的定义内容。卡片 13 在 Drift 模块中主要用来定义波浪谱和风谱；卡片 13 在 Naut 模块中主要用来定义规则波参数。

卡片 13 中波浪谱的频率单位可以是圆频率（rad/s）或频率（Hz），为了与实际工程贴近，这里统一以圆频率作为波浪谱频率输入单位。

当使用 Drift 进行时域分析时，卡片 13 的名称为 **SPEC**，输入内容主要包括：

● **OCIN/APIR/NPDW/ISOW/UDWD/WIND**：定义风谱类型，如图 4.78 所示。AQWA 中可以定义的风谱类型有：

OCIN：Ochi & Shin 风谱。

APIR：API 风谱。

NPDW：NPD 风谱。

ISOW：ISO 风谱。

当使用以上四种风谱时，只需输入对应关键字，不需要其他参数输入。

UDWD：用户自定义风谱。自定义风谱较少使用，这里不再赘述。

WIND：定义风谱对应的风速、风向以及风速参考高度。每定义一个风谱，其后需跟着定义一行 WIND。风谱中的风速一般是 10m 高处的一小时平均风速，因而除非特殊指定，一般 WIND 行对应风速为一小时平均风速，参考高度为 10m。

```
        2   5  7   11          21         31        41
     -  -- -- ----- --------- --------- --------- ---------
    |X|   |  |OCIN|                                          |
     -- -- -- ----- --------- --------- --------- ---------
    |X|   |  |APIR|                                          |
     -- -- -- ----- --------- --------- --------- ---------
    |X|   |  |NPDW|                                          |
     -- -- -- ----- --------- --------- --------- ---------
    |X|   |  |ISOW|                                          |
     -- -- -- ----- --------- --------- --------- ---------
    |X|   |  |UDWD| XXXXX  |cf       |cs       |I(z)     |
     -- -- -- ----- --------- --------- --------- ---------
    |X|   |  |WIND| XXXXX  |Speed U_z|Direction| Ref Ht  |
     -- -- -- ----- --------- --------- --------- ---------
       |  |  |
       |  |  |_Compulsory Data Record Keyword(A4)
       |  |
       |  |_Optional User Identifier(A2)
       |
       |_Compulsory END on last data record in data category(A3)
```

图 4.78　卡片 13：定义风谱类型

- **SPDN**：定义波浪方向，11～15 字符位输入波浪传播方向函数、16～20 输入散布角度、21 字符位后输入波浪方向，前两个参数用于定义短峰波，如图 4.79 所示。短峰波以下式表达：

$$S(\omega,\theta) = S(\omega)f(\theta)，\quad f(\theta) = \begin{pmatrix} \dfrac{2}{\pi}\cos^n\theta & -\dfrac{\pi}{2} \leqslant \theta \leqslant \dfrac{\pi}{2} \\ 0 & other\ value \end{pmatrix} \tag{4.16}$$

当需要定义短峰波时，$f(\theta)$ 波浪传播方向散布函数，θ 散布角度。默认 $\cos^n\theta$ 中 $n=2$；散布角度为 $180°$。如果用户不考虑短峰波，这两个参数可以不输入。

```
    2   5  7   11    16    21
  - --- -- ----- ----- ----- ----------
 |X|   |  |SPDN|     |     |          |
  - --- -- ----- ----- ----- ----------
    |  |  |      |     |          |
    |  |  |      |     |          |_(3)Direction of Spectrum in Degrees (F10.0)
    |  |  |      |     |
    |  |  |      |     |_(2)Total Wave Spreading Angle in Degrees (I5)
    |  |  |      |
    |  |  |      |_(1)Power of Wave Spreading Function (I5)
    |  |  |
    |  |  |_Compulsory Data Record Keyword(A4)
    |  |
    |  |_Optional User Identifier(A2)
    |
    | Compulsory END on last data record in data category(A3)
```

图 4.79　卡片 13：定义波浪方向

- **SEED**：定义波浪种子数。波浪种子是保证时域波浪随机性的重要参数，改变种子数可以保证波浪在满足统计意义要求的条件下生成不同波高时历曲线。SEED 行需要在定义波浪谱之前输入，11～20 字符位输入种子数，如图 4.80 所示。

```
    2   5  7   11        21
  - --- -- ---- ----------
 |X|   |  |SEED|         |
  - --- -- ---- ----------
                |
                |_(1)Seed number n (I10)
```

图 4.80　卡片 13：定义波浪种子

- **PSMZ**：定义 PM 谱。21 字符位开始，每 10 个字符空间输入 4 个参数，分别为波浪谱起始频率、截止频率、有义波高、跨零周期。如图 4.81 所示。

起始频率可以等于谱峰频率乘以 0.58，结束频率要保证波浪能量涵盖了 99% 的波浪能量。

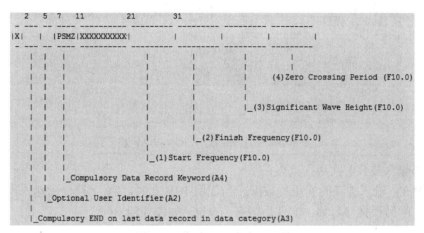

图 4.81　卡片 13：定义 PM 谱

- **GAUS**：定义高斯谱。21 字符位开始，每 10 个字符空间输入 5 个参数，分别为波浪谱起始频率、截止频率、西格玛参数（σ）、有义波高、谱峰频率。如图 4.82 所示。

起始频率等于谱峰频率减去 3 倍 σ；

截止频率等于谱峰频率加上 3 倍 σ；

如果截止频率减去起始频率小于 0.001，则起始频率为 0.1，结束频率为 6.0。

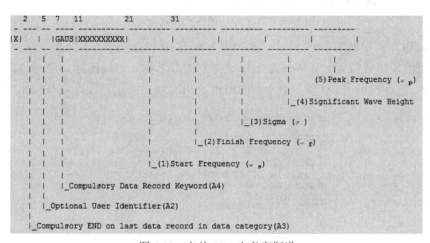

图 4.82　卡片 13：定义高斯谱

- **JONH**：定义 JONSWAP 谱。21 字符位开始，每 10 个字符空间输入 5 个参数，分别为波浪谱起始频率、截止频率、谱峰升高因子（γ）、有义波高、谱峰频率 ω_p。如图 4.83 所示。

起始频率等于：$\omega_p[0.58+(\gamma-1)0.05/19]$；

结束频率要保证波浪能量涵盖了 99% 的波浪能量。

当 γ 等于 1 时，JONSWAP 谱与 PM 谱等效。

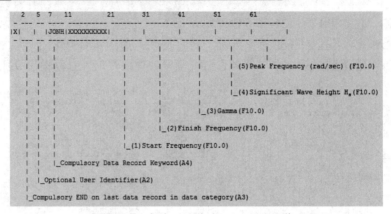

```
  2  5  7  11      21      31      41      51      61
- --- -- ---- ---------- -------- -------- -------- --------- -
|X|    |JONH|XXXXXXXXXX|        |        |        |         |
    |  |    |           |        |        |        |         |
    |  |    |           |        |        |        |  (5)Peak Frequency (rad/sec) (F10.0)
    |  |    |           |        |        |        |
    |  |    |           |        |        |        |_(4)Significant Wave Height H₈(F10.0)
    |  |    |           |        |        |
    |  |    |           |        |        |_(3)Gamma(F10.0)
    |  |    |           |        |
    |  |    |           |        |_(2)Finish Frequency(F10.0)
    |  |    |           |
    |  |    |           |_(1)Start Frequency(F10.0)
    |  |    |
    |  |    |_Compulsory Data Record Keyword(A4)
    |  |
    |  |_Optional User Identifier(A2)
    |
    |_Compulsory END on last data record in data category(A3)
```

图 4.83　卡片 13：定义 JONSWAP 谱

用户可以输入波高时间历程数据：

- **IHWT**：输入波高时间历程数据。当使用 IHWT 时，21 字符位后输入需要读入的波高时间历程文件名称，文件后缀名为.wht。如图 4.84 所示。

```
  2  5  7  11   16   21
- --- -- ---- ----- ----- ----------
|X|    |IWHT|XXXXX|XXXXX|
- --- -- ---- ----- ----- ----------
    |  |    |          |
    |  |    |          |_(1)Filename from which the data is to be copied
    |  |    |
    |  |    |_Compulsory Data Record Keyword(A4)
    |  |
    |  |_Optional User Identifier(A2)
    |
    |_Compulsory END on Last data record in data category(A3)
```

图 4.84　卡片 13：读入波高时历文件

波高时间历程文件如图 4.85 所示，文件第 3 行至 10 行分别输入：水深、重力加速度、波浪方向、X 轴波浪生成位置、Y 轴波浪生成位置、波浪名称、对应流速、流速方向。

此后输入波高时间历程数据，第一列为时间，第二列为波高，波高以平均水平面为基准。

```
* This is an example of a *.wht file
*
DEPTH=30.0
G=9.81
DIRECTION=0.0
X_REF=100.0
Y_REF=0.0
NAME=EXAMPLE
CURRENT_SPEED=0.6
CURRENT_DIRECTION=90
* TIME  WAVE HT
*  s     m
0.0000 -1.088
0.0000 -1.088
0.2366 -1.188
0.4732 -1.268
0.7098 -1.351
0.9464 -1.427
1.1830 -1.471
1.4196 -1.494
1.6562 -1.476
1.8928 -1.406
2.1294 -1.293
2.3660 -1.149
2.6026 -0.966
ETC.
```

图 4.85　波高时历程文件格式

　　用户可以定义风速时间历程文件，文件后缀名为.wvt。当 wvt 文件和运行模型文件在同一目录下时，程序会自动读入 wvt 文件数据。风速时间历程文件以 data_start 开始，分三列输入数据，分别表示时间、对应风速、对应风向。如图 4.86 所示。

```
----------------------------------------
*A LINE BEGINNIING WITH * IS A COMMENT LINE
*In the first column is time
*In the second column is wind speed
*In the third column is wind direction (blowing towards) in degrees
*The numbers in this WVT file are in a free format
*data_start is a compulsory line before the data block begins
data_start
        0.0000       8.0000        90.0000
        0.5000       7.8532        88.7310
        1.0000       7.4271        86.0840
        1.5000       6.7634        82.1170
        2.0000       5.9271        76.9100
        2.5000       5.0000        70.5600
        3.0000       4.0729        63.1800
        3.5000       3.2366        54.9000
        4.0000       2.5729        45.8600
        4.5000       2.1468        36.2130
        5.0000       2.0000        26.1180
        5.5000       2.1468        15.7380
        6.0000       2.5729         5.2407
```

图 4.86　风速时间历程文件（wvt 格式）

　　用户可以输入时域的外力载荷，文件后缀名为.xft。与 wvt 文件一样，当其与运行模型文件在同一目录下时程序会自动读入 xft 文件。文件以"STRUCTURES="开始，其后输入施加载荷的结构代号，另起一行输入 data_start，之后输入 7 列数据，分别为时间和 6 个自由度的载荷数据。如图 4.87 所示。

```
structures=1
data_start
     0.0000   4.4800E+05  5.0400E+06  3.1360E+06  5.0400E+07  8.9600E+06  1.5120E+08
     0.5000   4.3978E+05  4.9689E+06  3.0784E+06  4.9689E+07  8.7956E+06  1.4907E+08
     1.0000   4.1592E+05  4.8207E+06  2.9114E+06  4.8207E+07  8.3183E+06  1.4462E+08
     1.5000   3.7875E+05  4.5986E+06  2.6512E+06  4.5986E+07  7.5750E+06  1.3796E+08
     2.0000   3.3192E+05  4.3070E+06  2.3234E+06  4.3070E+07  6.6383E+06  1.2921E+08
```

图 4.87　载荷时间历程文件（xft 格式）

　　当使用 Naut 进行时域分析时，卡片 13 的名称为 **WAVE**，输入内容是规则波参数，主要包括：

- **WAMP**：定义规则波波幅，21 字符位后输入波幅（图 4.88），注意，**此处输入的是波幅而不是波高**。

```
   2   5  7   11           21
 - --- -- ---- ---------- ---------
|X|  |  |WAMP|XXXXXXXXXX|          |
 - --- -- ---- ---------- ---------
   |   |   |           |          |
   |   |   |           |          |
   |   |   |           |          |_Wave Amplitude (F10.0)
   |   |   |
   |   |   |_Compulsory Data Record Keyword (A4)
   |   |
   |   |_Optional User Identifier (A2)
   |
   |_Compulsory END on Last Data Record in Data Category (A3)
```

图 4.88　卡片 13：定义规则波波幅

- **PERD**：定义规则波周期，21 字符位后输入规则波周期，如图 4.89 所示。

```
  2  5  7  11         21
- --- -- ---- ---------- ---------
|X|  |  |PERD|XXXXXXXXXX|        |
- --- -- ---- ---------- ---------
  |  |  |                |
  |  |  |                |
  |  |  |                |_Wave Period (F10.0)
  |  |  |
  |  |  |_Compulsory Data Record Keyword (A4)
  |  |
  |  |_Optional User Identifier (A2)
  |
  |_Compulsory END on Last Data Record in Data Category (A3)
```

图 4.89　卡片 13：定义规则波周期

- **AIRY**：指明定义的波浪为线性艾利波，默认情况下 Naut 使用二阶 Stokes 波来模拟规则波，如图 4.90 所示。

```
  2  5  7  11
- --- -- ----
|X|  |  |AIRY|
- --- -- ----
  |  |  |
  |  |  |
  |  |  |
  |  |  |
  |  |  |_Optional Data Record Keyword (A4)
  |  |
  |  |_Optional User Identifier (A2)
  |
  | Compulsory END on Last Data Record in Data Category (A3)
```

图 4.90　卡片 13：指明使用艾利波模拟规则波

- **WDRM/WVDN**：指明波浪方向，两个选项效果一样，21 字符位后输入规则波方向，如图 4.91 所示。

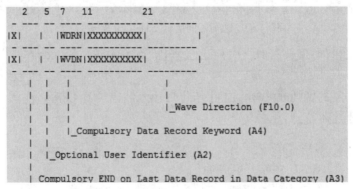

```
  2  5  7  11         21
- --- -- ---- ---------- ---------
|X|  |  |WDRN|XXXXXXXXXX|        |
- --- -- ---- ---------- ---------
|X|  |  |WVDN|XXXXXXXXXX|        |
- --- -- ---- ---------- ---------
  |  |  |                |
  |  |  |                |
  |  |  |                |_Wave Direction (F10.0)
  |  |  |
  |  |  |_Compulsory Data Record Keyword (A4)
  |  |
  |  |_Optional User Identifier (A2)
  |
  | Compulsory END on Last Data Record in Data Category (A3)
```

图 4.91　卡片 13：指明规则波方向

- **WRMP**：减轻瞬态响应。当时域规则波生成时，结构有可能在波浪作用下产生较大的瞬态运动，这时可以使用 WRMP 降低瞬态响应。21 字符位输入生效时间，如图 4.92 所示。比如，当输入 400 时，程序会对 0～400s 的波浪力进行处理，以降低结构瞬态响应，从而使得结构在规则波作用下快速达到稳定响应状态。

```
 2  5  7   11           21
 - --- -- ----- ----------- ---------
|X|  |  |WRMP|XXXXXXXXXX|           |
 - --- -- ----- ----------- ---------
  | |  |     |
  | |  |     |
  | |  |     |_(1) Time (t_w) before which the wave ramp is effective (F10.0)
  | |  |
  | |  |_Compulsory Data Record Keyword (A4)
  | |
  | |_Optional User Identifier (A2)
  |
  |_Compulsory END on Last Data Record in Data Category (A3)
```

图 4.92　卡片 13：减轻瞬态响应

4.4.14　卡片 14（Category14）MOOR

卡片 14 的主要功能是定义连接部件，卡片名称为 MOOR，可定义的部件主要包括系泊缆、滑轮、绞车、护舷等，下面将对各个部件在卡片 14 中的定义方法进行介绍（图 4.93）。

卡片 14 对系泊缆的定义内容较多，主要包括：

● **LINE/WNCH/FORCE**：定义线弹性绳、恒张力绞车、定常力。

当使用 LINE 定义线弹性绳时，11～15 字符位输入结构 1 的代号，16～20 字符位输入结构 1 的连接点；21～25 字符位输入结构 2 的代号，26～31 字符位输入结构 2 的连接点，31～40 字符位输入线弹性绳的刚度，41～50 字符位输入绳子长度。

WNCH 定义恒张力绞车，其功能是保证绞车端具有恒定的张力。11～15 字符位输入结构 1 的代号，16～20 字符位输入结构 1 的连接点；21～25 字符位输入结构 2 的代号，26～31 字符位输入结构 2 的连接点，31～40 字符位输入恒张力数值，41～50 字符位输入绳子长度，51～60 字符位输入松放摩擦力系数，61 字符位以后输入收紧摩擦力系数。考虑摩擦力系数后，绞车端张力恒定情况下，缆绳会出现张力的变化。

FORC 定义定常力，其功能是保证定义连接两个点之间具有的恒定的力。11～15 字符位输入结构 1 的代号，16～20 字符位输入结构 1 的连接点；21～25 字符位输入结构 2 的代号，26～31 字符位输入结构 2 的连接点，31～40 字符位输入施加的定常力。

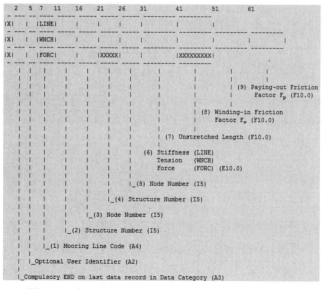

图 4.93　卡片 14：定义线弹性绳/恒张力绞车/定长力

● **POLY**：定义非线性材质的张力－变形特性，张力与变形量有关，可通过 5 阶参数来定义张力与变形量的关系，T 为张力，$P_1 \sim P_5$ 为输入参数，E 为伸长量，如图 4.94 所示。POLY 可用于非线性较强的缆绳或护舷的载荷－变形特征定义。

$$T = P_1 E + P_2 E^2 + P_3 E^3 + P_4 E^4 + P_5 E^5 \tag{4.17}$$

```
    2   5  7   11              31        41        51        61
    - --- -- ---- ----------------- --------- --------- --------- -----
   |X|  |  |POLY|XXXXXXXXXXXXXXXXX|         |         |         | ...
    - --- -- ---- ----------------- --------- --------- --------- -----
    | |  |    |                     |
    | |  |    |                     |---------------------------------
    | |  |    |                     |
    | |  |    |              (1)-(5) 5 Coefficients of the Polynomial (5E10.0)
    | |  |    |
    | |  |    |_Compulsory Data Record Keyword (A4)
    | |  |
    | |_Optional User Identifier (A2)
    |
    |_Compulsory END on last data record in Data Category (A3)
```

图 4.94　卡片 14：定义非线性材质载荷－变形特性

● **COMP/ECAT**：定义多成分缆。COMP 用来定义缆绳悬链线形态的计算范围，用于静态计算，ECAT 用来定义单根缆绳各个成分缆的物理特性

COMP 行 11～15 字符位输入悬链线上端 Z 方向的静态计算范围，11～15 字符位输入悬链线 X 方向的静态计算点数量，16～20 字符位输入 Z 方向的静态计算点数量，21～25 字符位输入警告标识；26～31 输入缆绳包含几种材质，31～40 字符位输入 Z 向最小位置 Z_{min}，41～50 字符位输入 Z 向最大位置 Z_{max}。51 字符位后输入海底坡度。如图 4.95 所示。

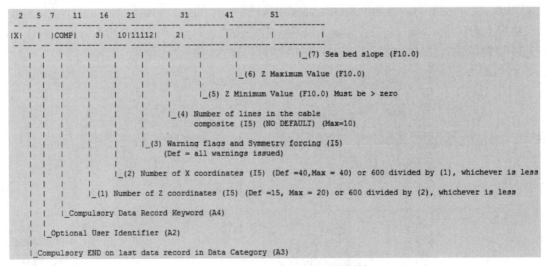

图 4.95　卡片 14：定义多成分悬链线

COMP 的作用是以悬链线方程对定义的系泊缆进行静态计算，X、Z 方向的计算点数量是给悬链线上端设定一个范围，程序会在这个范围内对系泊缆的悬链线形态、缆绳张力等进行计算，如图 4.96 所示。当悬链线处于自然状态时，COMP 制定的 Z_{min} 和 Z_{max} 实际上是导缆孔位置 Z 向的运动范围。程序会根据后续缆绳轴向刚度、破断载荷等自动确定 X 方向的计算范围。

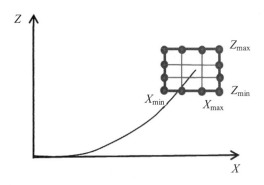

图 4.96　卡片 14：COMP 悬链线计算范围示意

ECAT 定义悬链线缆绳物理特性，如果 COMP 中定义了多种缆绳材质，则需要输入多个 ECAT 进行材质属性定义。31 字符位后每 10 个字符空间内输入 5 个参数，分别为：单位长度缆绳重量、等效横截面面积、轴向刚度 EA、最大破断力、缆绳长度，如图 4.97 所示。**程序默认起点为锚点**，即缆绳材质定义从始于锚点开始，止于导缆孔点。

缆绳单位长度重量与等效横截面积具有对应关系，如果不输入等效横截面积，单位重量应为缆绳水中重量；如果输入等效横截面积，单位缆绳重量应为空气中重量，该重量减去等效横截面积乘以单位长度的缆绳收到的浮力就等于缆绳的单位水中重量。

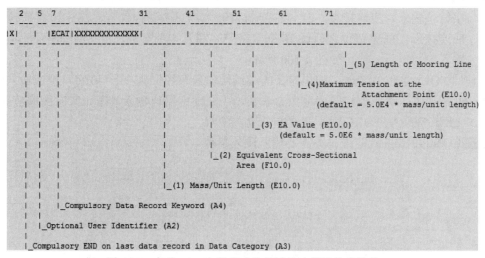

图 4.97　卡片 14：定义多成分悬链线内缆绳物理特性

- **ECAX**：指定非线性轴向刚度 EA。如果缆绳具备非线性的轴向刚度，ECAX 行输入在 ECAT 之后。非线性轴向刚度以三阶多项式表达，ε 为缆绳轴向变形量：

$$EA = EA_0 + k_1\varepsilon + k_2\varepsilon^2 + k_3\varepsilon^3 \qquad (4.18)$$

ECAX 行 31 字符位之后每 10 个字符位空间输入 3 个参数，对应上式 $k_1 \sim k_3$。EA_0 为常数项，由 ECAT 指定。如图 4.98 所示。

- **BUOY/CLMP**：定义缆绳悬挂的浮筒和配重。31 字符位开始每 10 个字符空间输入 4 个参数，分别为浮筒/配重重量、排水量、附加质量、拖曳力系数，如图 4.99 所示。**附加质量项并不是附加质量系数**，这点需要注意。

```
  2  5 7  11     16   21   26   31      41      51      61
 --- -- ----- ----- ----- ----- ----- --------- --------- --------- -
|X|    |ECAX|XXXXX|XXXXX|XXXXX|XXXXX|          |         |         |
 --- -- ----- ----- ----- ----- ----- --------- --------- --------- -
 |  |    |                       |_____|_____|
 |  |    |                                  |_(2)-(4) Coefficients of the polynomial (E10.0)
 |  |    |
 |  |    |_(1) Compulsory Data Record Keyword(A4)
 |  |
 |  |_Optional User Identifier (A2)
 |
 |_Compulsory END on last data record in Data Category (A3)
```

图 4.98 卡片 14：定义非线性轴向刚度 EA

```
  2  5 7  11        21        31      41      51      61      71
 --- -- ----- -------- -------- ----- --------- --------- --------- -
|X|    |BUOY|XXXXXXXX|XXXXXXXX|     |         |         |         |
 --- -- ----- -------- -------- ----- --------- --------- --------- -
|X|    |CLMP|XXXXXXXX|XXXXXXXX|     |         |         |         |
 --- -- ----- -------- -------- ----- --------- --------- --------- -
 |  |    |        |        |         |         |_(5) Drag Coefficient x Area;
 |  |    |        |        |         |              CDA (F10.0)
 |  |    |        |        |         |_(4) Added Mass (F10.0)
 |  |    |        |        |_(3) Displaced Mass of Water
 |  |    |        |_(2) Structural Mass (F10.0)
 |  |    |_(1) Compulsory Data Record Keyword(A4)
 |  |_Optional User Identifier (A2)
 |_Compulsory END on last data record in Data Category (A3)
```

图 4.99 卡片 14：定义缆绳浮筒/配重

- **NLIN**：定义缆绳连接，建立缆绳模型。11～15 字符位输入第一个结构代号，16～20 字符位输入对应连接点，21～25 字符位输入第二个结构代号，26～30 字符位输入对应连接点。31 字符位之后每 10 个字符空间输入 4 个参数，定义缆绳材质不同，需要输入参数也不一样，如图 4.100 所示。

当使用 POLY 非线性缆时，如果定义的缆绳用作绞车缆，则 31～40 字符位应输入绞车张力；51～60 需要输入绞车放松时的摩擦力系数，61～70 字符位输入绞车张紧时的摩擦力系数。

定义 LINE/WNCH/FORC 时不需要额外输入参数。

连接 COMP/ECAT 悬链线时不需要输入额外参数。

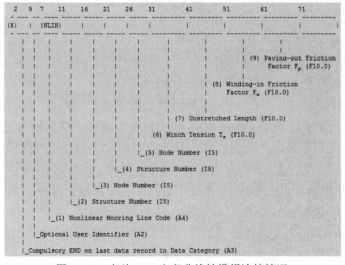

图 4.100 卡片 14：定义非线性缆绳连接情况

- **NLID：** 作用与 NLIN 相似，区别是 NLID 表示定义的缆绳考虑动态效应影响。11～15 字符位输入第一个结构代号，16～20 字符位输入对应连接点，21～25 字符位输入第二个结构代号，26～30 字符位输入对应连接点，如图 4.101 所示。

```
   2   5   7   11    16    21    26    31         41         51         61         71
 - --- -- ---- ----- ----- ----- ----- ---------- ---------- ---------- ---------- ----------
 |X|    |NLID|     |     |     |         |          |          |          |          |
       | |   |     |     |     |
       | |   |     |     |     |
       | |   |     |     |     |
       | |   |     |     |     |_(5) Node Number (I5)
       | |   |     |     |
       | |   |     |     |_(4) Structure Number (I5)
       | |   |     |
       | |   |     |_(3) Node Number (I5)
       | |   |
       | |   |_(2) Structure Number (I5)
       | |
       | |_(1) Data Record Keyword (A4)
       |
       |_Optional User Identifier (A2)
       |
 |_Compulsory END on last data record in Data Category (A3)
```

图 4.101　卡片 14：定义非线性动态缆绳连接

- **ECAH：** 定义缆绳的水动力学系数，31～40 字符位输入附加质量系数，51～60 字符位输入横向拖曳力系数，61～70 字符位输入缆绳等效拖曳力直径（当 ECAT 定义了等效截面积时，此处不需要输入参数，但建议此处输入缆绳的等效拖曳力直径）；71～80 字符位输入轴向拖曳力系数（程序默认为 0.025），如图 4.102 所示。

```
  2   5   7   11    16    21    26    31         41         51         61         71         81
 - --- -- ---- ----- ----- ----- ----- ---------- ---------- ---------- ---------- ---------- ----------
 |X|    |ECAH|XXXXX|XXXXX|XXXXX|XXXXX|          |XXXXXXXXXX|          |          |
      | |   |     |     |     |              |          |          |          |_(6)Inline Drag Coefficient Cx (F10.0)
      | |   |     |     |     |              |          |          |
      | |   |     |     |     |              |          |          |_(5) Equivalent Diameter for Drag De (F10.0)
      | |   |     |     |     |              |          |
      | |   |     |     |     |              |          |_(4) Transverse Drag Coefficient Cd (F10.0)
      | |   |     |     |     |              |
      | |   |     |     |     |              |_(3) Leave Blank (for future use)
      | |   |     |     |     |
      | |   |     |     |     |_(2) Added Mass Coefficient Ca (F10.0)
      | |   |
      | |   |_(1) Data Record Keyword(A4)
      | |
      | |_Optional User Identifier (A2)
      |
      |_Compulsory END on last data record in Data Category (A3)
```

图 4.102　卡片 14：定义非线性动态缆绳水动力学系数

- **ECAB：** 用来定义缆绳具有弯曲刚度，31～40 字符位输入弯曲刚度数值，如图 4.103 所示。

```
  2   5   7   11    16    21    26    31         41
 - --- -- ---- ----- ----- ----- ----- ----------
 |X|    |ECAB|XXXXX|XXXXX|XXXXX|XXXXX|          |
      | |   |                        |
      | |   |                        |_(2) Bending Stiffness EI (E10.0)
      | |   |
      | |   |_(1) Data Record Keyword(A4)
      | |
      | |_Optional User Identifier (A2)
      |
      |_Compulsory END on last data record in Data Category (A3)
```

图 4.103　卡片 14：定义非线性动态缆绳弯曲刚度

- **NCEL**：定义动态缆划分单元数，11～15 字符位输入定义缆绳的单元数量，单根缆绳最多划分 250 个单元，如图 4.104 所示。NCEL 可以在 NLID 之前进行定义。

```
2   5  7   11    16    21    26    31         41        51        61        71
- --- -- --- --- ----- ----- ----- ---------- --------- --------- --------- ---------
|X|  |  |NCEL|     |     |     |     |          |         |         |         |
- --- -- --- --- ----- ----- ----- ---------- --------- --------- --------- ---------
 |  |  |   |
 |  |  |   |
 |  |  |   |_(2) Number of elements required for each line (I5)
 |  |  |
 |  |  |_(1) Compulsory Data Record Keyword(A4)
 |  |
 |  |_Optional User Identifier (A2)
 |
 |_Compulsory END on last data record in Data Category (A3)
```

图 4.104　卡片 14：定义非线性动态缆绳单元数目

- **LBRK**：设定缆绳破断情况。22～20 字符位指定哪根缆绳破断，31～40 字符位输入缆绳破断时刻，41～50 字符位设定是否在缆绳定义的第一个连接位置破断，51～60 字符位设定是否在的第二个连接位置破断，如图 4.105 所示。

```
2   7  11  16  21    31        41        51
- ---- --- --- ---- ---------- --------- ----------
|X|  |LBRK|  |   |XXXXXXXX|    |          |         |
- ---- --- --- ---- ---------- --------- ----------
 |    |   |       |          |       |_(4) Breaking tension at 2nd structure (AQWA-DRIFT/NAUT)
 |    |   |       |          |
 |    |   |       |          |_(3) Breaking tension at 1st structure (AQWA-DRIFT/NAUT)
 |    |   |       |
 |    |   |       |_(2) Time at which to break the mooring line (AQWA-DRIFT/NAUT)
 |    |   |
 |    |   |_(1) Mooring line number to break (I5)
 |    |
 |    |_Spectrum number (AQWA-LIBRIUM/FER) (max 20)
 |
 |_LBRK Data Record Keyword
```

图 4.105　卡片 14：定义缆绳破断情况

此处以一个例子来说明如何进行卡片 14 系泊缆定义的输入。

图 4.106 定义了一个系泊系统，该系泊系统包括 5 根缆绳，1、2、3、4 号缆均由三种缆绳材质组成，从锚点到导缆孔长度分别是 60m、100m、70m，单位重量分别为 150kg/m、120kg/m、170kg/m，轴向刚度分别为（6.0E8）N、（9.0E8）N、（6.0E8）N。破断力均为（7.5E6）N。

```
14      MOOR
14COMP  20   30          3     40.0    55.0    -3.00
14ECAT                        150.00    0.00  6.0000E8  7.500E6      60.0
14ECAT                        120.00    0.00  9.0000E8  7.500E6     100.0
14ECAT                        170.00    0.00  6.0000E8  7.500E6      70.0
14NLIN   2 1511       0 2511
14COMP  20   30          3     40.0    55.0     0.00
14ECAT                        150.00    0.00  6.0000E8  7.500E6      60.0
14ECAT                        120.00    0.00  9.0000E8  7.500E6     100.0
14ECAT                        170.00    0.00  6.0000E8  7.500E6      70.0
14NLIN   2 1512       0 2512
14COMP  20   30          3     40.0    55.0     3.00
14ECAT                        150.00    0.00  6.0000E8  7.500E6      60.0
14ECAT                        120.00    0.00  9.0000E8  7.500E6     100.0
14ECAT                        170.00    0.00  6.0000E8  7.500E6      70.0
14NLIN   2 1513       0 2513
14COMP  20   30          3     40.0    55.0     0.00
14ECAT                        150.00    0.00  6.0000E8  7.500E6      60.0
14ECAT                        120.00    0.00  9.0000E8  7.500E6     100.0
14ECAT                        170.00    0.00  6.0000E8  7.500E6      70.0
14NLIN   2 1514       0 2514
14POLY                        0.705E4 -0.246E2  0.479E0 -0.302E-2 0.715E-5
14NLIN   1  802       2 3000
END14LBRK      2              500
```

图 4.106　卡片 14：定义系泊系统示意

在 COMP 行中，导缆孔 Z 向运动范围位于海底以上 40～55m 的范围内，其中缆绳 1 和缆绳 3 锚点位置具有坡度，分别为-3°和3°。

缆绳 1、2、3、4 导缆孔位于结构 2 上，节点编号分别为 1511、1512、1513、1514，对应锚点为固定点（结构代号 0 表示为固定不动），节点编号分别为 2511、2512、2513、2514。

缆绳 5 为非线性 POLY 缆，连接结构 1 的 802 点与结构 2 的 3000 点。

在计算中设定缆绳 2 破断，破断时间为 500s。

定义线性绞车，该绞车能够实现缆绳收放的功能，并不同于 WNCH：

- **DWT0**：定义绞车生效时间，31～40 字符位输入生效时间，如图 4.107 所示。

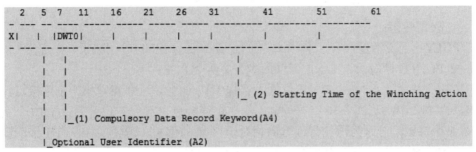

图 4.107 卡片 14：定义绞车生效时间

- **LNDW**：定义绞车缆。11～15 字符位输入结构 1 代号，16～20 指定第一个连接点，21～25 字符位输入结构 2 代号，26～30 字符位输入第二个连接点。31 字符位后每 10 个字符内分别输入 5 个参数（图 4.108），分别为：
  （1）绞车开始生效时缆绳刚度。
  （2）绞车生效时缆绳未伸长长度。
  （3）绞车运行结束时缆绳长度，达到此长度，绞车停止运行。
  （4）绞车送放或收紧速度。
  （5）缆绳最大承受张力，达到此张力绞车停止运行。

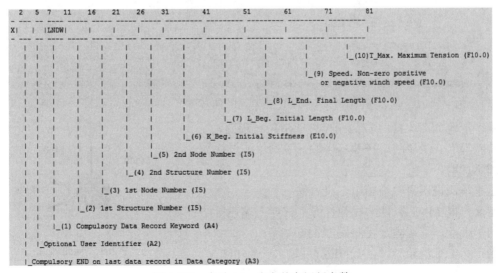

图 4.108 卡片 14：定义绞车运行参数

● **DWAL**：定义绞车运行时缆绳额外长度，该长度对刚度计算有影响，如图 4.109 所示。

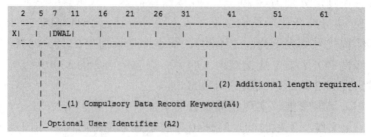

图 4.109　卡片 14：定义绞车额外需要缆绳长度

定义滑轮/滑轮组：

● **PULY**：定义滑轮。卡片 14 中滑轮的定义需要与 LINE 一同使用，先定义 LINE 再定义 PULY，针对一个 LINE 可以最多定义两个 PULY。

PULY 定义格式为：11～15 字符位输入结构 1 代号，16～20 指定第一个连接点，21～25 字符位输入结构 2 代号，26～30 字符位输入第二个连接点。31 字符位开始，每 10 个字符空间位置输入 4 个参数，分别为滑轮行程方向相对于 Z 轴的偏角、滑轮半径、滑轮转动轴承摩擦力系数、缆绳与滑轮滑动摩擦力系数，如图 4.110 所示。

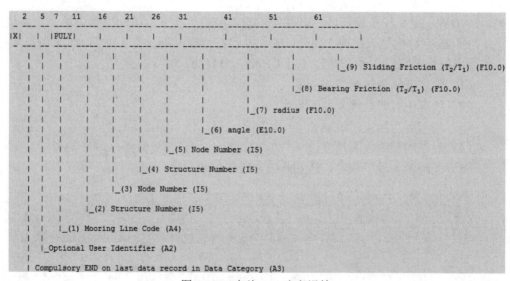

图 4.110　卡片 14：定义滑轮

单个滑轮如图 4.111 所示。角度表明滑轮行程面与 Z 轴的偏斜程度。滑轮的半径并不影响计算结果，仅作为后处理示意用。

这里举例说明滑轮滑轮组定义方法。

定义一根 LINE 属性的线弹性绳。该绳上端连接结构 1 的 101 点，下端固定在海底 201 点。

当定义一个滑轮时，在 LINE 行后输入一行 PULY，LINE 连接 201 和 102 点，滑轮位于 101 点位置，并由

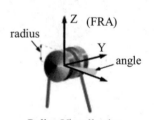

图 4.111　卡片 14：单滑轮示意图

101 点指向 102 点。101、102 点均在结构 1 上。

当定义两个滑轮时，LINE 行后输入两行 PULY，LINE 连接 201 点与 102 点，滑轮 1 位于 101 点，由 101 指向 102 点，两点均位于结构 1 上。滑轮 2 位于 102 点，并由 102 点指向结构 2 的 201 点。注意，结构 2 的 201 点与结构 1 的 201 点是两个不同的点。至此两个滑轮组成的滑轮组即定义完毕，如图 4.112 所示。

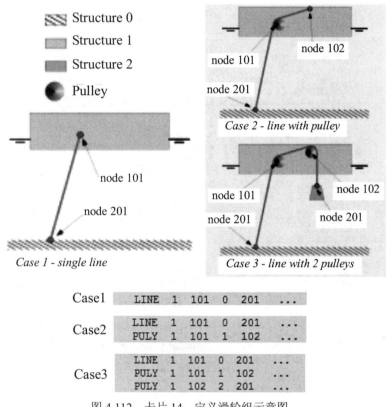

图 4.112　卡片 14：定义滑轮组示意图

定义护舷，在定义护舷之前需要使用 POLY 定义护舷的变形量与载荷关系。

- **FEND**：定义护舷尺寸、摩擦力和阻尼系数，分别在 31～40、51～60、71～80 字符位输入相关参数，如图 4.113 所示。护舷的尺寸定义的接触平面之间的距离，该距离下护舷刚好产生接触。

- **FLIN**：定义护舷位置、类型、接触面。11～15 字符位定义护舷的类型，可以定义固定护舷（代号 1）和浮动护舷（代号 2）。

  21～25 定义护舷位于哪个结构上，26～30 定义节点 1，31～36 定义节点 2，这两个节点的作用是定义结构 1 上护舷接触面的法向，由节点 1 指向节点 2。正确的法线方向是由结构 1 节点 1 指向节点 2，方向指向护舷。

  41～45 定义护舷与哪个结构相接触，46～50 定义节点 1,31～36 定义节点 2，这两个节点的作用是定义结构 2 上护舷接触面的法向，由节点 1 指向节点 2。正确的法线方向是由结构 2 节点 1 指向节点 2，方向指向护舷，如图 4.114 所示。6.3 节将具体介绍护舷的使用。护舷示意图如图 4.115 所示。

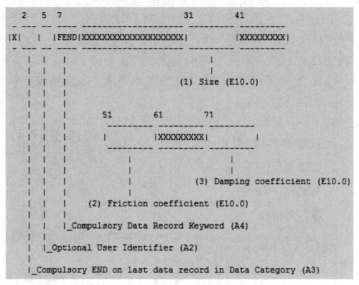

图 4.113 卡片 14：定义护舷参数

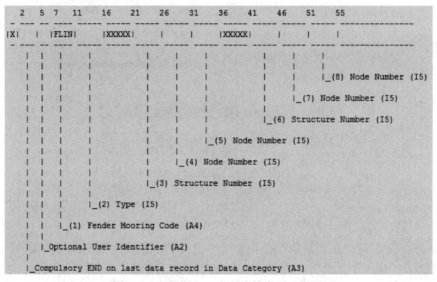

图 4.114 卡片 14：定义护舷类型及位置

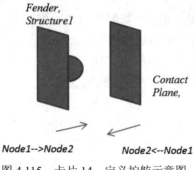

图 4.115 卡片 14：定义护舷示意图

4.4.15　卡片 15（Category15）STRT

卡片 15 定义计算起始条件，卡片名称为 STRT，对 Drift 和 Naut 两个模块的定义内容不尽相同。

卡片 15 对于 Drift 模块的输入内容主要有：

- **POS***：定义结构时域计算起始位置。21 字符位后每 10 个字符空间输入对应结构 6 个自由度的起始位置，如图 4.116 所示。POS*中的*代表需要进行设置的结构编号。

```
  2   5  7  11         21         31         41         51
 - --- --- ----- --------- --------- --------- --------- -
|X|   |   |POS1|XXXXXXXXX|         |         |         |...
  | | |     |                  |         |
  | | |     |                  |_____
  | | |     |                  |
  | | |     |                  |
  | | |     |                  |_(2)-(7)6 Starting Positions (default as
  | | |     |                              defined in Data Categories 1-4)(6F10.0)
  | | |     |
  | | |     |_(1)Compulsory Data Record Keyword(A4)
  | | |
  | |_Optional User Identifier(A2)
  |
| Compulsory END on Last Data Record in Data Category(A3)
```

图 4.116　卡片 15：定义结构时域计算起始位置

- **VEL***：定义结构时域计算起始速度。21 字符位后每 10 个字符空间输入对应结构 6 个自由度的起始速度，如图 4.117 所示。VEL*中的*代表需要进行设置的结构编号。

```
  2   5  7  11         21         31         41         51         61
 - --- --- ----- --------- --------- --------- --------- --------- -
|X|   |   |VEL1|XXXXXXXXX|         |         |         |         |
  | | |     |                  |         |         |         |
  | | |     |                  |_____
  | | |     |                  |
  | | |     |                  |
  | | |     |                  |_(2)-(7)6 Starting Velocities (default zero) (6F10.0)
  | | |     |
  | | |     |_(1)Compulsory Data Record Keyword(A4)
  | | |
  | |_Optional User Identifier(A2)
  |
| Compulsory END on Last Data Record in Data Category(A3)
```

图 4.117　卡片 15：定义结构时域计算起始速度

- **SLP***：定义结构时域计算起始低频位置。21 字符位后每 10 个字符空间输入对应结构 6 个自由度的起始低频位移，如图 4.118 所示。SLP*中的*代表需要进行设置的结构编号。

```
  2   5  7  11         21         31         41         51
 - --- --- ----- --------- --------- --------- --------- -
|X|   |   |SLP1|XXXXXXXXX|         |         |         |...
  | | |     |                  |         |         |
  | | |     |                  |_____
  | | |     |                  |
  | | |     |                  |
  | | |     |                  |_(2)-(7)6 Starting Slow Positions (default as
  | | |     |                              defined in POS* data record in the same data category)(6F10.0)
  | | |     |
  | | |     |_(1)Compulsory Data Record Keyword(A4)
  | | |
  | |_Optional User Identifier(A2)
  |
| Compulsory END on Last Data Record in Data Category(A3)
```

图 4.118　卡片 15：定义结构时域计算起始低频位置

- **SLV***：定义结构时域计算起始低频速度。21 字符位后每 10 个字符空间输入对应结构 6 个自由度的起始低频速度，如图 4.119 所示。SLV*中的*代表需要进行设置的结构编号。

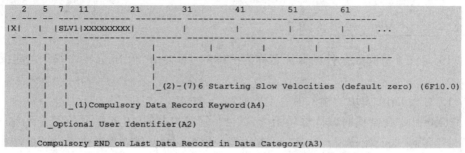

```
   2    5 7  11         21         31         41         51         61
 - --- -- -- ---------- ---------- ---------- ---------- ---------- ---------- ----------
|X|  |  |SLV1|XXXXXXXXX|         |          |          |          |          ...
 - --- -- -- ---------- ---------- ---------- ---------- ---------- ---------- ----------
   |  |  |   |                    |          |          |          |          |
   |  |  |   |                    |------------------------------------------------
   |  |  |   |                    |
   |  |  |   |                    |_(2)-(7)6 Starting Slow Velocities (default zero) (6F10.0)
   |  |  |   |
   |  |  |   |_(1)Compulsory Data Record Keyword(A4)
   |  |  |
   |  |  |_Optional User Identifier(A2)
   |  |
   | Compulsory END on Last Data Record in Data Category(A3)
```

图 4.119　卡片 15：定义结构时域计算起始低频速度

Drift 模块求解低频运动和波频运动，为了减少时域计算开始阶段的结构瞬态响应，需要针对低频运动指定初始计算位置和速度。出于简便，用户可以将初始时域分析具有明显瞬态响应的计算结果截去，针对后面稳定运动的计算结果进行分析，这样可以省去低频位置与速度的定义工作。

卡片 15 对于 Naut 模块的输入内容主要有：

- **POS***：定义结构时域计算起始位置。21 字符位后每 10 个字符空间输入对应结构 6 个自由度的起始位置。POS*中的*代表需要进行设置的结构编号。
- **VEL***：定义结构时域计算起始速度。21 字符位后每 10 个字符空间输入对应结构 6 个自由度的起始速度。VEL*中的*代表需要进行设置的结构编号。

特殊地，当时域计算使用 RDEP 读取 Librium 计算的平衡位置结果时，不应再输入卡片 15 的内容。如果使用 RDEP 而同时又在卡片 15 中输入了相关数据，则 RDEP 不再生效，程序计算将以卡片 15 定义的内容为准。

4.4.16　卡片 16（Category16）TINT/LMTS/GMCH

卡片 16 在 Drift 和 Naut 模块中使用时定义时域计算参数，卡片名称为 TINT，主要定义内容为：

- **TIME**：定义时域计算参数。11～20 字符位输入总的时域计算步数，21～30 字符位输入时间步长，31 字符位后输入开始进行计算的时间，如图 4.120 所示。举例说明三个参数的选取：
  如果进行 3 个小时的时域模拟，时间步长 0.2s，则总的时间计算步数为 3×3600/0.2=54000。如果从 400s 以后开始进行记录，则时间步数应为 54000+400/0.2=56000。

```
   2    5 7  11         21         31
 - --- -- ---- ---------- ---------- ----------
|X|  |  |TIME|          |          |
 - --- -- ---- ---------- ---------- ----------
   |  |  |    |          |          |
   |  |  |    |          |          (3) Start Time (F10.0) (default zero)
   |  |  |    |          |
   |  |  |    |          |_(2) Value of Time-step (F10.0) (default 0.1s)
   |  |  |    |
   |  |  |    |_(1)Number of Time-steps (I10) (default 10)
   |  |  |
   |  |  |_Compulsory Data Record Keyword (A4)
   |  |
   |  |_Optional User Identifier (A2)
   |
   |_Compulsory END on last data record in Data Category (A3)
```

图 4.120　卡片 16：定义结构时域计算参数

- **HOTS**：选择性进行时域计算。当用户完成了一个时域计算后，用 HOTS 可以基于这个时域计算结果，在指定时间位置再进行分析。

  HOTS 行 11～20 字符位输入要开始进行计算的时间步数，随后要输入 TIME 行，设定需要模拟的时间参数，如图 4.121 所示。

```
  2   5  7  11            21         31
 _ --- -- ---- ----------- --------- ---------
|X|  |  |HOTS|            |         |         |
 _ --- -- ---- ----------- --------- ---------
            |           |
            |           |_(1)Time Step Number at which Hot-Start run beings (I10)
            |
            |_Compulsory Data Record Keyword (A4)
```

图 4.121　卡片 16：定义结构时域选择性运行

这里简单介绍以下时间步长参数的选择。一般系泊结构物的固有周期在百秒以上，时间步长设为 0.2s 左右即可。如果需要进行分析的系统较为复杂、收敛性较差，可以将时间步长设定得更小，但不宜过小，一般为 0.1s 即可。

对于计算开始时间的设定，一般截去时域分析开始阶段结构瞬态响应，这个开始阶段的时间范围大概为 5～10 个低频运动固有周期时间长度。

对于 Librium，卡片 16 用来设定静态迭代计算的控制参数，卡片名称为 LMTS，主要输入内容有：

- **MXNI**：设定静态迭代计算步数，16 字符位后输入总的静态计算步数，如图 4.122 所示。

```
  2   5  7      16
 _ --- -- ---- ----- -----
|X|  |  |MXNI|XXXXX|     |
 _ --- -- ---- ----- -----
   |  |  |     |
   |  |  |     |_(1) Maximum Number of Iterations in Search of Equilibrium (Default 100)
   |  |  |
   |  |  |_Compulsory Data Record Keyword (A4)
   |  |
   |  |_Optional User Identifier (A2)
   |
   | Compulsory END on last data record in Data Category (A3)
```

图 4.122　卡片 16：定义 Librium 静态计算步数

- **MMVE**：设定静态计算中结构每个计算步的计算步长，21 字符位后每 10 个字符空间输入 6 个自由度移动值，默认是 2.0、2.0、0.5、0.573、0.573、1.432，如图 4.123 所示。

```
  2   5  7  11         21        31        41        51
 _ --- -- ---- ----- ----- --------- --------- --------- --------- --------- _
|X|  |  |MMVE|     |XXXXX|    |         |         |         |         |      |
 _ --- -- ---- ----- ----- --------- --------- --------- --------- --------- _
   |  |  |    |        |
   |  |  |    |        |_(2)Maximum Movements Allowed in Each Iteration (6F10.0)
   |  |  |    |
   |  |  |    |_Structure Number(I5)
   |  |  |
   |  |  |_Compulsory Data Record Keyword (A4)
   |  |
   |  |_Optional User Identifier (A2)
   |
   | Compulsory END on last data record in Data Category (A3)
```

图 4.123　卡片 16：定义 Librium 静态计算步数

- **MERR**：设定静态计算容差，21 字符位后每 10 个字符空间输入 6 个自由度容差，默认是 0.02、0.02、0.02、0.057、0.057、0.143，如图 4.124 所示。

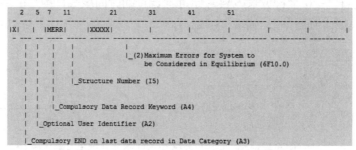

图 4.124　卡片 16：定义 Librium 静态计算容差

- **STRP**：进行稳性计算设置，如图 4.125 所示。11～15 字符位输入稳性计算参考轴（通常为横倾或纵倾轴），16～20 字符位输入稳性计算方向角，稳性计算方向角含义就是结构绕着 Z 轴旋转，在这个过程中针对每个角度进行稳性计算。21 字符位后输入 3 个参数，分别为：

（1）参考轴在全局坐标系中的方向，如计算横稳性，则 21～30 字符位输入（1,0,0）。

（2）51～60 字符位输入倾斜角度增加步长，默认是 1°。

（3）如果进行多个方向角下的稳性计算，则 61～70 字符位需要输入角度增加步长。

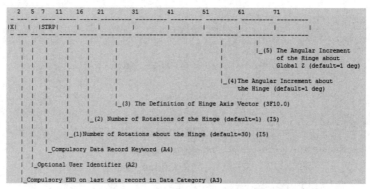

图 4.125　卡片 16：设定 Librium 稳性计算参数

在 Line 模块中，卡片 16 用来设定几何参数与质量参数的变化，卡片名称为 GMCH，主要输入内容有：

- **SCAL**：长度比尺，比值为新的长度除以原长度，如图 4.126 所示。

```
    2   5   7   11          21          31
  - --- --- ----- ----- ----------
 |X|  |  |SCAL |  |XXXXX|          |
  - --- --- ----- ----- ----------
   |   |   |     |          |
   |   |   |     |          |_(1) Length Scale Factor (F10.0)
   |   |   |     |
   |   |   |     |_Number(I5)
   |   |   |
   |   |   |_Compulsory Data Record Keyword (A4)
   |   |
   |   |_Optional User Identifier (A2)
   |
   |_Compulsory END on last data record in Data Category (A3)
```

图 4.126　卡片 16：设定 Line 结构长度比尺

- **MASS**：指定新的结构质量，如图 4.127 所示。

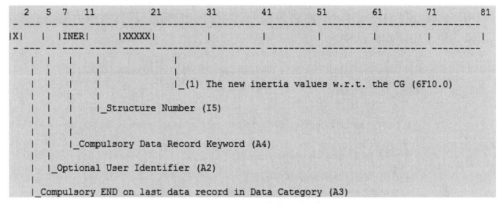

```
    2   5  7  11        21        31
  - --- -- ---- ----- ----- ----------
  |X|   |  |MASS|     |XXXXX|          |
  - --- -- ---- ----- ----- ----------
     |  |  |    |         |
     |  |  |    |         |
     |  |  |    |         |_(1) New Mass (F10.0)
     |  |  |    |
     |  |  |    |_Structure Number (I5)
     |  |  |
     |  |  |
     |  |  |_Compulsory Data Record Keyword (A4)
     |  |
     |  |_Optional User Identifier (A2)
     |
     |_Compulsory END on last data record in Data Category (A3)
```

图 4.127　卡片 16：设定新的结构质量

- **INER**：指定新的结构惯性矩，如图 4.128 所示。

```
  2   5  7  11        21        31        41        51        61        71        81
- --- -- ---- ----- ----- ---------- --------- --------- --------- --------- --------- ---------
|X|   |  |INER|     |XXXXX|          |         |         |         |         |         |
- --- -- ---- ----- ----- ---------- --------- --------- --------- --------- --------- ---------
   |  |  |    |         |
   |  |  |    |         |
   |  |  |    |         |_(1) The new inertia values w.r.t. the CG (6F10.0)
   |  |  |    |
   |  |  |    |_Structure Number (I5)
   |  |  |
   |  |  |
   |  |  |_Compulsory Data Record Keyword (A4)
   |  |
   |  |_Optional User Identifier (A2)
   |
   |_Compulsory END on last data record in Data Category (A3)
```

图 4.128　卡片 16：设定新的结构惯性矩

- **NCOG**：指定新的重心位置，如图 4.129 所示。

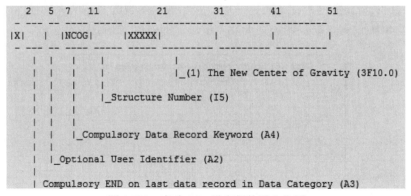

```
    2   5  7  11        21        31        41        51
  - --- -- ---- ----- ----- --------- ---------- ---------
  |X|   |  |NCOG|     |XXXXX|         |          |        |
  - --- -- ---- ----- ----- --------- ---------- ---------
     |  |  |    |         |
     |  |  |    |         |_(1) The New Center of Gravity (3F10.0)
     |  |  |    |
     |  |  |    |_Structure Number (I5)
     |  |  |
     |  |  |
     |  |  |_Compulsory Data Record Keyword (A4)
     |  |
     |  |_Optional User Identifier (A2)
     |
     | Compulsory END on last data record in Data Category (A3)
```

图 4.129　卡片 16：设定新的重心位置

- **REEP**：指定新的水动力计算参考点，如图 4.130 所示。

```
    2   5  7   11          21         31         41         51
  - --- -- ---- ----- ----- --------- --------- ---------
 |X|    |  |REFP|     |XXXXX|         |         |         |
  - --- -- ---- ----- ----- --------- --------- ---------
    |  |  |   |      |                |         |
    |  |  |   |      |                |_(1) The New Hydrodynamic Reference Point (3F10.0)
    |  |  |   |      |
    |  |  |   |      |_Structure Number (I5)
    |  |  |   |
    |  |  |   |_Compulsory Data Record Keyword (A4)
    |  |  |
    |  |  |_Optional User Identifier (A2)
    |  |
    |_Compulsory END on last data record in Data Category (A3)
```
图 4.130　卡片 16：设定新的水动力计算参考点

4.4.17　卡片 17（Category17）HYDC

卡片 17 指定和修改非辐射/绕射单元水动力参数，卡片名称 HYDC，主要输入内容有：

● **SC1/**：缩尺比，SC1/行 11～15 字符位输入缩尺比数值，如图 4.131 所示。在水池模型试验中，当结构物按照缩尺比缩小的时候，雷诺数不能按照比尺缩小，即雷诺数不相似。随着模型尺寸变小，雷诺数变大，黏性作用增强，导致水动力模型试验中的整体阻尼水平比实际结构大。

```
    2   5  7   11
  - --- -- ---- ----- ----- -----
 |X|    |  |SC1/|     |XXXXX|
  - --- -- ---- ----- ----- -----
    |  |  |   |
    |  |  |   |_(1)Scale Factor (I5) (default implies constant drag coefficients)
    |  |  |
    |  |  |_Compulsory Data Record Keyword (A4)
    |  |
    |  |_Optional User Identifier (A2)
    |
    | Compulsory END on last data record in Data Category (A3)
```
图 4.131　卡片 17：设定非辐射/绕射单元缩尺比

在 AQWA 中，雷诺数变化对于辐射/绕射单元的影响是无法考虑的，但对于非辐射/绕射单元的可以通过 SC1/设置缩尺比来进行考虑，雷诺数与拖曳力系数关系如图 4.132 所示。如果卡片 17 通过 SC1/设定了缩尺比，则卡片 4 中设定的拖曳力系数不再生效。

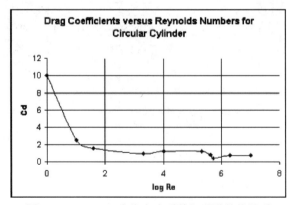

图 4.132　AQWA 中拖曳力系数与雷诺数的关系

- **DRGM/ADMM**：非辐射/绕射单元的拖曳力/附加质量修正参数，如图 4.133 所示。当设定这两个参数后，非辐射/绕射单元的拖曳力/附加质量将乘以此处输入的系数后再参与计算。

```
  2   5  7   11        21
- --- -- ---- ----- ----- ---------
|X|   |  |DRGM|  |XXXXX|     |
- --- -- ---- ----- ----- ---------
|X|   |  |ADMM|  |XXXXX|     |
- --- -- ---- ----- ----- ---------
    |  |  |    |                |_(2)Value of Multiplying Factor (Default 1.0) (F10.0)
    |  |  |    |
    |  |  |    |_(1)Structure Number (I5)
    |  |  |
    |  |  |_Compulsory Data Record Keyword (A4)
    |  |
    |  |_Optional User Identifier (A2)
    |
    |_Compulsory END on last data record in Data Category (A3)
```

图 4.133　卡片 17：设定非辐射/绕射单元拖曳力/附加质量修正参数

- **SLMM**：设定非辐射/绕射单元砰击系数，如图 4.134 所示。程序默认该系数是 0，如果此处输入非零数值，则莫里森杆件的砰击载荷将在计算中予以考虑。

```
  2   5  7   11        21
- --- -- ---- ----- ----- ---------
|X|   |  |SLMM|  |XXXXX|     |
- --- -- ---- ----- ----- ---------
    |  |  |    |                |_(2) slam Multiplying Factor (Default zero) (F10.0)
    |  |  |    |
    |  |  |    |_(1) Structure Number (I5)
    |  |  |
    |  |  |_Compulsory Data Record Keyword (A4)
    |  |
    |  |_Optional User Identifier (A2)
    |
    |_Compulsory END on last data record in Data Category (A3)
```

图 4.134　卡片 17：设定非辐射/绕射单元砰击系数

4.4.18　卡片 18（Category18）PROP

卡片 18 主要用来设定和控制 lis 文件中的输出内容，卡片名称为 PROP，主要内容包括：

- **NODE**：输出指定点运动计算结果，如图 4.135 所示，11～15 字符位输入第一个结构的代号，16～20 字符位输入对应点，21～25 字符位输入第二个结构的代号，26 字符位后输入对应点。

使用 NODE 输入两个结构代号和对应点时，计算结果给出的是这两个点的相对运动结果。如果只输入一个结构和相应点，则输出的是该点的运动计算结果。

```
  2   5  7   11    16    21    26
- --- -- ---- ----- ----- ----- -----
|X|   |  |NODE|  |     |     |     |
- --- -- ---- ----- ----- ----- -----
    |  |  |    |     |     |     |_(4) Node Number (I5)
    |  |  |    |     |     |
    |  |  |    |     |     |_(3) Structure Number (I5)
    |  |  |    |     |
    |  |  |    |     |_(2) Node Number (I5)
    |  |  |    |
    |  |  |    |_(1) Structure Number (I5)
    |  |  |
    |  |  |_Compulsory Data Record Keyword (A4)
    |  |
    |  |_Optional User Identifier (A2)
    |
    |_Compulsory END on last data record in Data Category (A3)
```

图 4.135　卡片 18：设定参考点运动结果

189

- **ALLM：**输出所有指定点的运动计算结果，如图 4.136 所示。默认情况下，程序仅在 lis 文件中输出指定点的位移运动计算结果，使用 ALLM 后，该点的位移、速度、加速度计算结果都将输出。

```
  2   5  7
- --- -- ----
|X|  |  |ALLM|
- --- -- ----
     |  |   |
     |  |   |
     |  |   |_Compulsory Data Record Keyword(A4)
     |  |
     |  |_Optional User Identifier(A2)
     |
     |_Compulsory END on last data record in Data Category (A3)
```

图 4.136　卡片 18：输出指定点的所有运动计算结果

- **PREV：**设定每隔多少时间步在 lis 文件中记录一次时域计算中间过程，如图 4.137 所示。一般 AQWA 会在 lis 文件中输出所有时间步的计算结果，这使得 lis 文件非常庞大，且这些中间结果并没有具体用处。在 PREV 行 11 字符位后可以设定隔多少个时间步进行一次中间结果的记录，这个值可以设定大一些，可以精简 lis 文件，有利于关键结果的查询。

```
  2   5  7   11
- --- -- ---- -----
|X|  |  |PREV|    |
- --- -- ---- -----
     |  |   |     |
     |  |   |     |_(1)Timestep increment(I5)
     |  |   |
     |  |   |_Compulsory Data Record Keyword(A4)
     |  |
     |  |_Optional User Identifier(A2)
     |
     |_Compulsory END on last data record in Data Category (A3)
```

图 4.137　卡片 18：设定结果每隔多少个时间步在 lis 文件中记录一次

- **PRNT/NOPR：**设置 lis 文件中输出/不输出那些内容，如图 4.138 所示。11～15 字符位为需要进行结果输出的结构代号，16～20 字符位为输出结果内容代号。当输入相关内容代号后，lis 文件中会包含参数代表的内容；使用 NOPR 输入相关参数时，结果会剔除掉参数所代表的结果。AQWA 各模块默认输入内容可参考表 4.5。

当需要输出连接支座的结果时，21 字符位后输入需要输出的支座代号。

```
  2   5  7   11
- --- -- ---- ----- ----- -----
|X|  |  |PRNT|    |     |     |
- --- -- ---- ----- ----- -----
|X|  |  |NOPR|    |     |     |
- --- -- ---- ----- ----- -----
     |  |   |     |     |     |
     |  |   |     |     |     |_(4) Articulation Number (I5)
     |  |   |     |     |
     |  |   |     |     |_(3) Parameter Number (I5)
     |  |   |     |
     |  |   |     |_(2) Structure Number (I5)
     |  |   |
     |  |   |_(1)Compulsory Data Record Keyword (A4)
     |  |
     |  |_Optional User Identifier (A2)
     |
     |_Compulsory END on last data record in Data Category (A3)
```

图 4.138　卡片 18：控制 lis 文件输入内容

表 4.5　程序默认 lis 文件输出内容

参数代号及结果	AQWA Drift 仅进行低频计算默认输出结果	AQWA Drift 进行低频/波频计算默认输出结果	AQWA Librium 默认输出结果	AQWA Naut 默认输出结果
1. 重心运动	√	√	√	√
2. 重心速度	√	√		√
3. 重心加速度	√	√		√
4. RAO 计算的重心运动		√		√
5. RAO 计算的重心速度		√		√
6. RAO 计算的重心加速度				
7. 重心波频运动		√		
8. 重心波频速度		√		
9. 重心波频加速度		√		
10. 重心低频运动		√		
11. 重心低频速度		√		
12. 重心低频加速度		√		
13. 重心低频艏摇运动				
14. 整体系泊载荷	√	√	√	√
15. 科里奥利力				
16. 绕射力		√*		√*
17. 线性阻尼力	√	√		√
18. Morison 拖曳力				√
19. 波浪漂移力	√	√	√	
20. F-K 力	√*	√*		√*
21. 重力载荷	√	√	√	√
22. 流力载荷	√	√	√	√
23. 波浪惯性力				
24. 静水力载荷	√	√	√	√
25. 风载荷	√	√	√	√
26. 抨击载荷				
27. 推进力	√	√	√	
28. 艏摇黏性力	√	√		
29. 椭圆柱体载荷				
30. 时域计算时间步误差	√	√		√
31. 全局反力	√	√		√
33. 波浪漂移阻尼	√	√		

参数代号及结果	AQWA Drift 仅进行低频计算默认输出结果	AQWA Drift 进行低频/波频计算默认输出结果	AQWA Librium 默认输出结果	AQWA Naut 默认输出结果
34. 自定义外界载荷				
35. 辐射力				
36. 流体动量				
38. 流体科里奥利力				
39. 附加结构刚度载荷				
47. 铰支座反力				
50. 全局合力	√	√		

部分计算结果的含义在 Drift 与 Naut 中的定义是有区别的，具体区别请参考表 4.6。

表 4.6　Drift 与 Naut 在部分结果上的含义差别

参数代号及结果	AQWA Drift	AQWA Naut
16. 绕射力	辐射/绕射单元的绕射波浪力和 F-K 力	辐射/绕射单元的绕射波浪力
20. F-K 力	莫里森单元所受的 F-K 力	所有单元所受的 F-K 力
23. 惯性力	莫里森杆件绕射波浪力	莫里森杆件绕射波浪力

- **PTEN**：输出指定结构连接的所有缆绳计算结果，11 字符位后输出指定结构的代号，如图 4.139 所示。

```
   2   5  7   11
 - --- -- ---- -----
|X|  | |PTEN|    |
 - --- -- ---- -----
   |   |   |      |
   |   |   |      |_(1) Structure Number (I5)
   |   |   |
   |   |   |_Compulsory Data Record Keyword (A4)
   |   |
   |   |_Optional User Identifier (A2)
   |
   |_Compulsory END on last data record in Data Category (A3)
```

图 4.139　卡片 18：输出全部缆绳计算结果

- **ZRON**：输出指定点 Z 向位置与波面距离，如图 4.140 所示。在 ZRON 后输入 NODE 行，指定需要进行考察的节点名称。输入完成后，需要在最后加上 ZROF 行。

```
   2   5  7   11
 - --- -- ----
|X|  | |ZRON|
 - --- -- ----
   |   |   |
   |   |   |
   |   |   |_ZRON or ZROF Data Record Keyword
   |   |
   |   |_Optional User Identifier (A2)
   |
   |_Compulsory END on last data record in Data Category (A3)
```

图 4.140　卡片 18：输出指定点与波面距离

- **ZRWS**：输出点与波面的垂向间距，如图 4.141 所示。当使用 ZRWS 时，除了考察相对距离的点外，所有其他 NODE 指定的点都将进行其与波面垂直距离的计算并输出结果。

```
  2   5   7  11
- --- --- ----
|X|  |  |ZRWS|
- --- --- ----
    |  |   |
    |  |   |
    |  |   |
    |  |   |_Data Record Keyword (A4)
    |  |
    |  |_Optional User Identifier (A2)
    |
    |_Compulsory END on last data record in Data Category (A3)
```

图 4.141　卡片 18：输出所有单独指定点与波面的距离

- **PPRV**：设定 pos 文件多少时间步记录一次位置信息，如图 4.142 所示，11 字符位后输入时间步间隔。PPRV 会影响 AGS 查看时域动画的效果。

```
  2   5   7  11
- --- -- ---- -----
|X|  |  |PPRV|    |
- --- -- ---- -----
    |  |   |     |
    |  |   |     |_(1)Timestep increment(I5)
    |  |   |
    |  |   |_Compulsory Data Record Keyword(A4)
    |  |
    |  |_Optional User Identifier(A2)
    |
    |_Compulsory END on last data record in Data Category (A3)
```

图 4.142　卡片 18：每隔多少时间步储存一次位置信息（用于 AGS 后处理）

- **GREV**：设定时域曲线每隔多少时间步记录一次，如图 4.143 所示，11 字符位后输入想要设置的数值。GREV 影响 plt 文件中的数据点个数，程序最多容纳 100000 个数据点。

```
  2   5   7  11
- --- -- ---- -----
|X|  |  |GREV|    |
- --- -- ---- -----
    |  |   |     |
    |  |   |     |_(1)Timestep increment(I5)
    |  |   |
    |  |   |_Compulsory Data Record Keyword(A4)
    |  |
    |  |_Optional User Identifier(A2)
    |
    |_Compulsory END on last data record in Data Category (A3)
```

图 4.143　卡片 18：每隔多少时间步储存一次时域曲线数据

- **PRMD**：输出时域动态求解系泊缆得到的缆绳拖曳力载荷，如图 4.144 所示。

```
  2   5   7  11
- --- -- ---- -----
|X|  |  |PRMD|    |
- --- -- ---- -----
    |  |   |
    |  |   |
    |  |   |
    |  |   |_Compulsory Data Record Keyword (A4)
    |  |
    |  |_Optional User Identifier (A2)
    |
    |_Compulsory END on last data record in Data Category (A3)
```

图 4.144　卡片 18：输出所有缆绳拖曳力载荷

- **PMST**：输出时域缆绳动态计算中缆绳各单元张力结果，如图 4.145 所示。

```
  2   5   7   11
- --- -- ---- -----
|X|  |  |PMST|     |
- --- -- ---- -----
    |  |  |
    |  |  |
    |  |  |
    |  |  |_Compulsory Data Record Keyword (A4)
    |  |
    |  |_Optional User Identifier (A2)
    |
    |_Compulsory END on last data record in Data Category (A3)
```

图 4.145　卡片 18：输出系泊缆动态计算各单元张力

4.4.19　卡片 19（Category19）ENLD

卡片 19 主要用来输出**非辐射/绕射单元**载荷，卡片名称为 ENLD，主要内容包括：

- **ISEL/LSEL**：输出单元/节点载荷时域计算数据，如图 4.146 所示。输出单元载荷时，11～15 字符位输出起始时间，16 字符位后输入结束时间。当输出节点载荷时，11～20 字符位输入起始时间，21 字符位后输入结束时间。

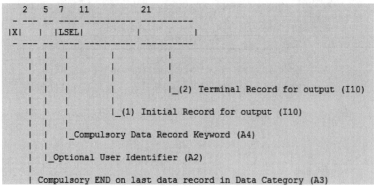

```
  2   5   7   11    16
- --- -- ---- ----- -----
|X|  |  |ISEL|     |     |
- --- -- ---- ----- -----
    |  |  |     |     |
    |  |  |     |     |
    |  |  |     |     |
    |  |  |     |     |_(2) Terminal Record for output (I5)
    |  |  |     |
    |  |  |     |_(1) Initial Record for output (I5)
    |  |  |
    |  |  |_Compulsory Data Record Keyword (A4)
    |  |
    |  |_Optional User Identifier (A2)
    |
    |_Compulsory END on last data record in Data Category (A3)
```

```
  2   5   7   11         21
- --- -- ---- ---------- ----------
|X|  |  |LSEL|          |          |
- --- -- ---- ---------- ----------
    |  |  |        |          |
    |  |  |        |          |
    |  |  |        |          |
    |  |  |        |          |_(2) Terminal Record for output (I10)
    |  |  |        |
    |  |  |        |_(1) Initial Record for output (I10)
    |  |  |
    |  |  |_Compulsory Data Record Keyword (A4)
    |  |
    |  |_Optional User Identifier (A2)
    |
    |_Compulsory END on last data record in Data Category (A3)
```

图 4.146　卡片 19：输出非辐射/绕射单元/节点载荷

- **RISR** 输出立管节点载荷，如图 4.147 所示。立管必须为卡片 2 中定义的 TUBE 单元，11 字符位后输入立管结构代号。立管单元必须从海底向上延伸。

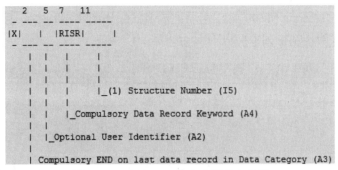

```
     2   5   7   11
  - --- -- --- --------
 |X|   | |RISR|        |
  - --- -- --- --------
     |  |   |    |
     |  |   |    |
     |  |   |    |_(1) Structure Number (I5)
     |  |   |
     |  |   |_Compulsory Data Record Keyword (A4)
     |  |
     |  |_Optional User Identifier (A2)
     |
     |_Compulsory END on last data record in Data Category (A3)
```

图 4.147　卡片 19：输出立管节点载荷

至此，卡片 1～19 主要内容介绍完毕，限于篇幅，这里没有将所有内容进行一一解释，更具体的内容可参考 AQWA 帮助文件。下面将以一艘工作船为研究目标，从水动力计算、频域运动分析、时域运动分析三个方面，对使用经典 AQWA 进行浮体分析进行简要介绍，力求使读者初步了解和掌握使用 AQWA 进行浮体分析的基本流程与方法。

4.5　工作船的水动力计算

4.5.1　数据输入

目标工作船垂线间长 76m，型宽 20m，型深 8m，作业吃水 5.6m，具体信息如表 4.7 所示。

表 4.7　某工作船主尺度

项目	单位	数值
作业吃水 d	m	5.6
排水量	tons	6479
纵向重心位置（相对于艉垂线）	m	38.7
重心距船底基线高度	m	7.8
横摇惯性半径 R_{xx}	m	7.30
纵摇惯性半径 R_{yy}	m	22.60
艏摇惯性半径 R_{zz}	m	22.50
垂线间长 L_{pp}	m	76
型宽 B	m	20.4
型深 D	m	8
初稳高 GMT	m	2.8

依据 3.1.3 节介绍的方法，依据工作船的型线建立 lin 文件。打开 AGS，单击 Plots→Select→Lines Plan。在弹出界面单击 File 选项，打开 lin 文件，单击 Plot Lines，如图 4.148 所示。

根据表 4.7 数据，在 Lines Plan Mesh Generation 界面的 "WLZ coord（x=x1）" 后输入作业吃水 5.6，在 N/Max Size 输入框设置单元大小为 2m，在 CG Posn 输入框中输入重心位置

（38.7,0,7.8），单击 Generate Mesh，生成水动力模型效果如图 4.149 所示。可以发现，Struc Mass 显示船在 5.6m 吃水的排水量为 6.479E+06kg，与表 4.7 数据一致。

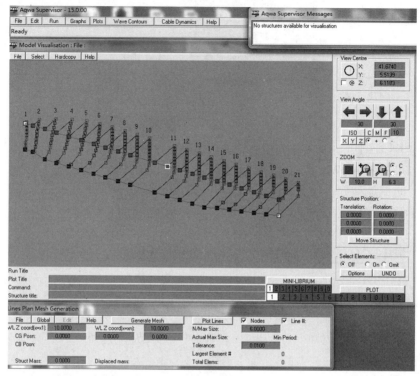

图 4.148　AGS 读入 lin 文件

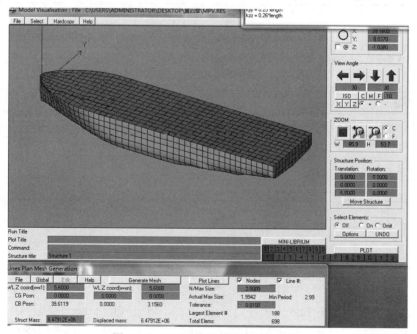

图 4.149　2m 网格工作船水动力模型

单击 Files→save *.dat 命令，保存模型文件。文件名为 AQWA001.dat 的模型文件在 lin 文件同一目录中可以找到。

打开 AQWA001.dat 文件进行修改。首先，在 OPTIONS 中加 GOON 和 NQTF 两个选项，分别表示忽略一般建模误差、使用近场法进行二阶定常波浪力计算。

将 RESTART　1　2 改为　1　3。

检查 99999 号节点对应的重心位置是否正确。

```
END0199999              38.7000     0.0000     7.8000
```

对卡片 3～6 进行修改，文件默认卡片 3～6 内容如下图所示。这里需要对质量、惯性矩、水深、密度、加速度、计算波浪周期、波浪方向等数据进行修改。

```
  03    MATE
END03            1 6479116.  0.000000  0.000000
  04    GEOM
04FMAS           1 3.11698E3 0.000000  0.000000 2.48756E9 0.000000 2.69054E9
END04
  05    GLOB
  05DPTH 1000.000
  05DENS 1024.4000
END05ACCG     9.8070
  06    FDR1
06FREQ     1   6  0.10000  0.15000  0.20000  0.25000  0.30000  0.35000
06FREQ     7  12  0.40000  0.45000  0.50000  0.55000  0.60000  0.65000
06FREQ    13  18  0.70000  0.75000  0.80000  0.85000  0.90000  0.95000
06FREQ    19  24  1.00000  1.05000  1.10000  1.15000  1.20000  1.25000
06FREQ    25  30  1.30000  1.35000  1.40000  1.45000  1.50000  1.55000
06FREQ    31  36  1.60000  1.65000  1.70000  1.75000  1.80000  1.85000
06FREQ    37  41  1.90000  1.95000  2.00000  2.05000  2.10000
06DIRN     1   6   0.00    11.25    22.50    33.75    45.00    56.25
06DIRN     7  12  67.50    78.75    90.00   101.25   112.50   123.75
END06DIRN 13  17 135.00   146.25   157.50   168.75   180.00
  07    NONE
  08    NONE
```

船体排水量 6479116kg，与表 4.7 基本一致；惯性矩按照表 4.7 中的数据重新计算并修改；这里将水深由 1000m 改为 80m，海水密度由 1024.4 改为 1025，重力加速度改为 9.81。

将计算频率改为周期的形式，模型最大计算频率为 2.1rad/s，即 2.96s，计算范围设定为 3～30s。一般地，AQWA 水动力计算周期的选取需要遵循以下要求：

- 计算周期满足 AQWA 频率范围要求；
- 计算周期涵盖波浪主要能量范围（5～30s）；
- 计算周期捕捉到结构波频运动的固有周期。

设置计算周期如下图所示，后续可以根据计算结果进行进一步的修改。

```
  03    MATE
END03            1 6479116.  0.000000  0.000000
  04    GEOM
04FMAS           1 3.45000E8 0.000000  0.000000 3.31000E9 0.000000 3.28000E9
END04
  05    GLOB
  05DPTH 80
  05DENS 1025
END05ACCG     9.81
  06    FDR1
06FERD     1   6      30       28       26       22       21       20
06FERD     7  12      19       18       17       16       15       14
06FERD    13  18      13       12       11       10.5     10       9.5
06FERD    19  24       9       8.5       8        7.5      7        6.5
06FERD    25  29       6       5.5       5        4        3
06DIRN     1   6    0.00    15.00    30.00    45.00    60.00    75.00
06DIRN     7  12   90.00   105.00   120.00   135.00   150.00   165.00
END06DIRN 13  13  180.00
  07    NONE
  08    NONE
```

关于波浪方向，由于船模型关于 X 轴对称，波浪方向范围由从 0°～180°，这里取 15°为一个间隔，共 13 个波浪方向进行计算。

卡片 7 和卡片 8 不修改。将 AQWA001.dat 文件重命名为 MPV.dat，拖拽文件至 AQWA 图标（或双击打开 AQWA 找到该文件）运行。

当弹出的进度条显示 100%时，计算完毕，关闭进度条窗口，完成水动力计算。

4.5.2 数据结果后处理与分析

用文本编辑器打开 MPV.lis 文件，向下翻至静水力计算结果，可以发现船体横稳高 GMX 为 2.82m，如图 4.150 所示，这一数据与表 4.7 数据基本一致。

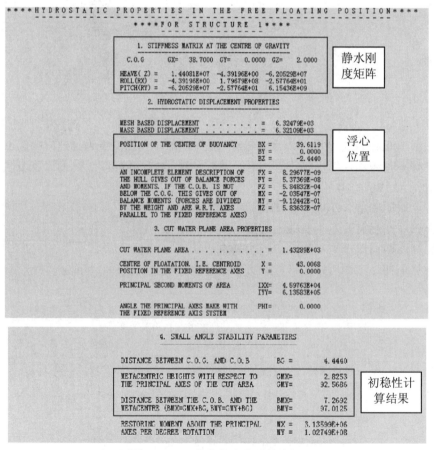

图 4.150　工作船静水力计算结果

将文件向下翻，找到固有周期计算结果，可以发现该船的升沉固有周期为 6.6s、横摇固有周期为 9.96s、纵摇固有周期为 6.50s。

* * * * N A T U R A L   F R E Q U E N C I E S / P E R I O D S   F O R   S T R U C T U R E   1 * * * *

N.B. THESE NATURAL FREQUENCIES DO *NOT* INCLUDE STIFFNESS DUE TO MOORING LINES.

PERIOD NUMBER	PERIOD (SECONDS)	UNDAMPED NATURAL PERIOD(SECONDS) SURGE(X)	SWAY(Y)	HEAVE(Z)	ROLL(RX)	PITCH(RY)	YAW(RZ)
11	15.00	0.00	0.00	8.29	9.94	7.47	0.00
12	14.00	0.00	0.00	8.15	9.94	7.50	0.00
13	13.00	0.00	0.00	8.00	9.95	7.51	0.00
14	12.00	0.00	0.00	7.83	9.95	7.49	0.00
15	11.00	0.00	0.00	7.66	9.95	7.40	0.00
16	10.00	0.00	0.00	7.21	9.96	7.52	0.00
17	9.00	0.00	0.00	6.94	9.96	7.36	0.00
18	8.00	0.00	0.00	6.65	9.96	7.13	0.00
19	7.00	0.00	0.00	6.42	9.97	6.85	0.00
20	6.00	0.00	0.00	6.65	9.97	6.25	0.00
21	5.00	0.00	0.00	6.61	9.91	6.16	0.00
22	4.00	0.00	0.00	6.78	9.84	6.24	0.00
23	3.00	0.00	0.00	6.88	9.81	6.22	0.00

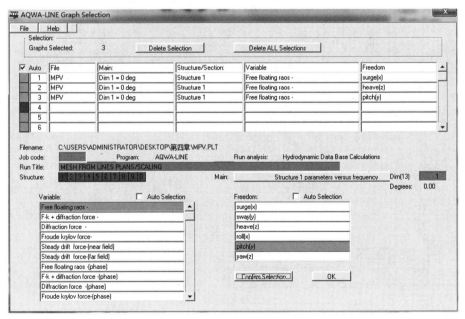

图 4.151　工作船固有周期计算结果

关闭 MPV.lis 文件，打开 AGS，单击 Graphs→Files 命令，打开 MPV.PLT 文件。在弹出的对话框中左下侧 Variable 选项框中选择 Free floating raos，在 Dirn(13)输入框中输出 1(0°浪向)，在 Freedom 选项框中执行以下操作：选择 surge 选项，单击 Confirm Selection 按钮，单击 Heave→Confirm→Pitch→Confirm，如图 4.152 所示，单击 OK 按钮。

图 4.152　查看工作船 0°浪向纵荡、升沉、纵摇 RAO

在 Graphical Display 中依次单击三幅曲线图，变为红色表示已经选中。在右上角 Options 选项卡中选择 Change Abscissa→Switch Frequency/Period，将图表横坐标转换为周期单位，如图 4.153 所示。

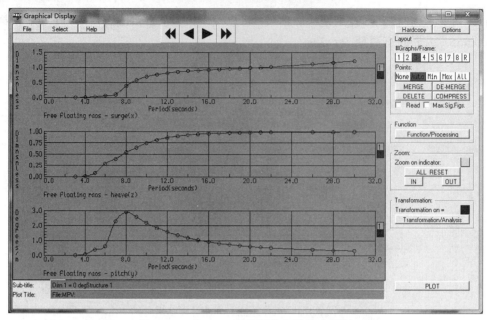

图 4.153　将 RAO 横坐标单位转换为周期

选择一幅图，单击右侧的 Layout→#Graphs/Frame→1，则单独显示选中图。单击图上方的左右箭头◀▶，可以查看其他图，如图 4.154 所示。

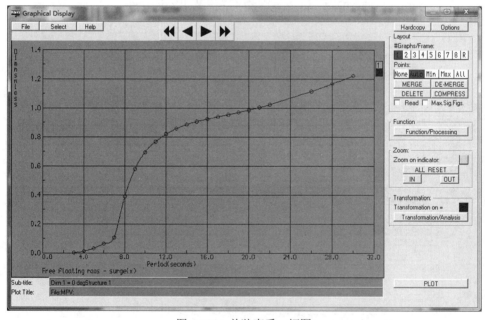

图 4.154　单独查看一幅图

重复刚才的步骤，选择 90°浪向下横摇 RAO 并显示出来，如图 4.155 和图 4.156 所示。可以发现：90°浪向下，工作船的横摇峰值达到了 180°/m，这显然是不合理的。船舶横摇最主要的阻尼贡献为黏性阻尼，而基于面元法的计算结果是无法考虑横摇黏性阻尼的，这部分阻尼需要我们自行修正，这一部分内容将在下一节进行介绍。

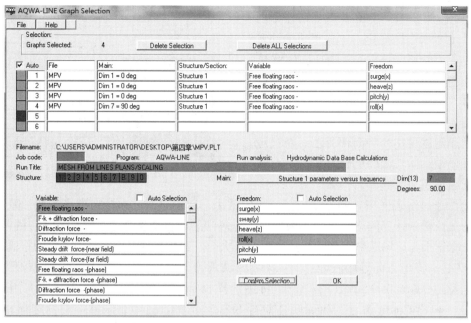

图 4.155　选择 90°浪向下船舶横摇 RAO

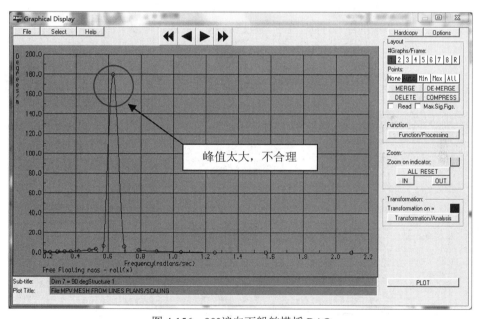

图 4.156　90°浪向下船舶横摇 RAO

　　当需要查看其他结果时，可以单击 Select→Graph Selection→Delete All Selections 命令，则所有选项都会被清空。这时在 Variable 中选择想要查看的结果，在右侧选择波浪角度和运动自由度，重复上面的步骤即可查看其他结果。

　　当我们需要输出图表的数据时，选中图表变为红色后，单击 Hardcopy 选项卡，选中图表的数据可以以字符文件输出（*.pta）或带格式的数据文件（*.csv）形式输出，如图 4.157 所示。用户可以自行提取数据再进行处理。

在进一步计算前，有必要对当前模型网格是否满足要求作出判断。一些水动力计算软件可以通过哈斯金德关系（Haskind）来校验计算模型网格。另外，也可以比较多个网格数目模型计算结果变动情况来判断水动力计算结果的收敛情况，从而判断模型是否满足要求。这里采用一种简便方法：对比近场法与远场法二阶波浪力的计算情况，对计算模型网格质量进行判断。

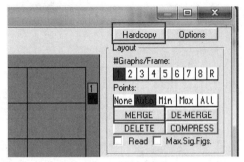

图 4.157　Hardcopy 与图片合并显示（Merge）位置

近场法通过湿表面积分的方法求解二阶定常力，远场法通过动量定理来求解二阶波浪力。由于近场法依赖于计算网格情况，一般情况下近场法的计算结果会同远场法有一定的差距，当远场法计算结果与近场法结果趋势一致且误差不大时，可以近似认为水动力计算网格满足要求。

在 AGS 中将 0°方向远场法计算的二阶定常波浪力与近场法计算的二阶定常波浪力进行对比。打开 AGS→Graphs→Select，在 Variable 中选择 Steady drift force（near field），右侧选择 0°，surge 方向，单击 Confirm；在 Variable 中选择 Steady drift force（far field），右侧选择 0°，surge 方向，单击 OK 按钮。

选择两条曲线，单击右上角的 Merge 按钮，将两条曲线合并，将横坐标单位转换为周期。可以发现远场法与近场法的结果有所差距，但趋势是一致的，可以大致认为当前的计算模型能够满足计算精度的要求，如图 4.158 所示。

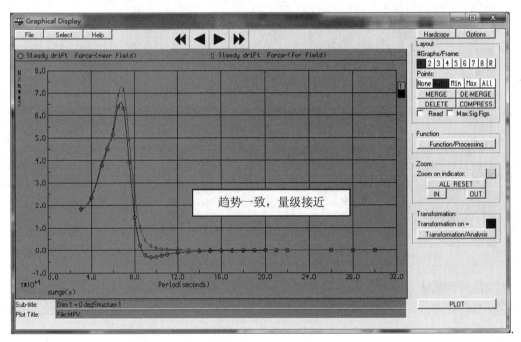

图 4.158　对比 0°方向近场法与远场法二阶定长力计算结果

对于横荡、艏摇二阶定常力的比较不再赘述。

4.5.3　阻尼修正

初步计算结果表明船的固有周期分布在 6～10s，再次进行计算前对计算波浪周期进行加密处理。

```
06    FDR1
06PERD    1     6      30        28       26        22        21        20
06PERD    7    12      19        18       17        16        15        14
06PERD   13    18      13        12       11       10.5       10        9.5
06PERD   19    24       9        8.5       8        7.5        7         6.5
06PERD   25    29       6        5.5       5         4
06DIRN    1     6     0.00     15.00    30.00     45.00     60.00     75.00
06DIRN    7    12    90.00    105.00   120.00    135.00    150.00    165.00
END06DIRN 13   13   180.00
```

由于横摇 RAO 峰值太大，我们需要对横摇方向阻尼进行修正，刚体单自由度运动时的临界阻尼为：

$$D_{critical} = 2\sqrt{MK} \tag{4.19}$$

其中 M 为质量，K 为对应自由度的刚度。具体到横摇运动，该公式变为：

$$D_{critical} = 2\sqrt{(I_{xx} + \Delta I_{xx})K_{Roll}} \tag{4.20}$$

其中 I_{xx} 为横摇方向惯性质量，ΔI_{xx} 为附加质量惯性质量，K_{Roll} 为横摇方向刚度。Ixx 这里是已知的，附加质量惯性矩和横摇方向刚度需要从计算结果中提取。

打开 lis 文件，向下翻至静水力计算结果（图 4.149），可以找到横摇刚度为（1.70134E+08）N·m/Radians。

打开 AGS，选择 Graphs→Select，Variable 中选择 Added mass roll(x)，右侧选择 roll(x)，单击 OK 按钮，将横摇附加质量显示出来。勾选右上方 Read 选项，在左侧图中读取横摇固有周期 10s 附近的附加质量惯性矩为（1.061E+08）kg·m^2，经计算得到横摇临界阻尼为（5.5E+08）kg·m^2/s（Radians）。

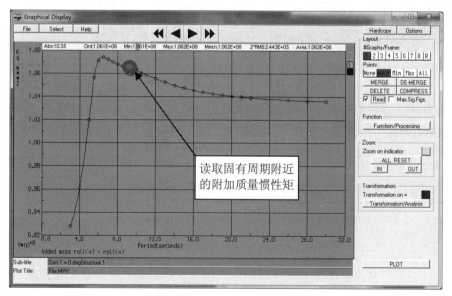

图 4.159　使用 Read 读取数据

以 8%的临界阻尼作为黏性阻尼修正量，其数值为（4.38E+07）kg·m^2/s，将该值输入到卡片 7 中，如图 4.160 所示。

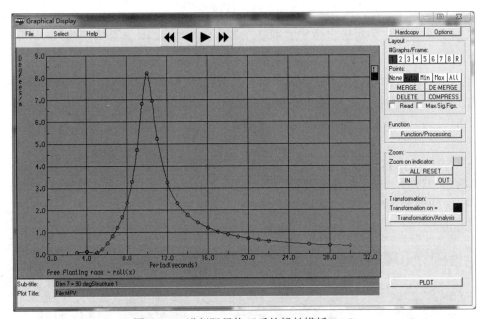

图 4.160　对横摇方向添加 8%的临界阻尼

重新计算，将 90°浪向下的横摇 RAO 显示出来，如图 4.161 所示，此时横摇峰值为 8.2°/m，较为接近实际情况。

图 4.161　进行阻尼修正后的船舶横摇 RAO

本节初步介绍了使用经典 AQWA 进行水动力分析的流程，并穿插介绍了 AGS 的使用方法和技巧，并对如何对模型进行阻尼修正进行了简单介绍。下一节将介绍给定海况下工作船的频域运动分析。

4.6　给定海况下工作船的频域运动分析

4.6.1　数据输入

本节针对工作船在给定海况下的频域运动响应分析进行介绍。给定的海况条件为：
- 有义波高 H_s=2.5m；

- 谱峰周期 T_p=7.1s（0.885rad/s）；
- 波浪谱为 JONSWAP 谱；
- 谱峰因子 Gamma=1.0；
- 需要考虑的波浪方向为 0～180°，间隔 45°。

AQWA 频域分析模块为 Fer，新建一个文本文件，名称为 MPV_Fer.dat，按照格式在文件中输入以下内容：

```
JOB MPV    FER    WFRQ
TITLE                      MPV-Freq_motion
OPTIONS REST END
RESTART    4  5       MPV
    09     NONE
    10     NONE
    11     NONE
    12     NONE
```

分析中并不考虑系泊系统，在 JOB 一行最后输入 WFRQ 表示计算中仅考虑波频载荷作用，不考虑波浪漂移力的影响。在 RESTART 后分别输入 4 和 5，MPV 表示引用之前 MPV.dat 计算的水动力数据。

在卡片 13 中输入以下给定环境条件：

```
    13     SPEC
*
* 0deg
*
    13SPDN        0.00
    13JONH          0.300    2.0000    1.0    2.500    0.885
*
* 45deg
*
    13SPDN        45.00
    13JONH          0.300    2.0000    1.0    2.500    0.885
*
* 90deg
*
    13SPDN        90.00
    13JONH          0.300    2.0000    1.0    2.500    0.885
*
* 135deg
*
    13SPDN        135
    13JONH          0.300    2.0000    1.0    2.500    0.885
*
* 180deg
*
    13SPDN        180
END13JONH          0.300    2.0000    1.0    2.500    0.885
```

每个波浪来向定义一个波浪谱（共 5 个不同波浪方向），波浪谱频率范围为 0.3～2.0rad/s，Gamma=1.0，H_s=2.5m，谱峰频率为 0.885rad/s。

由于没有系泊系统，卡片 14 为 NONE。

卡片 15 定义计算起始位置，即重心位置：

```
    15     STRT
END15POS1              38.7    0.000    2.00
```

注意：此处指定的重心位置相对的是全局坐标系。之前在计算水动力时重心高度为 7.6m，该值相对于船底基线。在频域分析中船体重心应修改为相对静水面的高度，由于吃水为 5.6m，所以此时重心高度应为 2.0m。

在关注重心位置运动以外增加一个关注点，该点代号为 88888，位于甲板。修改卡片 18，输入以下内容：

```
   18    PROP
   18ALLM
END18NODE    188888
```

ALLM 表示输出该点的所有运动结果，包括该点的位移、速度、加速度。

至此，Fer 的运行文件修改完毕，将水动力模型文件 MPV.dat 拷贝到 MPV_Fer.dat 文件夹下，打开 MPV.dat 在卡片 1 中增加 88888 点的坐标信息，如下所示：

```
   01    COOR
   01NOD5
*
* DECK
*
   0188888          38.7000      0.0000      7.8000
   01    1           0.0000      0.0000      2.5333
```

先运行 MPV.dat，随后运行 MPV_Fer.dat，待进度条显示 100%且没有报错信息时，表明计算完成。

4.6.2　数据结果后处理与分析

打开 MPV_Fer.lis 文件，翻至文件末尾可以找到运动计算结果：

- 对应每个指定波浪谱输出 6 个自由度的运动有义值（图 4.162）、速度有义值、加速度有义值；
- 由于指定了额外关注点 88888，关于该点的 *X*、*Y*、*Z* 方向的运动有义值（图 4.163）、速度有义值、加速度有义值计算结果也在 lis 中输出。

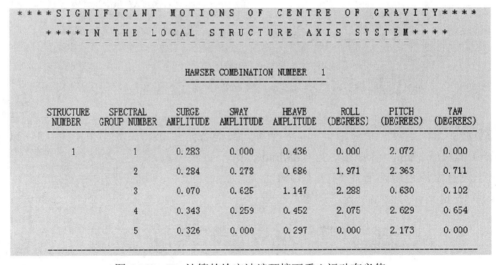

图 4.162　Fer 计算的给定波浪环境下重心运动有义值

```
****SIGNIFICANT  MOTIONS  OF  SPECIFIED  POSITIONS****
---------------------------------------------------------------

                              MOORING COMBINATION NUMBER  1

                              (MOTIONS GIVEN ARE AMPLITUDE)


---------------------------------------------------------------
        INPUT SEQUENCE -              1
SPECTRAL    NODE/STRUCT. -    88888/STR# 1 (LSA)
GROUP NO.  FREEDOM TYPE -       X          Y          Z

    1                        0.278      0.000      0.436
    2                        0.278      0.280      0.686
    3                        0.069      0.629      1.147
    4                        0.335      0.256      0.452
    5                        0.319      0.000      0.297
---------------------------------------------------------------
```

图 4.163　Fer 计算的给定波浪环境下指定点 88888 运动有义值

根据 2.3 节，短期海况波浪可以认为是窄带的瑞利分布，"短时间"内浮体运动最大值为：

$$R_{\max} = \sqrt{2\sigma^2 \log \frac{t}{T_2}} \qquad (4.21)$$

其中 $R_{\max}$ 为响应最大值，σ 为运动标准差，t 为模拟时间，T_2 为运动平均周期。一般短期预报的模拟时间 t 为 3 个小时，T_2 近似认为是对应运动的固有周期。根据这些就可以推出 3 小时海况下，工作船在给定海况下的运动响应极值。

由于船体并没有系泊系统的作用，所以纵荡、横荡、艏摇方向是没有固有周期的，这种情况下可以近似地给出最大响应估计值。

近似地，由于短期海况可以认为是窄带的瑞利分布，可以近似认为船体的波频运动也为瑞利分布，瑞利分布千分之一最大值近似等于 3.71 倍的标准差值，而有义值为标准差的 2 倍，可以用 1.86 乘以有义值得出近似最大值。

结果处理时对于纵荡、横荡、艏摇方向计算结果以标准差乘以 3.72 作为最大值；升沉、横摇、纵摇以式（4.21）给出最大值。

0°浪向下工作船运动结果如表 4.8 所示。

表 4.8　0°波浪来向船体运动响应

0°浪向	重心位置			甲板位置		
运动自由度	标准差	有义值	最大值	标准差	有义值	最大值
纵荡（m）	0.142	0.283	0.526	0.139	0.278	0.517
横荡（m）	0.000	0.000	0.000	0.000	0.000	0.000
升沉（m）	0.218	0.436	0.811	0.218	0.436	0.553
横摇（°）	0.000	0.000	0.000			
纵摇（°）	1.036	2.072	3.850			
艏摇（°）	0.000	0.000	0.000			

对所有浪向作用下的运动计算结果进行整理，给出 5 个波浪方向作用下船体运动响应分析结果，如表 4.9 所示。在给定海况下，工作船最大横摇为 2.82°，最大升沉为 1.45m，最大纵摇为 1.45°。其他结果（如速度、加速度等）可按照类似方法进行整理。

表 4.9　5 个波浪来向船体运动响应结果

重心					
最大值	纵荡（m）	横荡（m）	升沉（m）	横摇（°）	纵摇（°）	艏摇（°）
0°	0.526	0.000	0.811	0.000	3.850	0.000
45°	0.528	0.424	0.870	2.427	2.999	1.322
90°	0.130	1.163	1.454	2.818	0.799	0.190
135°	0.638	0.482	0.573	2.555	3.336	1.216
180°	0.606	0.000	0.376	0.000	2.757	0.000

甲板		
最大值	纵荡（m）	横荡（m）	升沉（m）
0°	0.517	0.000	0.553
45°	0.517	0.521	0.870
90°	0.128	1.170	1.454
135°	0.623	0.476	0.573
180°	0.593	0.000	0.376

如果需要查看图形结果，双击打开 AGS，打开 MPV_FER.PLT，如图 4.164 所示。单击 Select，在 Section 选项框中选择 Spectra，右侧可以选择不同波浪角度，这里我们选择 90°浪向。单击 Confirm Selection 按钮，单击 OK 按钮，将模型中定义的波浪谱曲线显示出来，如图 4.165 所示。

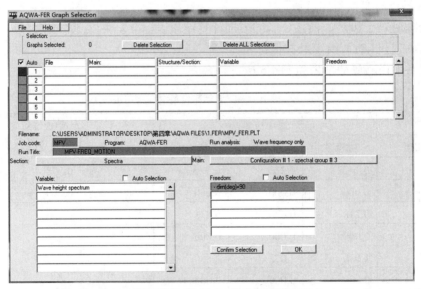

图 4.164　选择 90°浪向波浪谱

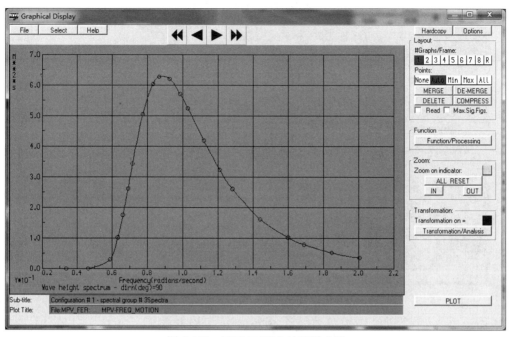

图 4.165　显示 90°浪向波浪谱曲线

单击 Select，如图 4.166 所示，在 Section 选项框中选择 Structure1→Motion raos，右侧选择 90°波浪谱，单击 Confirm Selection 按钮，单击 OK 按钮，工作船 90°浪向下的横摇 RAO 显示出来，如图 4.167 所示。

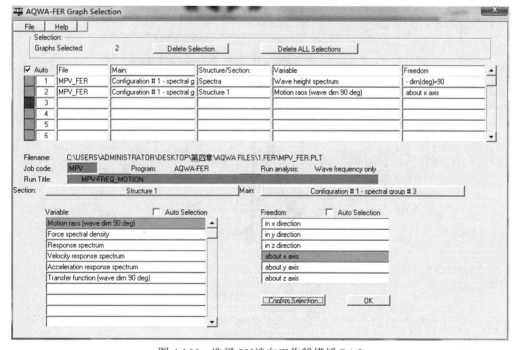

图 4.166　选择 90°浪向工作船横摇 RAO

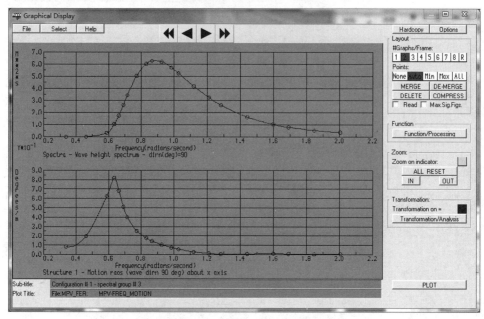

图 4.167　显示 90°浪向工作船横摇 RAO

下面将两条曲线数据输出进行进一步处理。选中两幅图，单击右上角 Hardcopy→ Speadsheets（*.csv），两幅图的数据将分别以 AQWA001.csv 和 AQWA002.csv 文件名保存在同一文件夹下。在 Excel 中对两组数据进行处理，如图 4.168 所示。可以发现，波浪主要能量范围为 4～10s，谱峰周期为 7s，横摇 RAO 的固有周期为 10s，波浪部分能量在船体横摇响应范围内，但谱峰频率与横摇固有周期还有一段距离，故给定环境条件 90°浪向下船舶横摇运动较为温和。

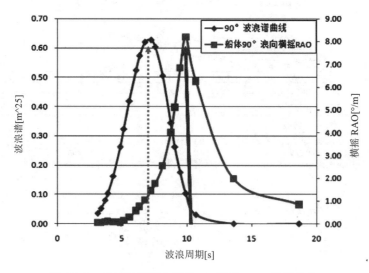

图 4.168　对比波浪谱与船体 90°横摇 RAO 周期分布

至此，对工作船在给定海况下的频域运动分析内容就介绍完了，下一节将对工作船时域系泊分析进行介绍。

4.7　工作船时域系泊分析

4.7.1　风流力系数的定义

在进行时域系泊分析之前，需要对工作船的风流力系数进行定义。对于油轮，可以参考 OCIMF 的相关结果进行风流力系数的估算；对于其他类型船舶或平台，可以采用对各个迎风、迎流面积进行求和计算，推导出对应的风流力系数数据。

一般地，风流载荷可以用式（4.6）和式（4.7）表达，AQWA 中定义风流力系数为不关于速度的项，即：

$$F'_{X-wind\&current} = \frac{1}{2}\rho C_d A \cos\beta \tag{4.22}$$

$$F'_{Y-wind\&current} = \frac{1}{2}\rho C_d A \sin\beta \tag{4.23}$$

其中：ρ 为空气/海水密度，C_d 为风力/流力系数，A 为迎风/迎流面积，β 迎风/迎流面积与风/流方向的相对角度。工作船 X 方向与 Y 方向迎风面积、迎流面积如图 4.169 所示，可以根据面积分布进行风/流系数的计算。

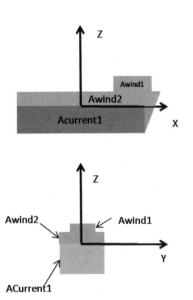

图 4.169　工作船迎风/迎流面积情况

Awind1 为船艉楼迎风面积，Awind2 为船体水线以上迎风面积，ACurrent1 为船体迎流面积。Awind1 在 Y 方向的型心距离重心 20m，其他面积近似认为与重心位置重合。由于艉楼位置在 Y 方向具有偏心，所以存在绕 Z 轴旋转的风力矩作用。

工作船水上、水下迎风面积和迎流面积的受力形心距离重心位置并不远，这里出于简化考虑，不再进行 M_x、M_y 力矩的计算。依据式（4.22）和式（4.23）计算风力系数，结果如表 4.10 所示。

表 4.10　工作船风力系数计算

风力系数	迎风面积 A	形状系数 C_s	高度系数 C_h	求和	距重心距离
Awind2_x	49	1	1	X 方向	0
Awind1_x	60	1	1	140.61	0
Awind2_y	183	1	1	Y 方向	0
Awind1_y	100	1	1	365.07	20
方向					
0	15	30	45	60	75
90	105	120	135	150	165
180					
$F_{w\text{-}x}$					
1.41E+02	1.36E+02	1.22E+02	9.94E+01	7.03E+01	3.64E+01
8.61E-15	-3.64E+01	-7.03E+01	-9.94E+01	-1.22E+02	-1.36E+02
-1.41E+02					
$F_{w\text{-}y}$					
0.00E+00	9.45E+01	1.83E+02	2.58E+02	3.16E+02	3.53E+02
3.65E+02	3.53E+02	3.16E+02	2.58E+02	1.83E+02	9.45E+01
0.00E+00					
$M_{w\text{-}z}$					
2.00E+03	1.93E+03	1.73E+03	1.41E+03	1.00E+03	5.18E+02
1.23E-13	-5.18E+02	-1.00E+03	-1.41E+03	-1.73E+03	-1.93E+03
-2.00E+03					

在计算风力系数过程中：

首先，对 X 方向、Y 方向的不包括速度的项进行求和，确定各部分距离重心的位置；

其次，对应之前水动力计算的角度计算风力 F_w 在 X 方向的分量 $F_{w\text{-}x}$；

再次，对应之前水动力计算的角度计算风力 F_w 在 Y 方向的分量 $F_{w\text{-}y}$；

最后，对偏心迎风面积在 Z 轴的力矩 $M_{w\text{-}z}$ 进行计算。

基于同样的方法，对船体流力系数进行计算，如表 4.11 所示。至此，风力、流力系数计算完毕。

表 4.11　工作船流力系数计算

流力系数	迎流面积 A	流力系数 C_d	求和	距重心距离
ACurrent1-x	45	0.3	13838	0
ACurrent1-y	426	1	436650	2
方向				
0	15	30	45	60	75
90	105	120	135	150	165
180				

$F_{c\text{-}x}$					
1.38E+04	1.34E+04	1.20E+04	9.78E+03	6.92E+03	3.58E+03
8.48E-13	-3.58E+03	-6.92E+03	-9.78E+03	-1.20E+04	-1.34E+04
-1.38E+04					

$F_{c\text{-}y}$					
0.00E+00	1.13E+05	2.18E+05	3.09E+05	3.78E+05	4.22E+05
4.37E+05	4.22E+05	3.78E+05	3.09E+05	2.18E+05	1.13E+05
5.35E-11					

$M_{w\text{-}z}$					
0.00E+00	2.26E+05	4.37E+05	6.18E+05	7.56E+05	8.44E+05
8.73E+05	8.44E+05	7.56E+05	6.18E+05	4.37E+05	2.26E+05
0.00E+00					

4.7.2　系泊系统布置

工作船采用 4×1 的系泊布置，系泊缆共四根，分为四组，朝着每个象限的 45°方向布置，导缆孔与锚点之间的水平跨距均为 800m，具体布置如图 4.170 所示。

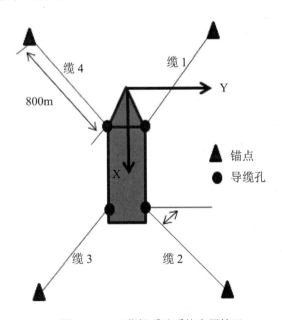

图 4.170　工作船系泊系统布置情况

导缆孔与锚点在全局坐标系下的坐标位置如表 4.12 所示。工作船建模的时候坐标系原点位于船头，X 轴由船头指向船尾，Y 轴由左舷指向右舷，相应的导缆孔与锚点应按照布置情况进行计算。

表 4.12   导缆孔与锚点坐标位置

	角度	导缆孔代号	导缆孔坐标（x,y,z）*	锚点代号	锚点坐标（x,y,z）**
缆 1	-45	8001	（5.0,5.0,8.6）	8201	（-561,571,-80）
缆 2	-135	8002	（60.0,10.2,8.6）	8202	（626,576,-80）
缆 3	135	8003	（60.0,-10.2,8.6）	8203	（626,-576,-80）
缆 4	45	8004	（5.0,-5.0,8.6）	8204	（-561,-571,-80）

注：1. 导缆孔 Z 向坐标相对于船底基线。
   2. 锚点坐标相对于整体坐标系。

系泊缆为单一成分缆，材质为 76mm 钢芯钢缆，具体参数为：
- 空气中重量：23kg/m
- 水中重量：20kg/m
- 等效界面面积：0.003m^2
- 轴向刚度：（2.33E+08）N
- 破断力：（3.66E+06）N
- 拖曳力直径：0.076mm
- 附加质量系数：1.0
- 拖曳力系数：1.2
- 轴向拖曳力系数：0.4
- 预张力：（4.0E+05）N

接下来编写运行文件。

4.7.3   编写运行文件

给定的海况条件为：
- 有义波高 H_s=2.5m；
- 谱峰周期 T_p=7.1s（0.885rad/s）；
- 波浪谱为 JONSWAP 谱；
- 谱峰因子 Gamma=1.0；
- 风、浪、流均为 45°；
- 一小时平均风速 20m/s，风谱为 NPD；
- 表面流速 0.8m/s。

在系泊分析中涉及到 Librium 文件和 Drift 文件的编写，在进行系泊分析之前必须进行 Librium 计算，计算有两个目的：①确定预张力；②计算给定环境下，系泊工作船的静平衡位置。

（1）静平衡计算文件。

新建一个文件夹，将 MPV 水动力计算模型文件 MPV.dat 拷贝至该文件夹，新建文件名为 ab_eqp.dat 的文本文件，输入以下内容：
- 卡片 9～12 不输入内容。

- 卡片 13 输入环境条件，这里的波高设定为 1 个小量（0.01m）。
- 卡片 14 中定义系泊系统，依据表 4.12 定义缆绳材质和属性，设定缆绳长度为 807m。

```
 14      MOOR
 14COMP  20   30           1          80          86
 14ECAT                              23     0.003    2.33E8    3.70E6    807
 14ECAH                             1.0               1.2     0.076     0.4
```

依据表 4.11 输入点的代号。

```
 14NLID    1 8001      0 8201
 14NLID    1 8002      0 8202
 14NLID    1 8003      0 8203
 14NLID    1 8004      0 8204
 14NCEL 100
END14DYNM
```

- 卡片 15 输入静平衡计算起始位置，均为 0。
- 卡片 16 输入计算步数，设定为 1000 步。

随后在 MPV.dat 文件中输入导缆孔和锚点坐标位置。

```
OPTIONS REST GOON NQTF END
RESTART    1  3
    01     COOR
    01NOD5
* fairlead
*
    01 8001          5          5          3
    01 8002         60       10.2          3
    01 8003         60      -10.2          3
    01 8004          5         -5          3
* anchor
*
    01 8201       -561        571        -80
    01 8202        626        576        -80
    01 8203        626       -576        -80
    01 8204       -561       -571        -80
```

重新运行 MPV.dat，随后运行 ab_eqp.dat 文件。打开 ab_eqp.lis 文件，下翻至系泊力与系泊刚度计算结果，在无外界载荷作用下系泊缆预张力为（3.94E+05）N，与要求接近，长度为 807m 的系泊缆长度满足要求。

```
          ****M O O R I N G   F O R C E S   A N D   S T I F F N E S S   F O R   S T R U C T U R E  1****
          -----------------------------------------------------------------------------

              SPECTRAL GROUP NUMBER  1      MOORING COMBINATION 1      (NUMBER OF LINES= 4)      NOTE - STRUCTURE 0 IS FIXED

 LINE  TYPE LENGTH  LENGTH- NODE TENSION   FORCE X    POSN X   AT   NODE TENSION   FORCE X  POSN X            STIFFNESS
                    RANGE        VERT ANGLE    Y         Y     STRUC      VERT ANGLE   Y       Y        X        Y        Z
                                          Z         Z                    LAID LN    Z       Z
 ─────────────────────────────────────────────────────────────────────────────────────────────────────────────────────

  1   COMP 807.00   -2.34 8001 3.94E+05 -2.67E+05     4.96    0   8201 3.78E+05  2.67E+05  -561.00   3.64E+04 -3.59E+04  7.35E+03
                    16.4       2.67E+05     5.00               -0.00 -2.67E+05   571.00   -3.59E+04  3.64E+04 -7.35E+03
                              -1.11E+05     2.57             251.74  3.25E+01   -80.00    7.35E+03 -7.35E+03  2.19E+03

  2   COMP 807.00   -2.36 8002 3.94E+05  2.67E+05    59.96    0   8202 3.78E+05 -2.67E+05   626.00   3.61E+04  3.56E+04 -7.32E+03
                    16.4       2.67E+05    10.20               -0.01  2.67E+05   576.00    3.56E+04  3.61E+04 -7.31E+03
                              -1.12E+05     3.15             249.59  3.41E+01   -80.00   -7.32E+03 -7.31E+03  2.18E+03

  3   COMP 807.00   -2.36 8003 3.94E+05  2.67E+05    59.96    0   8203 3.78E+05 -2.67E+05   626.00   3.61E+04 -3.56E+04 -7.32E+03
                    16.4       2.67E+05   -10.20               -0.01  2.67E+05  -576.00   -3.56E+04  3.61E+04  7.31E+03
                              -1.12E+05     3.15             249.59  3.41E+01   -80.00   -7.32E+03  7.31E+03  2.18E+03

  4   COMP 807.00   -2.34 8004 3.94E+05 -2.67E+05     4.96    0   8204 3.78E+05  2.67E+05  -561.00   3.64E+04  3.59E+04  7.35E+03
                    16.4      -2.67E+05    -5.00               -0.00  2.67E+05  -571.00    3.59E+04  3.64E+04  7.35E+03
                              -1.11E+05     2.57             251.75  3.25E+01   -80.00    7.35E+03  7.35E+03  2.19E+03
```

下面编写给定海况环境下系泊工作船的静平衡位置计算文件。新建文件名为 ab_45.dat 的文本文件，将风流力系数输入到卡片 10 中。

```
    09    NONE
    10    HLD1
    10SYMX
    10DIRN    1    6      0.00       15.00       30.00       45.00       60.00       75.00
    10DIRN    7   12     90.00      105.00      120.00      135.00      150.00      165.00
    10DIRN   13   13    180.00
*
*
    10WIFX    1    6   1.41E+02     1.36E+02    1.22E+02    9.94E+01    7.03E+01    3.64E+01
    10WIFX    7   12   0.00E+00    -3.64E+01   -7.03E+01   -9.94E+01   -1.22E+02   -1.36E+02
    10WIFX   13   13  -1.41E+02
*
*
    10WIFY    1    6   0.00E-00     9.45E+01    1.83E+02    2.58E+02    3.16E+02    3.53E+02
    10WIFY    7   12   3.65E+02     3.53E+02    3.16E+02    2.58E+02    1.83E+02    9.45E+01
    10WIFY   13   13   0.00E-00
*
*
    10WIRZ    1    6   2.00E+03     1.93E+03    1.73E+03    1.41E+03    1.00E+03    5.18E+02
    10WIRZ    7   12   0.00E-00    -5.18E+02   -1.00E+03   -1.41E+03   -1.73E+03   -1.93E+03
    10WIRZ   13   13  -2.00E+03
*
*
    10CUFX    1    6   1.38E+04     1.34E+04    1.20E+04    9.78E+03    6.92E+03    3.58E+03
    10CUFX    7   12   0.00E-00    -3.58E+03   -6.92E+03   -9.78E+03   -1.20E+04   -1.34E+04
    10CUFX   13   13  -1.38E+04
*
*
    10CUFY    1    6   0.00E-00     1.13E+05    2.18E+05    3.09E+05    3.78E+05    4.22E+05
    10CUFY    7   12   4.37E+05     4.22E+05    3.78E+05    3.09E+05    2.18E+05    1.13E+05
    10CUFY   13   13   0.00E-00
*
*
    10CURZ    1    6   0.00E-00     2.26E+05    4.37E+05    6.18E+05    7.56E+05    8.44E+05
    10CURZ    7   12   8.73E+05     8.44E+05    7.56E+05    6.18E+05    4.37E+05    2.26E+05
END10CURZ   13   13   0.00E-00
```

注意：由于 MPV 水动力模型是关于 X 轴对称的，在卡片 10 中应加入 SYMX。将环境条件数据输入到卡片 13 中，其他输入内容与 ab_eqp.dat 文件一致。

```
    13    SPEC
    13CURR               0.8         45
    13NPDW
    13WIND                20         45         10
    13SEED        10
    13SPDN                45
END13JONH             0.300     2.0000       1.7      2.500     0.8850
```

运行 ab_45.dat 文件，打开 ab_45.lis，下翻至平衡位置计算结果。

```
22      1       39.53      3.08      1.93      0.31     -0.61      2.52
```

在给定环境条件作用下，系泊工作船重心平衡位置位于 X=39.53m、Y=3.08m、Z=1.93m，此时横倾 0.31°，纵倾-0.61°，艏摇 2.52°。至此，Librium 的文件和计算完成，下一步编写 Drift 运行文件。

（2）时域计算文件。

新建文件名为 ab_45_SED1.dat 的文本文件，输入以下内容：

```
JOB TANK  DRIF  WFRQ
TITLE                  mooring
OPTIONS REST RDEP END
RESTART    4  5        ab 45
```

DRIF 表示调用 DRIF 模块进行计算，WFRQ 表示进行波频、低频计算。RDEP 表示计算开始位置调用 Librium 的计算结果，RESTART 后的 ab_45 为之前进行的平衡位置计算结果文件，RDEP 读取该文件作为时域计算的位置起点。

卡片 9～14 可以从 ab_45.dat 文件中拷贝过来。在卡片 13 中加入 SEED 行，指定波浪种子数，波浪种子数用于波浪生成，应为一个随机数，为了简便考虑此处输入 1。

```
 13    SPEC
13CURR           0.8        45
13NPDW
13WIND            20        45       10
13SEED       1
13SPDN            45
END13JONH     0.300   2.0000       1.7    2.500    0.885
```

卡片 15 由于引用 ab_45.dat 的计算结果，所以为 NONE。

卡片 16 输入时域计算控制参数，计算步长为 0.2s，模拟时间为 3 个小时（54000 步）。

```
 16    TINT
END16TIME   54000    0.2
```

编写卡片 18，PPRV 表示每隔 1 个时间步保存一次时域计算曲线数据点，PREV99999 表示每隔 99999 步在 lis 文件记录一次时域计算中间结果，PTEN 表示输出船体系泊缆的所有计算结果。

```
 17    NONE
 18    PROP
18PPRV 1
18PREV99999
END18PTEN    1
```

至此，Drift 运行文件编写完毕。按照 API RP 2SK 规范要求，时域模拟结果应保证随机性，这里再建立 4 个文件，名称分别为：ab_45_SED2.dat、ab_45_SED3.dat、ab_45_SED4.dat、ab_45_SED5.dat。

对应文件的种子数分别为 10、100、1000、10000，这 5 个计算文件结果的平均值将作为最终计算结果。至此，Drift 时域分析需要的文件编写完毕。

4.7.4　程序运行与结果后处理

运行 ab_45_SED1～ab_45_SED5 文件。运行完毕后对计算结果进行后处理，如图 4.171 所示。以 ab_45_SED1 文件为例，介绍 Drift 计算结果的后处理。

通过查看 lis 文件可以将计算结果提取出来，进行进一步处理。打开 ab_45_SED1.lis 文件，下翻至计算结果部分，Drift 计算完成后会按照默认内容输出时域计算的统计结果（参看 4.4.18 节），如图 4.172 所示。

```
****STATISTICS RESULTS****

        STRUCTURE   1  POSITION OF COG
```

		SURGE(X)	SWAY(Y)	HEAVE(Z)	ROLL(RX)	PITCH(Y)	YAW(RZ)
MEAN VALUE		39.5900	3.4721	1.9293	0.2514	-0.6124	2.6479
2 x R.M.S		0.9036	1.1556	2.9768	3.5156	6.2497	1.8298
MEAN HIGHEST	+	0.7987	0.8135	2.4222	3.2976	5.7282	1.3283
1/3 PEAKS	-	-0.7600	-0.7452	-2.4234	-3.3625	-5.7359	-1.3516
MAXIMUM PEAKS	+	42.3717	7.1024	5.0908	8.6928	8.3184	9.4675
		41.3854	6.5829	4.9309	8.5201	8.1606	6.8726
		41.3837	6.3453	4.8777	8.3963	8.0728	6.6421
MINIMUM PEAKS	-	38.1986	1.9547	-1.1824	-9.4312	-9.5928	-1.2552
		38.3152	2.0402	-1.0895	-9.2533	-9.5835	-0.9140
		38.3283	2.0677	-1.0637	-9.0735	-9.1732	-0.8475

图 4.171 工作船重心运动时域统计结果

```
****STATISTICS RESULTS****

        STRUCTURE   1  MOORING FORCE - LINE   1
```

		X	Y	Z	TOTAL	ANCHOR LIFT	LAID LENGTH
MEAN VALUE		-2.3196E+05	2.6000E+05	-1.0926E+05	3.5547E+05	2.1380E+01	2.7662E+02
2 x R.M.S		1.8440E+05	2.0642E+05	1.0945E+05	2.9611E+05	5.6668E+01	6.1112E+01
MEAN HIGHEST	+	1.6688E+05	2.0635E+05	9.1373E+04	2.9653E+05	8.5263E+01	5.7268E+01
1/3 PEAKS	-	-1.8079E+05	-1.8480E+05	-1.1802E+05	-2.5398E+05	-2.1038E+01	-5.6107E+01
MAXIMUM PEAKS	+	9.4869E+03	6.1656E+05	1.4542E+04	8.3150E+05	3.7164E+02	3.5910E+02
		8.8779E+03	6.1442E+05	1.1449E+04	8.3063E+05	3.3638E+02	5.3878E+02
		-2.7900E+02	5.8477E+05	9.1642E+03	8.3635E+05	2.7039E+02	3.5776E+02
MINIMUM PEAKS	-	-5.4528E+05	-1.0583E+04	-3.3951E+05	-1.4361E+04	-4.5499E+00	1.7517E+02
		-5.3069E+05	-9.1158E+03	-3.1728E+05	-1.3047E+04	-2.0615E+00	1.8191E+02
		-5.1387E+05	1.3073E+03	-3.1045E+05	1.7892E+03	-1.1860E+00	1.8575E+02

图 4.172 工作船 1 号系泊缆张力时域统计结果

从结果中可以发现：工作船在系泊状态下重心平衡位置位于 X=39.59m、Y=3.47m、Z=1.93m，船体最大横摇达到 9.43°，纵摇最大达到 9.60°。缆绳 1 的最大张力为（8.815E+05）N。

时域计算结果还可以通过 AGS 进行查看和处理。打开 AGS，单击 Graphs，打开 AD_45_SED1.PLT 文件，Variable 选择 Position of cog，右侧 Freedom 中选择 in X direction，单击 Confirm Selection 按钮，单击 OK 按钮，工作船纵荡方向的时域曲线即显示出来，如图 4.173 所示。AGS 能够对时域曲线做出多种处理。

勾选 READ 可以在时域曲线中读取任意一段结果的统计信息。具体操作为：在曲线显示区域，按住鼠标左键，框选时域曲线中 4000～6000s 的结果，上方会显示这一段时域曲线的统计信息，如最大值、最小值、均值、标准差等，如图 4.174 所示。

默认情况下，浮体时域低频、波频运动统计结果在 lis 文件中也可以找到，但程序不会对系泊缆张力及其他结果进行高低频分离。要关注这些结果的频率情况，可以通过 AGS 来分析。

利用 AGS 滤波功能可以方便地对计算结果进行高低频分离。不勾选 READ，单击 Transformation/Analysis→Time History Filter 可以自行定义滤波范围，默认是 30s。单击需要进行滤波的时域结果曲线，单击 Low Pass Filter，如图 4.175 所示，这时曲线显示区域将计算结果中周期大于 30 显示出来。

　　注意：此时图表区域右上角出现了 1/2 的选项，单击 1 的时候显示原时域曲线，单击 2 的时候显示滤波的结果。

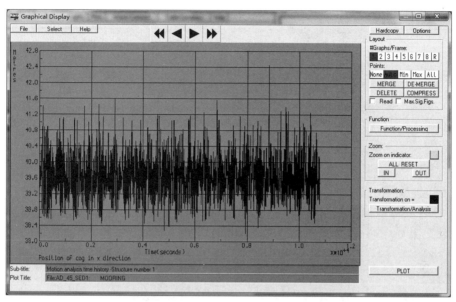

图 4.173　工作船纵荡运动时域曲线

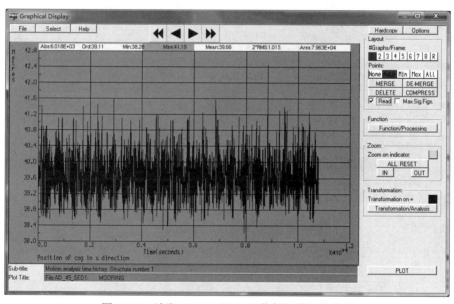

图 4.174　读取 4000～6000s 工作船纵荡运动结果

图 4.175　AGS 滤波分析设置

单击 1 并选中曲线，单击滤波菜单中的 High Pass Filter，小于 30s 的结果便显示在图表中。此时图表中的结果可以通过 Hardcopy 输出并对其进一步分析。

滤波结果如图 4.176 和图 4.177 所示。

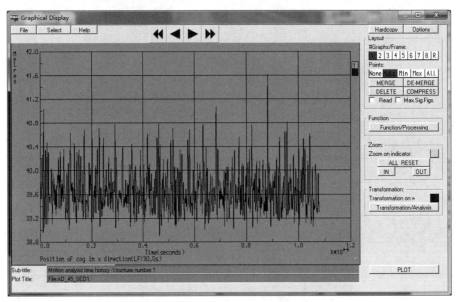

图 4.176　对系泊工作船纵荡运动进行低通滤波

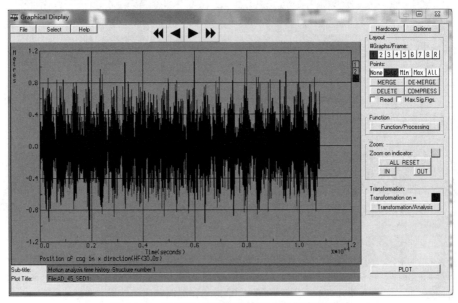

图 4.177　对系泊工作船纵荡运动进行高通滤波

AGS 还可以对时域计算结果进行频谱分析，不勾选 READ，左侧单击图表 1，选取原时域计算结果，单击 Transformation/Analysis→Time/H Freq Domain→Power Spectral Density，时域计算的功率谱密度即显示在图表框内，如图 4.178 所示。从结果中可以发现，船体纵荡运动主要分布在两个频率范围：0～0.2rad/s 的低频区域和 0.7～0.9rad/s 的高频区域。

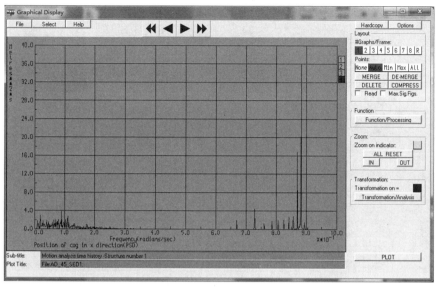

图 4.178　对系泊工作船纵荡运动进行谱密度分析

不勾选 READ，左侧单击图表 1 选取原时域计算结果，单击 Transformation/Analysis→
Time/H Freq Domain→Frequency Components，可以发现船体纵荡响应结果主要分布在 0～0.4rad/s
和 0.65～1.0rad/s 两个频率范围内，如图 4-179 所示，体现出系泊工作船纵荡运动具有明显的
低频运动和波频运动特征。

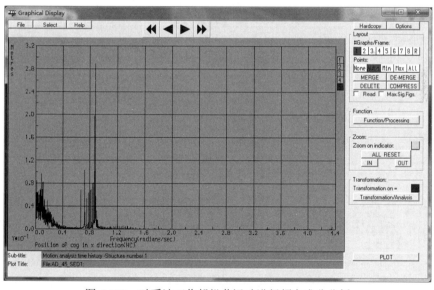

图 4.179　对系泊工作船纵荡运动进行频率成分分析

AGS 可以查看结果的仿真动画。打开 AGS，单击 Plots→Files→Open，打开 AD_45_
SED1.RES 显示船体与系泊系统，单击右方红色箭头可以调整视角。

单击 Select→Sequence 弹出仿真动画控制界面，如图 4.180 所示。单击 Hardcopy，如果选
上 Out BMP files 选项，则动画播放时会保存 BMP 格式的图片，利用这些图片可以制作 GIF
动图或者视频。这里仅进行动画播放，故不勾选该项。

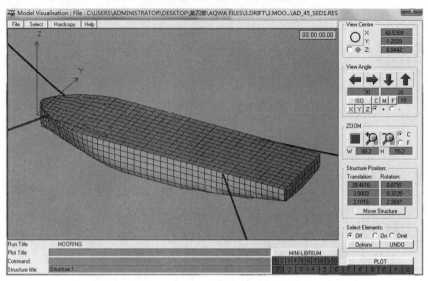

图 4.180　显示系泊工作船模型

　　勾选右侧 RECORD Every 复选项，动画即开始播放，如图 4.181 所示。单击暂停播放按钮，播放停止。如果想查看波面，单击 Select→Options，勾选 Waves 和 Spectra 复选项，如图 4.182 所示，再进行播放，可以看到有波面的仿真动画，如图 4.183 所示。

图 4.181　仿真动画播放控制

图 4.182　Plot 选项菜单

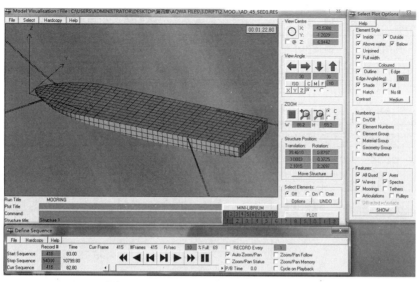

图 4.183　显示具有波面的时域仿真动画

对 5 个时域计算结果进行汇总整理，分析该系泊系统能否在给定环境下安全工作。按照 API RP 2SK 规范的一般要求，计算结果主要关注以下内容：

- 系泊缆张力，需满足安全系数要求。分析中采用动力法，且系泊系统完整，故安全系数最小应大于 1.67。
- 系泊缆卧链长度，不能小于 0。
- 给出工作船的运动最大值。

对各个 lis 文件计算结果进行整理，如表 4.13 和表 4.14 所示。

表 4.13　给定海况下工作船时域系泊分析缆绳响应计算结果

缆绳张力	Line1	Line2	Line3	Line4
波浪种子 1 结果	8.82E+05	4.86E+05	1.00E+06	1.45E+06
波浪种子 2 结果	8.20E+05	5.18E+05	9.85E+05	1.41E+06
波浪种子 3 结果	8.75E+05	5.01E+05	9.27E+05	1.25E+06
波浪种子 4 结果	8.75E+05	5.01E+05	9.27E+05	1.25E+06
波浪种子 5 结果	8.20E+05	5.18E+05	9.85E+05	1.41E+06
缆绳张力设计值	8.54E+05	5.05E+05	9.65E+05	1.35E+06
安全系数 SF	4.28	7.24	3.79	2.70
卧链长度	Line1	Line2	Line3	Line4
波浪种子 1 结果	175	302	25	14
波浪种子 2 结果	179	257	30	22
波浪种子 3 结果	188	292	41	24
波浪种子 4 结果	188	292	41	24
波浪种子 5 结果	179	257	30	22
设计值	182	280	33	21

表 4.14 给定海况下工作船时域系泊分析船体运动响应计算结果

	纵荡[m]		横荡[m]		升沉[m]		横摇[°]		纵摇[°]		艏摇[°]	
	最大值	最小值	最大值	最小值	最大值	最小值	最大值	最小值	最大值	最小值	最大值	最小值
种子 1	42.37	38.20	7.10	1.95	5.09	-1.18	8.69	-9.43	8.32	-9.59	9.47	-1.26
种子 2	41.85	38.13	6.22	1.71	5.18	-1.1	10.76	-9.88	8.29	-9.49	7.92	-1.09
种子 3	41.47	38.14	5.95	1.86	4.89	-1.12	7.52	-8.22	8.86	-10.16	6.33	-0.24
种子 4	41.47	38.14	5.95	1.86	4.89	-1.12	7.52	-8.22	8.86	-10.16	6.33	-0.24
种子 5	41.85	38.13	6.22	1.71	5.18	-1.1	10.76	-9.88	8.29	-9.49	7.92	-1.09
平均值	41.80	38.15	6.29	1.82	5.05	-1.12	9.05	-9.13	8.52	-9.78	7.59	-0.78
重心	38.67	0	2.2	0	0	0	38.67	0	2.2	0	0	0
最大运动幅值	\		\		2.84		9.48		9.78		7.59	

从计算结果来看，45°浪向下缆绳最大张力为（1.35E+06）N（137.6t），安全系数 2.70>1.67。缆绳最小卧链长度为 20m，大于 0 但比较临界。系泊工作船最大纵荡偏移 41.8m，最大横荡偏移 6.3m，最大升沉幅值 2.8m，最大横摇幅值 9.5°，最大纵摇幅值 9.8°，最大艏摇幅值 7.6°。

由分析结果得知，45°给定海况环境作用下，系泊工作船能够工作，但系泊缆卧链长度不太够，需要对系泊系统进行调整。

至此，使用经典 AQWA 对系泊工作船进行系泊分析就介绍完了。

本章从使用经典 AQWA 进行浮体分析的实战角度出发，从内部定义、文件与运行模式、文件组成、输入数据含义与格式等方面对经典 AQWA 进行了介绍，并举例说明和展示了如何使用经典 AQWA 进行水动力分析、频域运动分析和时域系泊分析。下一章将介绍使用 Workbench 界面 AQWA 进行浮体分析。

5

AQWA 与 Workbench

5.1 分析流程与船体模型建模

5.1.1 界面组成与基本分析流程

自 ANSYS 12.0 开始，Workbench 逐步加深对 AQWA 的集成程度。从根本上讲，AQWA 的 Workbench 界面是经典界面的升级，其对经典 AQWA 的前处理功能有了本质的提升，同时在后处理方面也有所改善。

打开 Workbench 后，可以在左侧的 Analysis Systems 中找到 Hydrodynamic Diffraction 和 Hydrodynamic Response 两个模块，如图 5.1 所示。这两个模块分别对应 AQWA 软件中辐射－绕射水动力求解模块 AQWA-line、平衡求解模块 AQWA-Librium 以及时域分析模块 AQWA-Drift 和 Naut。同经典 AQWA 的组成结构相比较，Hydrodynamic Diffraction 对应的是经典 AQWA 的 Stage1～3，Category1～8；Hydrodynamic Response 对应的是 AQWA 的 Stage4～6，Category9～21。

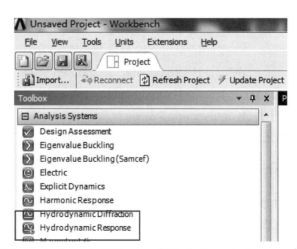

图 5.1 Hydrodynamic Diffraction 和 Hydrodynamic Response 模块

在 Workbench 中，通过拖拽这两个模块可以实现构建水动力计算分析工程。

单击并拖住 Hydrodynamic Diffraction 图标，拖拽到右侧项目管理区域，如图 5.2 所示可以看到 Hydrodynamic Diffraction 包括以下几个部分：

- Geometry：建立几何模型；
- Model：建立水动力模型；
- Setup：进行水动力模型的计算参数设置；
- Solution：进行计算分析；
- Results：进行结果后处理。

每一个项目都可以双击打开，Model、Setup、Solution、Results 集成在一起，在完成几何模型的建立后，双击 Model 可以在界面中进行设置。

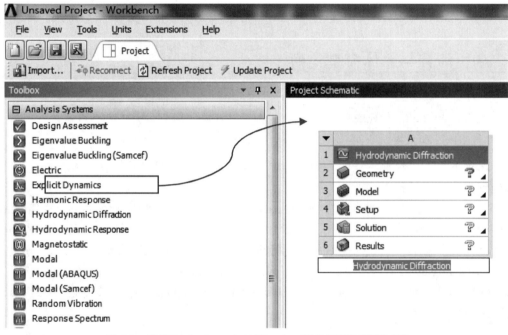

图 5.2　拖拽 Hydrodynamic Diffraction 至右侧项目管理区域

Hydrodynamic Response 的主要功能是进行时域分析。在完成 Hydrodynamic Diffraction 的建模、设置以及计算后，单击并拖住 Hydrodynamic Responsen 图标，拖拽到右侧项目管理区域的 Hydrodynamic Diffraction 上方，将 Hydrodynamic Diffraction 与 Hydrodynamic Response 建立起连接，如图 5.3 所示。Hydrodynamic Response 同样包括以下几个部分：

- Geometry：建立几何模型；
- Model：建立水动力模型；
- Setup：进行水动力模型的计算参数设置；
- Solution：进行计算分析；
- Results：进行结果后处理。

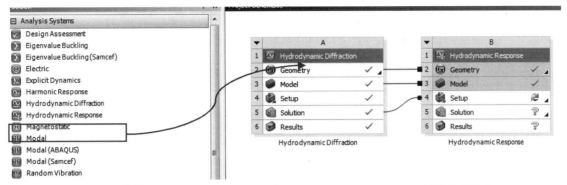

图 5.3　拖拽 Hydrodynamic Response 至 Hydrodynamic Diffraction，链接自动建立

在 Workbench 界面进行水动力分析的流程相对比较简单：

（1）在 Geometry 中建立水动力模型的几何模型。这个模型可以通过外部三维建模软件导入，也可以通过 Workbench 自带的 Design Modeler 进行建模。

（2）在 Model 中读入几何模型，通常这一步骤是自动进行的。随后在 Model 中定义全局变量、浮体质量、进行水动力网格划分、水动力计算设置等。

（3）在 Solution 中完成计算，包括静水力计算和水动力计算。

（4）在 Results 中设置计算数据的后处理以及报告输出内容等。

AQWA Workbench 界面适合初学者使用，相比于经典 AQWA，Workbench 界面更加友好、简洁、直观，其出具的图表报告美观大方，能够节省较多的报告制作时间。

如何建模以及使用 AQWA Workbench 界面进行水动力计算的内容将在本章的后续部分进行介绍。

5.1.2　模型的建立

在 Workbench 中建立 AQWA 的几何模型可以通过 Workbench 集成的 Design Modeler（DM）建模，也可以通过其他三维软件导入。本节介绍如何使用 DM 建立 AQWA 的船体几何模型。

同经典建模的基本思路一样，在 DM 中读入船体的型线数据，通过生成曲面来完成船体几何表面的绘制。

船体几何表面的建立分为以下六个主要步骤：读入型线；生成船体外表面；船体型线的再调整；艉封板以及艏部的处理；调整法线方向；切割水线。

（1）读入型线。

选择 Concept→3D Curve，读入型值文件，单击 Generate，生成曲线。3D Curve 文件格式比较简单：四列数据，第一列表明曲线编号，后三列分别为点的 X、Y、Z 坐标，如图 5.4 所示。

（2）生成船体外壳。

选择 Create→Skin/Loft，如图 5.5 所示，在下方 Profile 中单击 Profile Selection Method，选择 Select Indicidual Profie，在 Profile 1 中选择船尾第一条曲线，单击 Apply；选择 Profile 2，选择尾部曲线之前一条曲线，单击 Apply，生成曲面，通过同样的方法将船体一侧的表面绘制完毕。

也可以选择 Create→Skin/Loft，在下方 Profile 中单击 Profile All Profiles，选择所有曲线生成曲面。模型窗口中右击选择所有曲线，单击 Generate，如图 5.6 和图 5.7 所示。

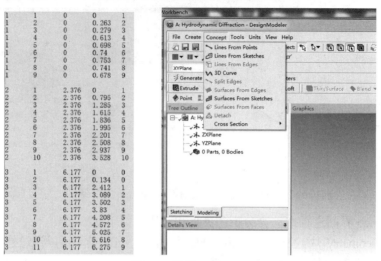

图 5.4　选择 3D Curve

图 5.5　读入型值文件

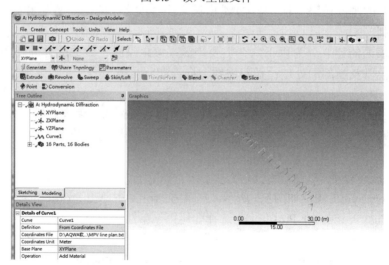

图 5.6　单击 Generate 生成各站位型值曲线

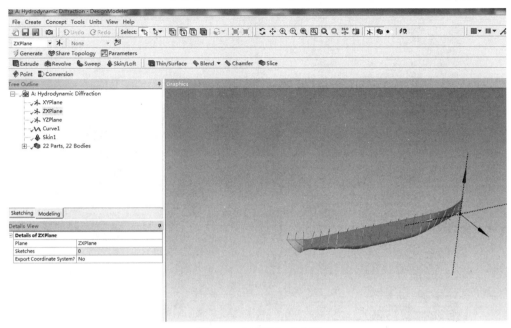

图 5.7　由型线生成曲面

　　至此，船体侧边以及船艏部分外板建成，为了简便考虑，这里将模型进行对称处理，选择 Create→Body Transformation→Mirror 命令，如图 5.8 所示。

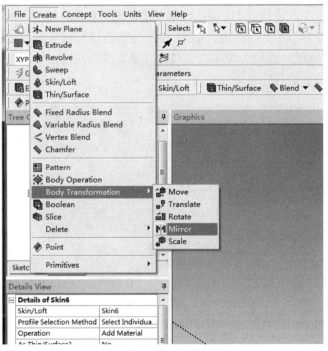

图 5.8　对曲面进行对称镜像处理

　　选择 XZ 面为对称面，在 Bodies 中选择刚刚生成的船体外板面。
　　单击 Generate，生成船体另一侧模型，如图 5.9 所示。

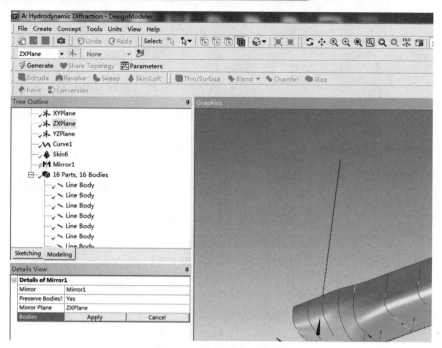

图 5.9　确定镜像对称面

（3）船体型线的再调整。

这里可以发现船舯部位由于曲线点的问题出现了失真，如图 5.10 所示，需要我们对最早输入的模型的型值点再次处理，以避免类似错误的出现。主要的解决办法是对型值输入文件每个站位船底基线位置多添加若干个点，如图 5.11 所示，以便样条曲线接近真实情况，重新生成的曲面如图 5.12 所示。这项工作应在建模之前就完成，在此列举旨在说明在建模过程中需要对构成曲线的点的个数与分布予以关注。

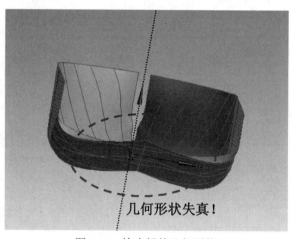

图 5.10　检查船体几何形状

添加基线各点后重新重复以上各步，建立船体外板模型，此时船舯、船底形状较为合理。

为了避免出错，这里先将 Line Body 删去，选择 Create→Delete→Body Delete 命令，如图 5.13 所示，选择所有的 Line Body，单击 Generate，删除所有 Line Body。

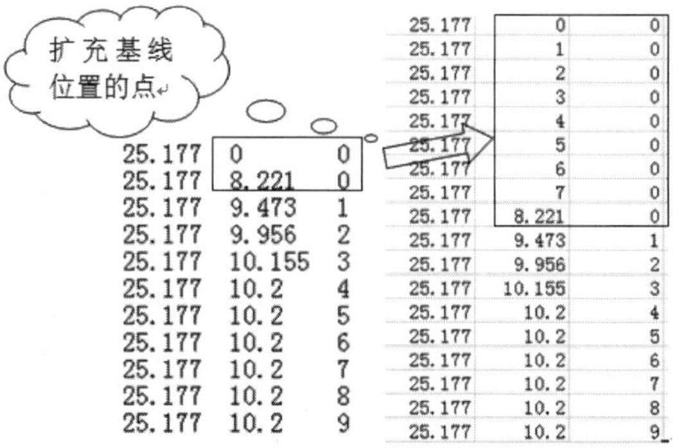

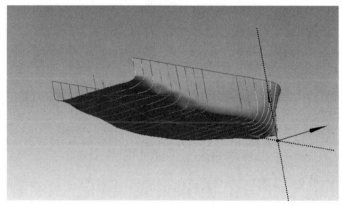

图 5.11　重新修改型值文件，增加平底位置点

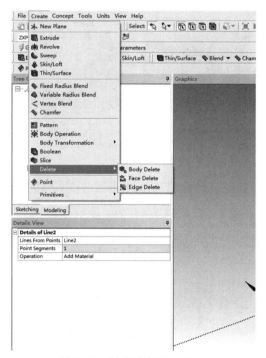

图 5.12　重新生成曲面

图 5.13　删除所有 Line Body

（4）艉封板与艏部处理。

下面对艉封板进行处理。选择 Concept→Lines From Points 命令，按住 Ctrl 键，选择艉封板两边点，单击 Generate，如图 5.14 所示。

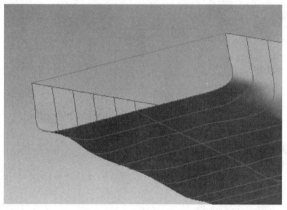

图 5.14　连接艉封板两端端点

选择 Concept→Surface From Edges 命令，按住 Ctrl 键，选择组成艉封板的三条曲线，如图 5.15 所示，单击 Generate。生成的艉封板如图 5.16 所示。

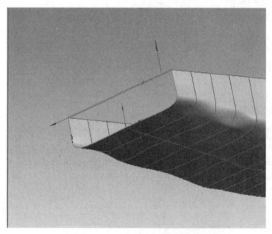

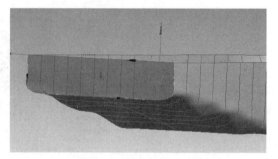

图 5.15　选择艉封板曲线　　　　　　　　　图 5.16　生成艉封板

使用同样方法对船艏进行处理，如图 5.17 所示。

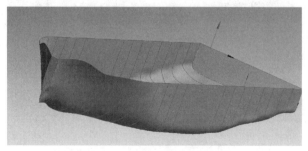

图 5.17　对船体艏部进行处理

（5）调整法线方向。

选择 Tools→Surface Flip 命令，如图 5.18 所示，选择船体舭封板、首部封板以及船体两侧的外表面（按住 Ctrl 键多选），单击 Generate。

注意：选中的单个面呈现绿色，表明法线方向正确，如图 5.19 所示。

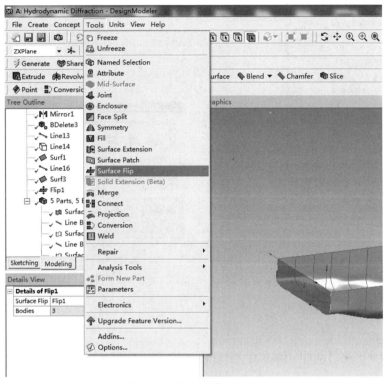

图 5.18　纠正曲面法线方向

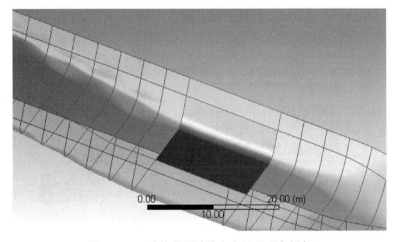

图 5.19　正确的曲面法线方向呈现明亮绿色

最后将三个面合成一个面，单击 Create→Boolean 命令，如图 5.20 所示，选择三个面，单击 Generate，完成船体外板模型的建立，将对称轴调回 XY Plane，如图 5.21 所示。

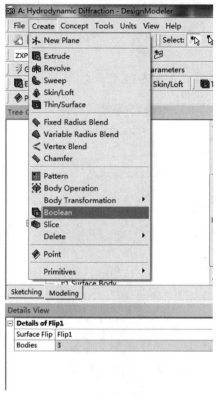

图 5.20　合并曲面

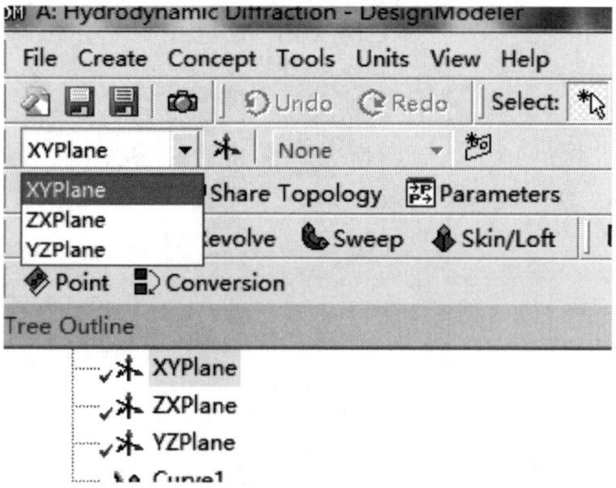

图 5.21　设定正确的对称面

（6）切割水线。

单击 Create→Body Transformation→Translate 命令，如图 5.22 所示。

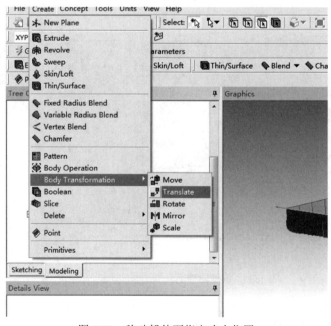

图 5.22　移动船体至指定吃水位置

在 Direction Definition 中选择 Coordinates，在 Z Offset 框中输入吃水-5.6m，如图 5.23 所示，单击 Generate。

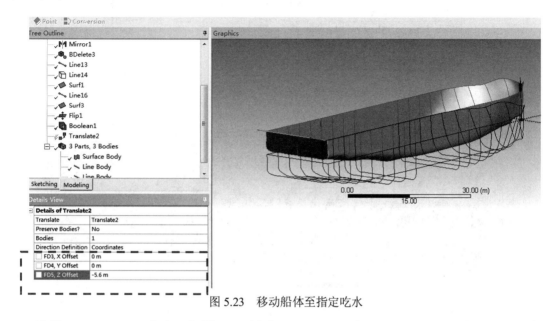

图 5.23　移动船体至指定吃水

选择 Create→Slice 命令，如图 5.24 所示。Slice Type 为 Slice By Plane，Base Plane 为 XY Plane，如图 5.25 所示，单击 Generate，完成船体水线切割，如图 5.26 所示。

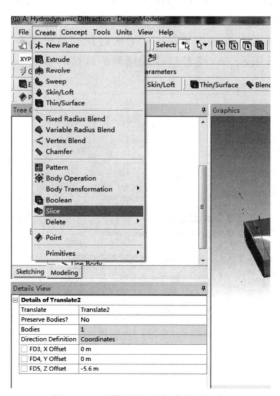

图 5.24　对模型进行水线位置切割

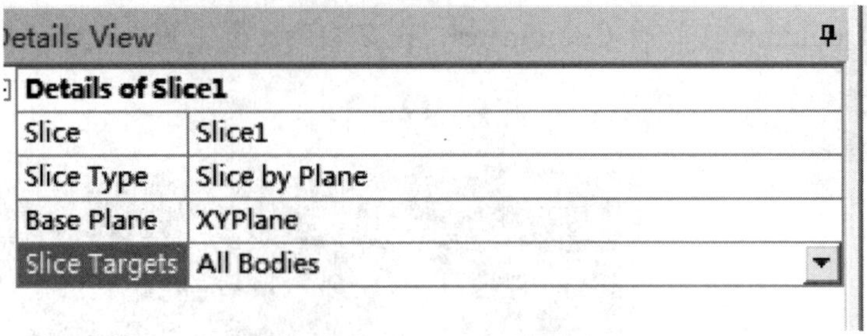

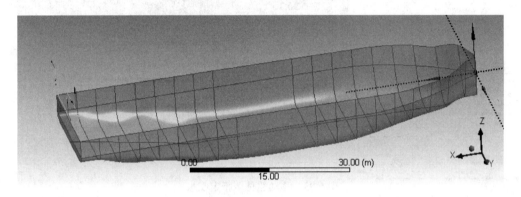

Details of Slice1	
Slice	Slice1
Slice Type	Slice by Plane
Base Plane	XYPlane
Slice Targets	All Bodies

图 5.25　选择切割平面为 XY 平面

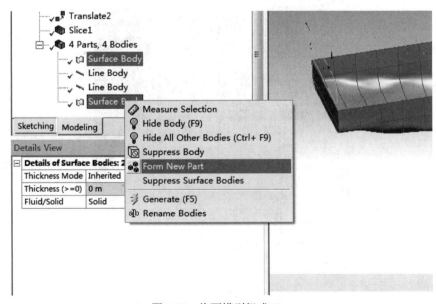

图 5.26　切割后的面模型

选择 Surface Body，右击 Form New Part，如图 5.27 所示。对其他的线模型，右击 Suppress Body 进行忽略处理，如图 5.28 所示。

注意：对于额外的线模型，在后续计算水动力的时候容易出现单元划分错误，可以在 Line Body 上右击选择 Suppress Body，以便后续读入模型的时候忽略这一影响。至此船体部分的建模基本完成。

图 5.27　将面模型组成 Part

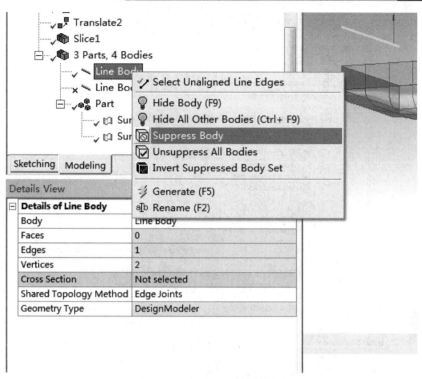

图 5.28　忽略多余的线模型

当完成 DM 建模以后，保存并关闭 DM。回到 Workbench 界面，可以发现 Geometry 变成选中状态，表明几何模型建模完成。

5.2　水动力计算

5.2.1　参数设置

在完成船体 Geometry 建模工作以后，在 AQWA Workbench 界面双击 Model，弹出 AQWA 的设置界面。在该界面中对 AQWA 计算参数进行设置的内容基本能够涵盖经典 AQWA 的输入内容，这里以水动力计算的流程来进一步说明。

设置内容主要包括：设置全局变量与浮体质量等信息；网格设置与划分；水动力计算参数的设置；模型检查。

在进行具体设置前，建议将顶部菜单栏中的 Units 打开，查看并定义全局数据量纲。

（1）设置全局变量与浮体质量。

打开 Model，在弹出的界面中的 Geometry 中设置全局变量和浮体质量信息。需要定义的变量包括：水深、加速度、需要在界面中显示模型的尺度（Water Size）等。

在 Geometry 的子菜单 Part 上右击，在 Add 中可以对浮体模型添加质量单元、浮力单元、连接点、碟型单元（DISC）；可以进行静水力刚度、阻尼、附加质量的修正；可以对浮体定义风流力系数，如图 5.29 所示。

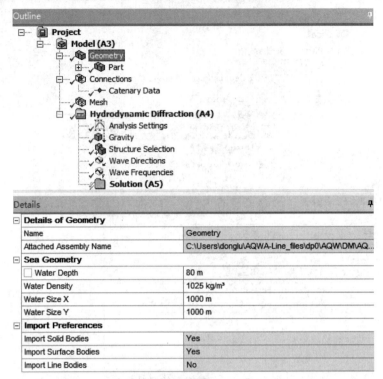

图 5.29　设置 AQWA 分析全局变量

　　当需要定义浮体质量时，单击 Add→Point Mass 命令，在下方对话框中对浮体的质量（Total Structural Mass）、重心位置（Position of COG）、浮体惯性矩（Radius of Gyration）进行定义，如图 5.30 和图 5.31 所示。

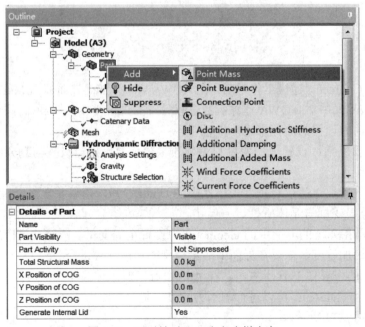

图 5.30　可以针对 Part 定义多样内容

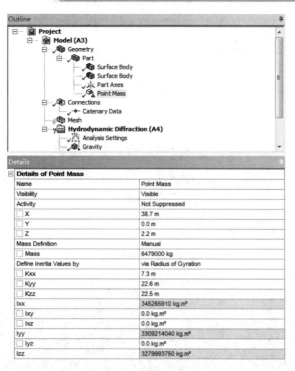

Details of Point Mass	
Name	Point Mass
Visibility	Visible
Activity	Not Suppressed
☐ X	38.7 m
☐ Y	0.0 m
☐ Z	2.2 m
Mass Definition	Manual
☐ Mass	6479000 kg
Define Inertia Values by	via Radius of Gyration
☐ Kxx	7.3 m
☐ Kyy	22.6 m
☐ Kzz	22.5 m
Ixx	345265910 kg.m²
☐ Ixy	0.0 kg.m²
☐ Ixz	0.0 kg.m²
Iyy	3309214040 kg.m²
☐ Iyz	0.0 kg.m²
Izz	3279993750 kg.m²

图 5.31　添加质量单元，完成质量、重心位置及惯性矩的定义

（2）网格设置与划分。

当质量定义完毕后，可以生成基于船体几何特性的水动力网格。

单击 Mesh 命令可以对网格划分进行设置，如图 5.32 所示，一般情况下使用默认设置即可。在 Mesh 上右击添加单元网格定义（Mesh Sizing），设置网格大小（这里设置网格大小为 2m），如图 5.33 所示。单击 Generate，程序会自动按照要求进行网格划分，效果如图 5.34 所示。

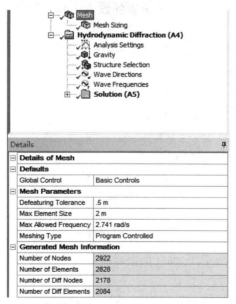

Details of Mesh	
Defaults	
Global Control	Basic Controls
Mesh Parameters	
Defeaturing Tolerance	.5 m
Max Element Size	2 m
Max Allowed Frequency	2.741 rad/s
Meshing Type	Program Controlled
Generated Mesh Information	
Number of Nodes	2922
Number of Elements	2828
Number of Diff Nodes	2178
Number of Diff Elements	2084

图 5.32　单击 Mesh 可以进行网格划分的设置

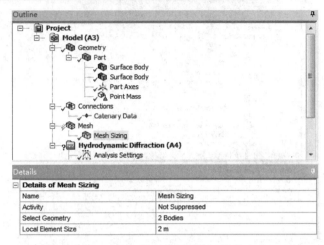

图 5.33　Mesh Sizing 可以设置网格大小

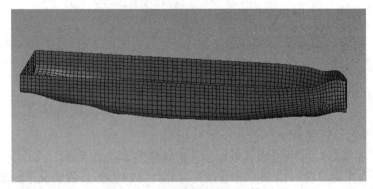

图 5.34　2m 网格的船体面元模型

（3）水动力计算参数的设置。

当网格划分完毕后，可以进行计算参数的设置工作，这部分内容集成在 Hydrodynamic Diffraction 子菜单中。

Analysis Settings 主要设置所要进行计算的内容，如图 5.35 所示。

1）分析设置（Common Analysis Options）主要包括：

● 进行并行计算设置（Parallel Processing）；

● 计算波面的显示设置（Wave Grid）；

● 是否忽略建模警告（Ignore Warning）；

● 是否计算波浪漂移力（Drift Force）；

● 是否考虑多个波浪方向因素影响的波浪漂移力（Multi-Direction Wave Interaction）；

● 是否使用近场法计算波浪漂移力（Near Field Solution）；

● 是否进行莫里森力线性化（Morrison Drag Linearized）等。

2）二阶波浪力传递函数（QTF）设置为是否计算全 QTF 矩阵。

3）输出设置（Output File Options）主要设置计算结果的输出，包括：

● 是否输出全 QTF 矩阵文件；

● 是否输出波面高度变化（Field Point Wave Elevation），这个与 Wave Grid 的设置有关；

- 是否输出源强度（Source Strengths）、速度势（Potentials）、面源压力（Centroid Pressures）、单元特性（Element Properties）等结果；
- 是否在文本文件中输出计算结果等。

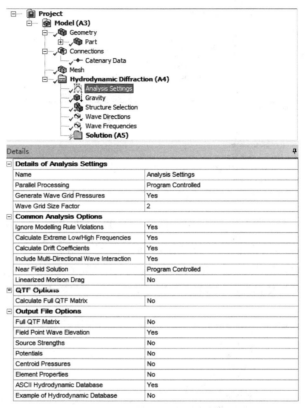

图 5.35　设置水动力计算内容与输出内容（Analysis Setting）

Gravity 选项用来设置重力加速度，如图 5.36 所示。

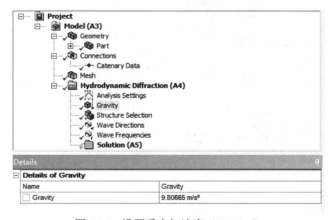

图 5.36　设置重力加速度（Gravity）

Structure Selection 选项用来选择计算模型，需要在相应的对话框中确认所建立的模型已经被选中，如图 5.37 所示。

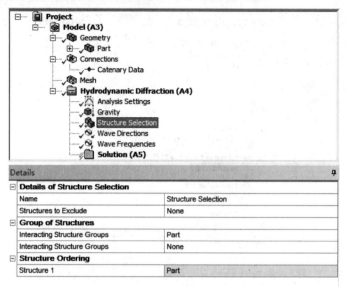

图 5.37 选择计算模型（Sructure Selection）

Wave Directions 选项用来选择计算波浪方向，如图 5.38 所示。波浪方向范围由模型对称性决定，程序会自动设置周期范围（Wave Range）。用户可以直接在波浪方向间隔（Interval）和需要计算的波浪方向（Number of Intermediate Directions）位置自行输入。

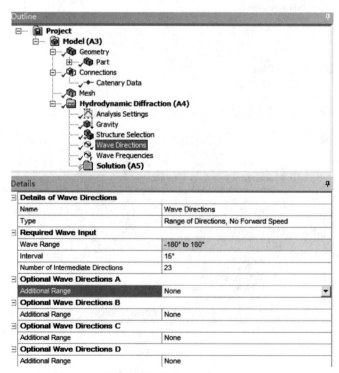

图 5.38 选择计算波浪方向（Wave Direction）

Wave Frequencies 选项用来设置计算的波浪周期/频率，如图 5.39 所示。Interval Based Upon 设置程序按照圆频率还是周期单位。

Definition Type 设置计算周期是通过范围输入（Range）还是手动输入（Single），一般使用 Range 即可。

最低频率（Lowest Frequency）需要手动输入，如果计算浮体为常规结构物，运动固有周期较小（小于 30 秒），该处可以设置为 0.2Hz（31.42 秒）。

最高计算频率（Highest Frequency）由网格大小决定，这与经典 AQWA 的要求一致，在 Workbench 中由程序自动设定，不需要用户修改。

Additional Frequencies 由用户自行输入，是对计算周期的补充。按照 AQWA 的要求，计算周期总数不超过 100 个。

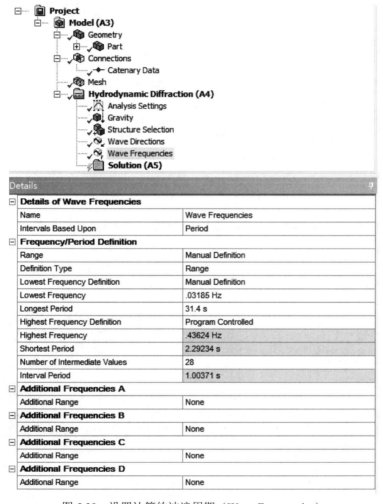

图 5.39　设置计算的波浪周期（Wave Frequencies）

（4）模型检查。

模型检查主要包括两部分内容：保证之前的参数设置正确，建立的模型静水力参数正确。当完成以上参数设置后，可以进行静水力计算来检查静水力参数。

在 Solution 上右击，选择 Solve Hydrostatics 选项进行静水力计算，如图 5.40 所示。如果有错误，程序会在 Message 中显示。

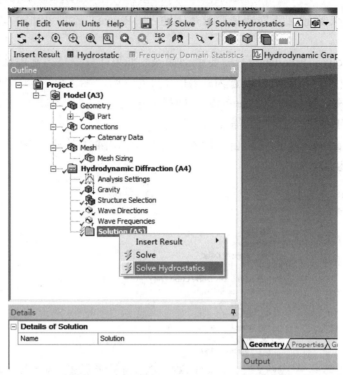

图 5.40　进行静水力计算（Solve Hydrostatic）

　　计算完静水力，在 Solution 上右击，选择 Insert Result→Hydrostatic 命令，如图 5.41 所示，生成静水力计算报告，如图 5.42 所示。单击 Solution 中的 Hydrostatic，可以对静水力结果进行检查，包括：重心/浮心位置、初稳性计算结果、排水量等。将这些结果与输入条件进行对比，以确认模型的准确性，随后就可以开始水动力的计算了。

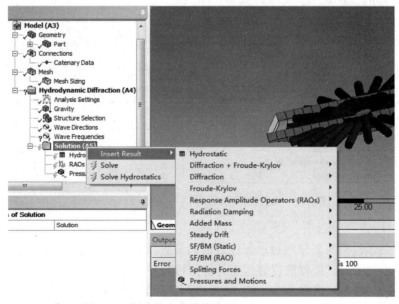

图 5.41　创建静水力计算结果（Insert Result）

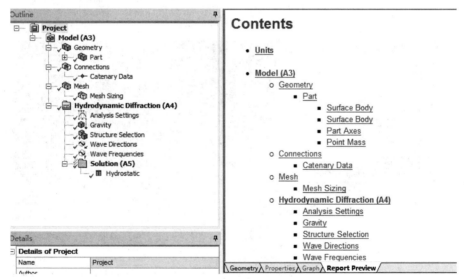

Hydrostatic Results

Structure	Part			

Hydrostatic Stiffness

Centre of Gravity (CoG) Position:　X:　38.700001 m　　Y:　0. m　　Z:　2.2 m

	Z	RX	RY
Heave (Z):	14413788 N/m	2.7345e-2 N/°	-1089192.9 N/°
Roll (RX):	1.5667379 N.m/m	2677320. N.m/°	0.3500126 N.m/°
Pitch (RY):	-62406156 N.m/m	0.3500126 N.m/°	1.06934e8 N.m/°

Hydrostatic Displacement Properties

Actual Volumetric Displacement:　6570.3496 m³

Equivalent Volumetric Displacement:　6320.9756 m³

Centre of Buoyancy (CoB) Position:　X: 40.095531 m　　Y: 2.0488e-6 m　　Z: -2.5040343 m

Out of Balance Forces/Weight:　FX: -3.391e-9　　FY: -5.6696e-9　　FZ: 3.9451e-2

Out of Balance Moments/Weight:　MX: 2.027e-6 m　　MY: -1.4505821 m　　MZ: -7.2146e-8 m

图 5.42　查看静水力计算结果

也可以单击 Report Preview 查看 Workbench 生成的报告内容，如图 5.43 所示。这个报告是基于 Solution 中已经定义的输出内容进行编辑的。如只定义了静水力计算结果，此时报告中除了包括基本的输入条件以外，计算结果仅包括静水力计算结果。如想在报告中包含更多的计算结果，需要手动插入更多的结果查看选项（Insert Result）。

图 5.43　Workbench 生成的报告

5.2.2　水动力计算与结果处理

在准备就绪后，在 Solution 上右击，单击 Solve 命令进行水动力计算，如图 5.44 所示。计算过程中会有进度条的提示，如图 5.45 所示。

计算完毕后可以进行结果查看和模型修改。这里查看 90°浪向下的横摇 RAO 计算结果，并对模型进行阻尼修正，如图 5.46 所示。

在 Solution 上右击，选择 Insert Result→RAOs→Distance/Rotation VS Frequency 命令。

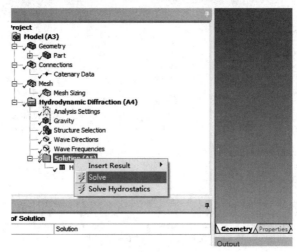

图 5.44　进行水动力计算

图 5.45　水动力计算进度条

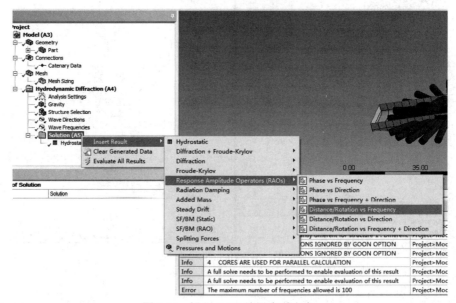

图 5.46　插入 RAO 结果查看内容

在左侧 RAO 对话框中对 RAO 结果参数进行设置。

Structure 选择计算模型 Part；设置横坐标为周期（Frequency or Period 选择 Period）；Type 选择 RAOs；Component 选择 Global RX，对应浮体横摇运动；Direction 选择 90°，如图 5.47 所示。

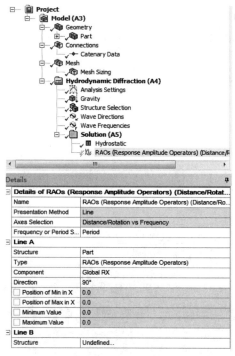

图 5.47 设置查看横摇 RAO

在 RAOs 上右击，选择 Evaluate All Results 命令，如图 5.48 所示，生成 90°作用下的船体横摇 RAO 曲线。

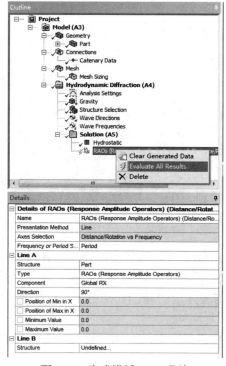

图 5.48 生成横摇 RAO 曲线

可以发现，90°浪向作用下船体横摇 RAO 幅值达到了 15°/m，如图 5.49 所示，需要对船体进行横摇运动方向的黏性阻尼修正。横摇附加质量曲线如图 5.50 所示。

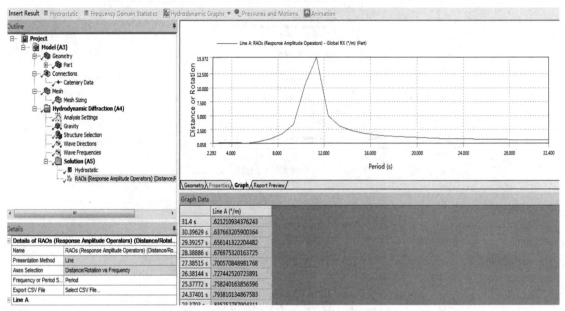

图 5.49　90°浪向作用下的横摇 RAO

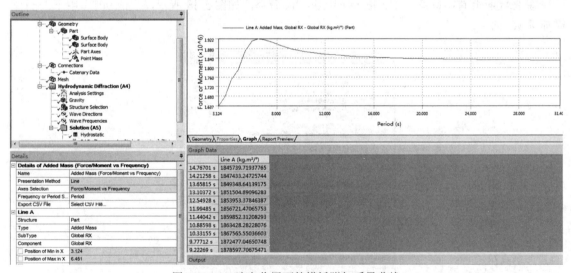

图 5.50　90°浪向作用下的横摇附加质量曲线

在 Geometry 的子菜单 Part 上右击，添加附加阻尼（Additional Damping），如图 5.51 所示，在 Matrix Defination 的 RX 行列交叉位置输入添加的阻尼系数，如图 5.42 所示，添加阻尼量方法参考 4.5.3 节，不过需要注意的是，在 Workbench 中，一些数据物理量与经典 AQWA 不同，需要进行单位换算。

计算船体横摇方向 8% 的临界阻尼为：4.38E+08 ×π÷180=7.64E+05 N·m/（°/s）。

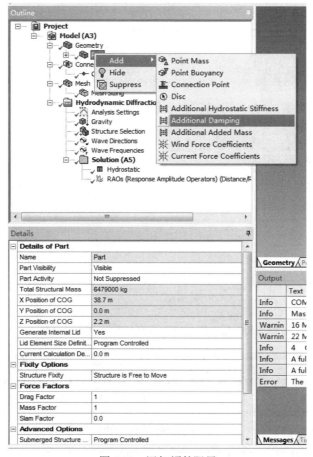

图 5.51　添加额外阻尼

Matrix Definition Data						
	X	Y	Z	RX	RY	RZ
X	0.0 N/(m/s)	0.0 N/(m/s)	0.0 N/(m/s)	0.0 N/(°/s)	0.0 N/(°/s)	0.0 N/(°/s)
Y	0.0 N/(m/s)	0.0 N/(m/s)	0.0 N/(m/s)	0.0 N/(°/s)	0.0 N/(°/s)	0.0 N/(°/s)
Z	0.0 N/(m/s)	0.0 N/(m/s)	0.0 N/(m/s)	0.0 N/(°/s)	0.0 N/(°/s)	0.0 N/(°/s)
RX	0.0 N.m/(m/s)	0.0 N.m/(m/s)	0.0 N.m/(m/s)	764000 N.m/(°/s)	0.0 N.m/(°/s)	0.0 N.m/(°/s)
RY	0.0 N.m/(m/s)	0.0 N.m/(m/s)	0.0 N.m/(m/s)	0.0 N.m/(°/s)	0.0 N.m/(°/s)	0.0 N.m/(°/s)
RZ	0.0 N.m/(m/s)	0.0 N.m/(m/s)	0.0 N.m/(m/s)	0.0 N.m/(°/s)	0.0 N.m/(°/s)	0.0 N.m/(°/s)

图 5.52　输入添加的横摇阻尼系数

重新进行水动力计算，查看 90°横摇作用下的横摇运动 RAO 结果，如图 5.53 所示，此时对应横摇固有周期附近 RAO 峰值为 7°/m 左右，较为合理。单击左侧的 Export CSV File 可以将曲线结果输出成 CSV 格式文件，如图 5.54 所示。

在 Workbench 中可以查看规则波作用下的船体运动和船体表面的压力变化。

在 Solution 上右击，选择 Insert Result→Pressures and Motions 命令，如图 5.55 所示。随后可以进行如下设置来查看船体压力变化（图 5.56）：

（1）Result Selection 中选择所要查看的波浪频率（Frequency）、波浪方向（Direction）、对应波浪频率的波浪幅值（Incident Wave Amplitude）。

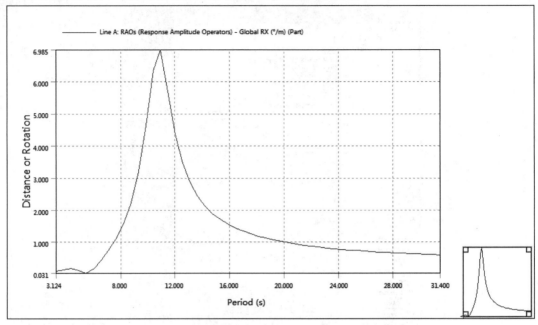

图 5.53　进行阻尼修正后的 90°浪向横摇 RAO

Details		
Details of RAOs (Response Amplitude Operators) (Distance/Rota...		
Name	RAOs (Response Amplitude Operators) (Distance/R...	
Presentation Method	Line	
Axes Selection	Distance/Rotation vs Frequency	
Frequency or Period S...	Period	
Export CSV File	Select CSV File...	
Line A		
Structure	Part	
Type	RAOs (Response Amplitude Operators)	
Component	Global RX	
Direction	90°	
☐ Position of Min in X	5.342	
☐ Position of Max in X	10.886	
☐ Minimum Value	.031	
☐ Maximum Value	6.985	
Line B		
Structure	Undefined...	

图 5.54　可将曲线结果保存为 CSV 格式文件

（2）将 Result Type 设置为 Phase Angel，设置 Number of Steps（此处设置为 24）。

（3）Contour Selection 中选择 Structure Contour Type 为 Panel Pressure，Pressure Measurement 可以设置为 Force/Area。

（4）在 Component Selection 中选择需要考虑的波浪成分。

（5）在 Pressure and motion 右击，选择 Elevate Results 选项。

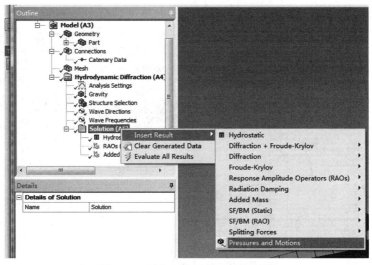

图 5.55   插入压力及运动查看结果

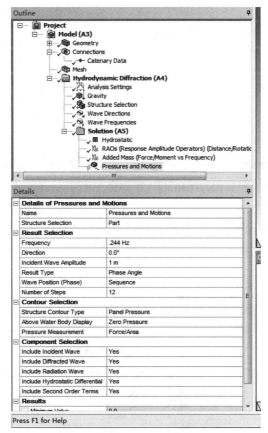

图 5.56   对压力结果输出进行设置

在 Output 处单击播放按钮可以查看规则波作用下，船体表面压力随着波浪传播过程所发生的相应变化，如图 5.57 所示。还可以查看规则波作用下气隙高度（Air Gap）等结果的动画，这里不再赘述。

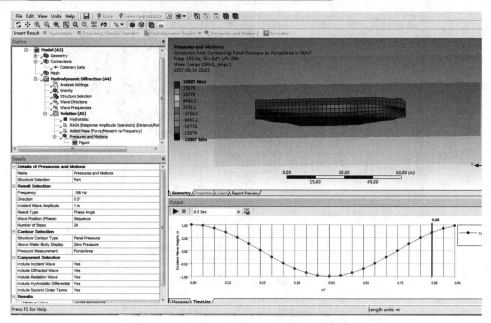

图 5.57　查看规则波作用下的船体压力变化

5.3　频域运动分析

5.3.1　参数设置

本节介绍使用 Workbench 完成给定海况作用下船体频域运动分析。

在 Workbench 界面拖拽 Hydrodynamic Response 至右侧项目管理界面中已经完成水动力计算的 Hydrodynamic Diffraction 上，显示 Share A2:A3，Transfer A5，如图 5.58 所示，即使用水动力计算的几何模型和水动力计算结果来完成进一步的分析。

松开鼠标后，两个模块建立连接，如图 5.59 所示。

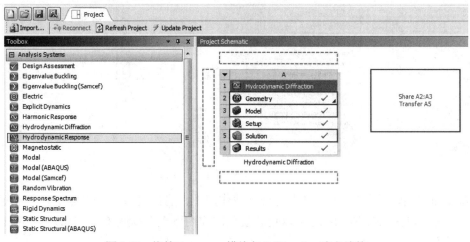

图 5.58　拖拽 Response 模块与 Diffraction 建立连接

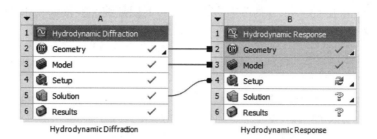

图 5.59　拖拽 Response 模块与 Diffraction 建立连接

双击 Response 模块的 Setup，进行分析参数设置，如图 5.60 所示。在弹出的界面 Hydrodynamic Response 子菜单中双击 Analysi Settings。进行如下设置：

- Computation Type 为 Frequency Statistical Analysis。
- 由于没有系泊系统，不需要考虑低频载荷影响，这里将 Analysis Type 设为 Wave Frequencies Only，即仅考虑船体在波浪作用下的波频运动；Calculate RAOs with Mooring 设为 No；Apply Drift Force 为 No；Use Full QTF Matrix 为 No。
- 模型没有莫里森单元，莫里森黏性力线性化 Linearized Morison Drag 设为 No。

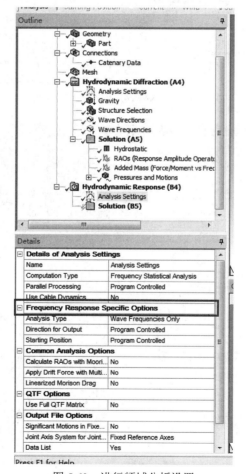

图 5.60　进行频域分析设置

在 Hydrodynamic Response 子菜单中右击，插入不规则波，波浪谱为 JONSWAP 谱，如图 5.61 所示。具体参数如下：

- 有义波高 H_s=2.5m；
- 谱峰周期 T_p=7.1s（0.885rad/s）；
- 波浪谱为 JONSWAP 谱；
- 谱峰因子 Gamma=1.0；
- 需要考虑的波浪方向为 0°。

以上参数在 Irregular wave1 中进行设置，如图 5.62 所示。

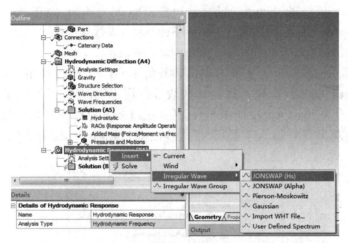

图 5.61　插入频域分析波浪环境条件

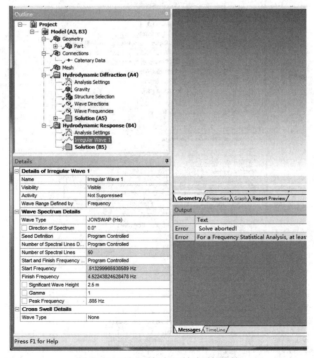

图 5.62　输入波浪环境条件参数

5.3.2　频域分析与结果处理

在波浪环境条件设置完毕后，可以先建立需要输出的计算结果。同 4.6 节一样，这里较为关心船体运动统计值。在 Solution 上右击，插入频域统计分析（Frequency Domain Statistics），如图 5.63 所示。双击 Frequency Domain Statistics，在 Result Type A 中选择 Motion，Structure 中选择 part。这里计算结果输出的是关于船体重心的。单击 Evaluate All Results 命令，如图 5.64 所示。

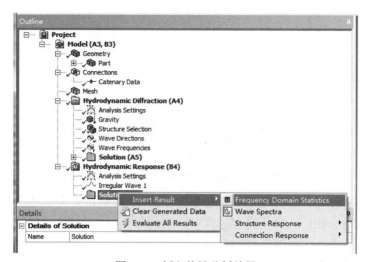

图 5.63　插入统计分析结果

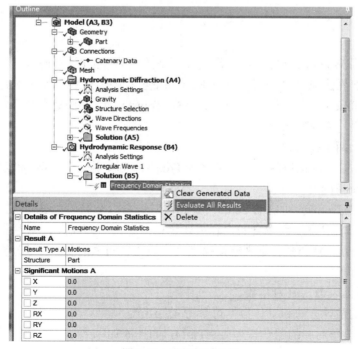

图 5.64　进行频域分析

计算完毕后双击 Frequency Domain Statistics，查看计算结果。船体重心位置运动响应有义值计算结果为（图 5.65）：

- 纵荡运动有义值：0.283m；
- 升沉运动有义值：0.440m；
- 纵摇运动有义值：2.055°；
- 纵荡运动加速度有义值：0.158m/s^2；
- 升沉运动加速度有义值：0.312 m/s^2；
- 纵摇运动加速度有义值：1.449°/s^2。

Frequency Domain Statistic Results

Part Name : Part
Motions:

	X:		Y:		Z:		RX:		RY:		RZ:	
Position	0.28291 m		0.00013 m		0.44014 m		0.00127 °		2.05569 °		0.00058 °
Velocity	0.20817 m/s		0.00013 m/s		0.36198 m/s		0.00099 °/s		1.70365 °/s		0.00057 °/s
Acceleration	0.15869 m/s²		0.00016 m/s²		0.31250 m/s²		0.00081 °/s²		1.44955 °/s²		0.00069 °/s²

图 5.65   给定海况下船体重心运动响应值

进行多个浪向作用下的船体运动频域分析过程类似，其他结果可以通过在 Solution 中插入需要读取的结果进行分析，具体不再赘述。

5.4   时域系泊分析

5.4.1   参数设置

本节介绍使用 Workbench 完成给定海况作用下的船体系泊时域分析。

在 Workbench 界面拖拽 Hydrodynamic Response 至右侧项目管理界面中完成水动力计算的 Hydrodynamic Diffraction 上，显示 Share A2:A3，Transfer A5，即使用水动力计算的几何模型和水动力计算结果，完成后续分析。

松开鼠标后，两个模块建立连接。

为了防止混淆，之前的频域分析重命名为 Freq Motion，新添加的响应模块重命名为 Time Domain，如图 5.66 所示。

双击打开 Time Domain 对应的 Setup，首先对时域分析全局参数进行设置。

时域系泊分析需要添加和设置的内容主要包括：定义船体风力、流力系数；系泊缆对应的导缆孔与锚点；系泊缆材质；定义连接锚点与导缆孔之间系泊缆；时域分析参数设置；定义流、风、波浪环境条件。

（1）定义船体风力、流力系数。

风流力一般的估计方法和具体数据可参考 4.7.1 节。

在 Model 子菜单对应的船体模型处（Part），右击添加风力系数和流力系数（Add→Wind Force Coefficient 和 Current Force Coefficient），如图 5.67 所示。

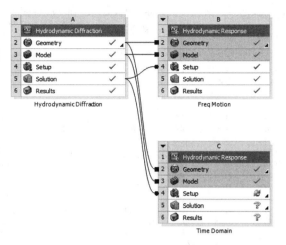

图 5.66　连接水动力模块与响应分析模块

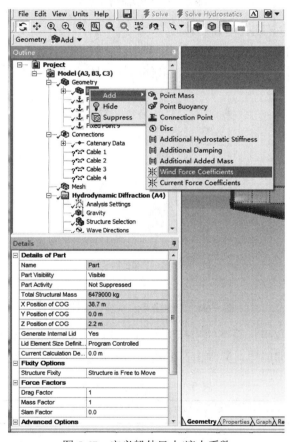

图 5.67　定义船体风力/流力系数

双击添加的 Wind Force Coefficients，将风力系数输入到矩阵中，如图 5.68 所示。

注意：这里的角度建议与之前水动力计算角度对应。

也可以读入定义好的 CSV 格式文件（Import CSV File）完成风力、流力系数的定义。CSV 文件对应 Part 的风流力系数矩阵的格式进行定义。

Direction (°)	X (N/(m/s)²)	Y (N/(m/s)²)	Z (N/(m/s)²)	RX (N.m/(m/s)²)	RY (N.m/(m/s)²)	RZ (N.m/(m/s)²)
-180	-140.61	0.0	0.0	0.0	0.0	0.0
-165	-135.82	-94.49	0.0	0.0	0.0	-94.49
-150	-121.77	-182.54	0.0	0.0	0.0	-182.54
-135	-99.43	-258.14	0.0	0.0	0.0	-258.14
-120	-70.31	-316.16	0.0	0.0	0.0	-316.16
-105	-36.39	-352.63	0.0	0.0	0.0	-352.63
-90	0.0	-365.07	0.0	0.0	0.0	-365.07
-75	36.39	-352.63	0.0	0.0	0.0	-352.63
-60	70.31	-316.16	0.0	0.0	0.0	-316.16
-45	99.43	-258.14	0.0	0.0	0.0	-258.14
-30	121.77	-182.54	0.0	0.0	0.0	-182.54
-15	135.82	-94.49	0.0	0.0	0.0	-94.49
0.0	140.61	0.0	0.0	0.0	0.0	0.0
15	135.82	94.49	0.0	0.0	0.0	94.49
30	121.77	182.54	0.0	0.0	0.0	182.54
45	99.43	258.14	0.0	0.0	0.0	258.14
60	70.31	316.16	0.0	0.0	0.0	316.16
75	36.39	352.63	0.0	0.0	0.0	352.63
90	0.0	365.07	0.0	0.0	0.0	365.07
105	-36.39	352.63	0.0	0.0	0.0	352.63

图 5.68 船体风力/流力系数矩阵

（2）系泊缆对应的导缆孔与锚点。

工作船采用 4×1 的系泊布置，系泊缆共四根，分为四组，朝着四个象限的 45°方向布置，导缆孔与锚点之间的水平跨距均为 800m，具体布置如图 5.69 所示。

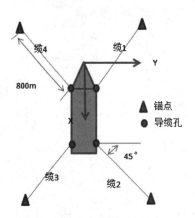

图 5.69 工作船系泊系统布置情况

导缆孔与锚点在全局坐标系下的坐标位置如表 5.1 所示。工作船建模的时候坐标系原点位于船头，X 轴由船头指向船尾，Y 轴由左舷指向右舷，Z 轴原点位于水面。

表 5.1 导缆孔与锚点坐标位置

	角度	导缆孔代号	导缆孔坐标（x,y,z）*	锚点代号	锚点坐标（x,y,z）**
缆 1	-45	1	（5.0,5.0,6.6）	1	（-561,571,-80）
缆 2	-135	2	（60.0,10.2,6.6）	2	（626,576,-80）
缆 3	135	3	（60.0,-10.2,6.6）	3	（626,-576,-80）
缆 4	45	4	（5.0,-5.0,6.6）	4	（-561,-571,-80）

注：1. 导缆孔 Z 向坐标相对于水面。

2. 锚点坐标相对于水面。

在 Part 上右击，选择 Add→Connection Point 命令，如图 5.70 所示，共添加四个，分别对应船上的四个导缆孔。

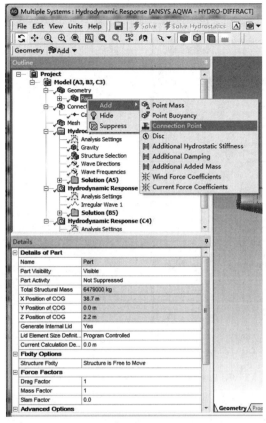

图 5.70　定义导缆孔点（Connection Point）

依次双击 Connection Point，分别输入四个导缆孔点的坐标，如图 5.71 所示。

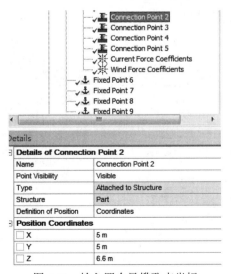

图 5.71　输入四个导缆孔点坐标

在 Geometry 上右击，选择 Add→Fixed Point 命令，如图 5.72 所示，添加固定点，对应系泊缆的锚点。依次双击 Fixed Point，分别输入四个锚点的坐标，如图 5.73 所示。

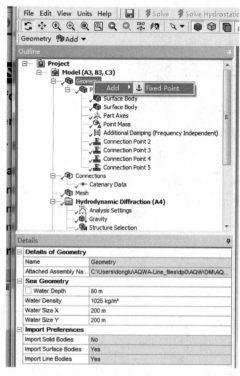

图 5.72 定义锚点（Fixed Point）

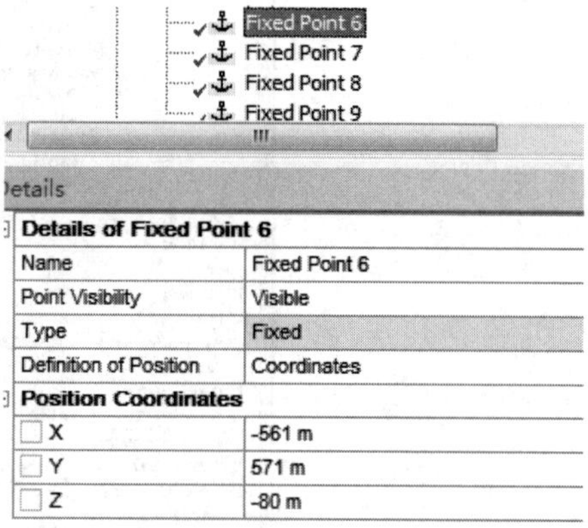

图 5.73 输入四个锚点坐标

（3）系泊缆材质。

在 Catenary Data 上右击，插入系泊缆属性（Catenary Section），如图 5.74 所示。

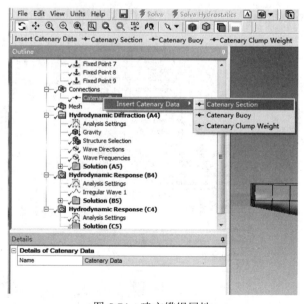

图 5.74 建立缆绳属性

双击 Catenary Section，输出缆绳属性。系泊缆为单一成分缆，材质为 76mm 钢芯钢缆，具体参数为（图 5.75）：

- 空气中重量：23kg/m
- 水中重量：20kg/m
- 等效界面面积：0.003m^2
- 轴向刚度：（2.33E+08）N
- 破断力：（3.66E+06）N
- 拖曳力直径：0.076mm
- 附加质量系数：1.0
- 拖曳力系数：1.2
- 轴向拖曳力系数：0.4
- 预张力：（4.0E+05）N
- 长度：807m

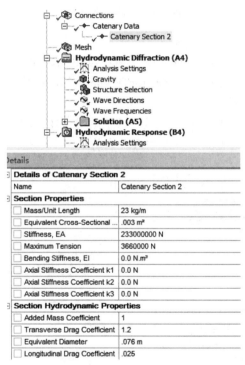

图 5.75　输入缆绳属性数值

（4）定义连接锚点与导缆孔之间系泊缆。

在 Connections 上右击，选择 Insert Connection→Cable 命令，如图 5.76 所示，插入四根系泊缆（Cable）。

双击 Cable，进行如下设置（图 5.77）：

1）连接类型 Connectivity 为固定点至结构（Fixed Point & Structure）。

2）Start Fixed Point 为锚点。

3）End Connection Point 为对应锚点的导缆孔点。

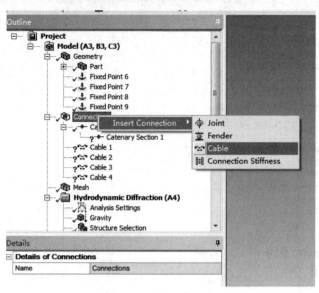

图 5.76　插入缆绳连接

4）Type 设定为 Non-Linear Catenary。

5）为了加快计算速度，Cable Dynamic 设置缆绳单元数为 80。

6）Catenary Section Selection 中的 Section1:Type 选择刚刚定义的系泊缆材质类型。

7）Section1:Length 输入 807m。

8）Cable Properties 中的 dZrange，认为导缆孔在 0～10m 的范围内运动，这里输入 10。
设置完毕后可以在 Initial Cable Data 中查看当前状态下的缆绳预张力情况。

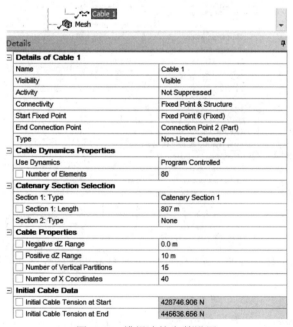

图 5.77　缆绳连接参数设置

依次进行四根系泊缆的设置，完成系泊系统的建立，如图 5.78 所示。

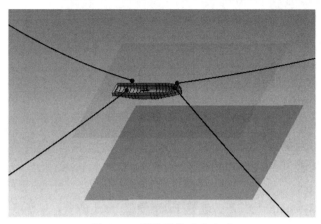

图 5.78 系泊系统建立完成

（5）时域分析参数设置。

为了避免混淆，将 Hydrodynamic Response 重命名为 Mooring Time Domain，并进行时域分析参数设置（图 5.79）：

1）Computation Type 为时域分析（Time Response Analysis）。

2）Analysis Type 为考虑低频载荷影响的不规则波分析（Irregular Wave Response with Slow Drift）。

3）分析起始时间为 0s，时间步长为 0.1s，总共模拟三个小时 10800s。

4）分析方法和内容：使用卷积积分（Convolution）；考虑流速对波浪的影响（Current Phase Shift）；考虑波浪漂移阻尼（Wave Drift Damping）。

5）后处理方面，进行统计计算（Calculate Statistics）。

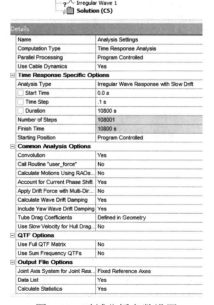

图 5.79 时域分析参数设置

（6）定义流、风、波浪环境条件。

给定的海况条件为：

1）有义波高 H_s=2.5m。

2）谱峰周期 T_p=7.1s（0.885rad/s）。

3）波浪谱为 JONSWAP 谱。

4）谱峰因子 Gamma=1.0。

5）风、浪、流均为 45°。

6）一小时平均风速 20m/s，NPD 风谱。

7）表面流速 0.8m/s。

在 Mooring Time Domain 上右击，选择 Insert→Current 命令，如图 5.80 所示，插入流速环境条件。双击插入的流速条件（Current1），可以在右侧的剖面流速矩阵中定义流速、流向随水深变化情况，也可以定义 CSV 文件读入。这里仅考虑表面流速，因而只定义近水面流速 0.8m/s，方向为船体应浪方向（45°），如图 5.81 所示。

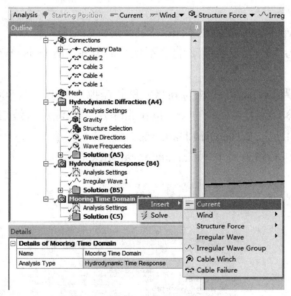

图 5.80　建立流环境

Current Definition Data		
Depth (m)	Velocity (m/s)	Direction (°)
0.0	.8	45
10	0.0	0.0
80	0.0	0.0

图 5.81　输入流速对应水深、流速大小及方向

在 Mooring Time Domain 上右击，选择 Insert→Wind→NPD Standard Spectrum 命令，如图 5.82 所示，插入 NPD 风谱。

NPD 风谱定义仅需指定风速参考高度、平均风速及风向。双击插入的风速条件（Wind 1），输入 10m 高处 1 小时平均风速 20m/s 以及风向 45°，如图 5.83 所示。

指定完风向后，可以在右侧模型界面查看是否定义正确，如图 5.84 所示。

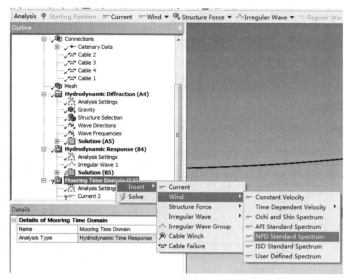

图 5.82　以 NPD 风谱模拟风速影响

图 5.83　输入 NPD 风谱 10m 高处 1 小时平均风速

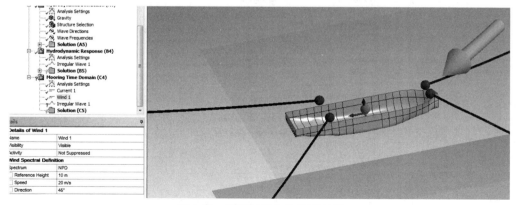

图 5.84　查看风速方向是否正确

在 Mooring Time Domain 上右击，选择 Insert→Irregular Wave→JONSWAP(H$_s$)命令，如图 5.85 所示，插入 JONSWAP 波浪谱。这里插入的是以有义波高、谱峰周期、Gamma 定义的 JONSWAP 谱 [JONSWAP（H$_s$）]。

JONSWAP 谱（H$_s$）定义需要指定有义波高、谱峰周期、Gamma 及波浪方向。双击插入的不规则波条件（Irregular Wave 1），输入有义波高 2.5m，谱峰频率 0.885rad/s（7.1s），Gamma 等于 1，波浪方向 45°，波浪种子（Seed）为 100，如图 5.86 所示。

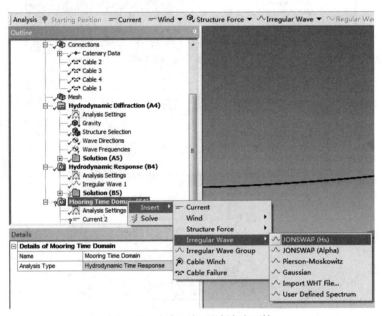

图 5.85　定义不规则波波浪环境

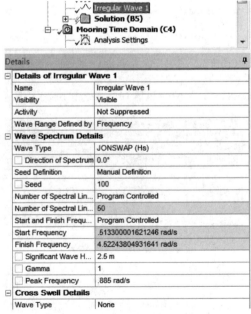

图 5.86　定义不规则波波浪参数

至此，系泊分析的参数定义完毕，可以检查一遍所有定义内容是否都有对勾标记，如图5.87 所示。

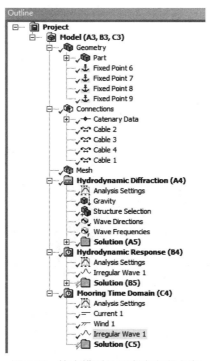

图 5.87 检查模型是否有未定义内容

5.4.2 时域分析与结果处理

在确认模型有关参数都定义完毕后，可以进行时域系泊计算。

在 Mooring Time Domain→Solution 中可以插入想要的计算结果分析内容，由于时域分析耗时较长，建议将结果分析内容定义好以后在进行计算。在这里，我们主要关注以下三部分内容：船体重心位置的纵荡、升沉以及纵摇运动；缆绳顶端张力；缆绳的卧链长度。

（1）Structure Position，Actual Response，用于查看船体重心运动情况。

在 Solution 上右击，插入 Structure Position，Actual Response，定义三条曲线：Line A 为船体纵荡运动、Line B 为船体升沉运动、Line C 为船体的纵摇运动，如图 5.88 所示。

（2）Cable Forces，Whole Cable Forces，用于查看系泊缆张力响应。

在 Solution 上右击，插入两个 Cable Forces→Whole Cable Forces，定义四条曲线：Line A 为 Cable 1 的顶端张力（Type 为 Cable Forces，Sub Type 为 Whole Cable Forces，Component 为 Tension），Line B 为 Cable 2 的顶端张力，Line C 为 Cable 3 的顶端张力，Line D 为 Cable 4 的顶端张力，如图 5.89 所示。

单击第二个 Cable Forces→Whole Cable Forces，定义四条曲线：Line A 为 Cable 1 的卧链长度（Type 为 Cable Forces，Sub Type 为 Whole Cable Forces，Component 为 Laid Length），Line B 为 Cable 2 的卧链长度，Line C 为 Cable 3 的卧链长度，Line D 为 Cable 4 的卧链长度，如图 5.90 所示。

Solution (C5)
Structure Position, Actual Response
Cable Forces, Whole Cable Forces
Animation

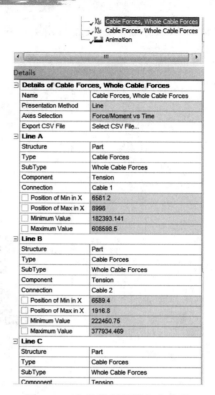

Cable Forces, Whole Cable Forces
Cable Forces, Whole Cable Forces
Animation

Details

Axes Selection	Distance/Rotation vs Time
Line A	
Structure	Part
Type	Structure Position
SubType	Actual Response
Component	Global X
☐ Position of Min in X	0.0
☐ Position of Max in X	0.0
☐ Minimum Value	0.0
☐ Maximum Value	0.0
Line B	
Structure	Part
Type	Structure Position
SubType	Actual Response
Component	Global Z
☐ Position of Min in X	0.0
☐ Position of Max in X	0.0
☐ Minimum Value	0.0
☐ Maximum Value	0.0
Line C	
Structure	Part
Type	Structure Position
SubType	Actual Response
Component	Global RY
☐ Position of Min in X	0.0
☐ Position of Max in X	0.0
☐ Minimum Value	0.0
☐ Maximum Value	0.0

图 5.88　定义船体重心运动响应结果

Details

Details of Cable Forces, Whole Cable Forces	
Name	Cable Forces, Whole Cable Forces
Presentation Method	Line
Axes Selection	Force/Moment vs Time
Export CSV File	Select CSV File...
Line A	
Structure	Part
Type	Cable Forces
SubType	Whole Cable Forces
Component	Tension
Connection	Cable 1
☐ Position of Min in X	6581.2
☐ Position of Max in X	8998
☐ Minimum Value	182393.141
☐ Maximum Value	608598.5
Line B	
Structure	Part
Type	Cable Forces
SubType	Whole Cable Forces
Component	Tension
Connection	Cable 2
☐ Position of Min in X	6589.4
☐ Position of Max in X	1916.8
☐ Minimum Value	222450.75
☐ Maximum Value	377934.469
Line C	
Structure	Part
Type	Cable Forces
SubType	Whole Cable Forces
Component	Tension

图 5.89　定义缆绳顶端张力结果

Cable Forces, Whole Cable Forces

Details

Structure	Part
Type	Cable Forces
SubType	Whole Cable Forces
Component	Laid Length
Connection	Cable 1
☐ Position of Min in X	0.0
☐ Position of Max in X	0.0
☐ Minimum Value	0.0
☐ Maximum Value	0.0
Line B	
Structure	Part
Type	Cable Forces
SubType	Whole Cable Forces
Component	Laid Length
Connection	Cable 3
☐ Position of Min in X	0.0
☐ Position of Max in X	0.0
☐ Minimum Value	0.0
☐ Maximum Value	0.0
Line C	
Structure	Part
Type	Cable Forces
SubType	Whole Cable Forces
Component	Laid Length
Connection	Cable 3
☐ Position of Min in X	0.0
☐ Position of Max in X	0.0
☐ Minimum Value	0.0
☐ Maximum Value	0.0
Line D	
Structure	Part
Type	Cable Forces

图 5.90　定义缆绳卧链长度结果

（3）Animation，用于查看时域动画。

在 Solution 上右击，插入 Animation，可用于计算完成后的动画显示。

定义完需要查看的结果后，选择 Solution→Solve 命令开始计算，计算完成后单击之前建立的结果内容，可以查看运动时间历程曲线、顶端张力时域曲线以及卧链长度时域曲线，如图 5.91 至图 5.93 所示。

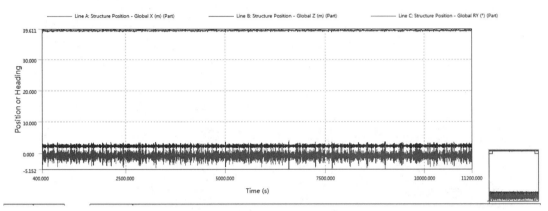

图 5.91   重心位置纵荡、升沉、纵摇运动时域曲线

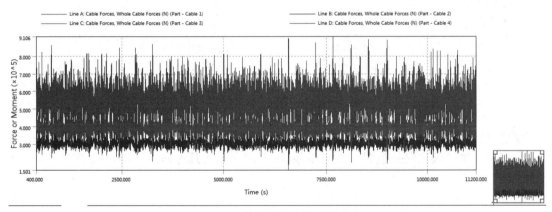

图 5.92   缆绳顶端张力时域曲线

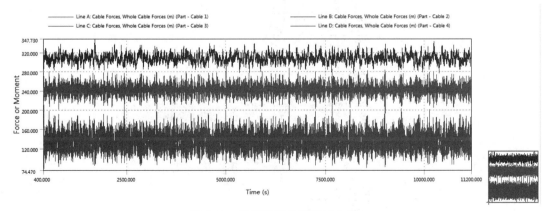

图 5.93   缆绳卧链长度时域曲线

通常我们更关心时域计算结果的统计值（图5.94），单击对应的结果选项，可以查看计算结果的最大值和最小值，如图5.95所示。单击 Export CSV File 可以将曲线结果输出为 CSV 格式文件，进行进一步的处理。

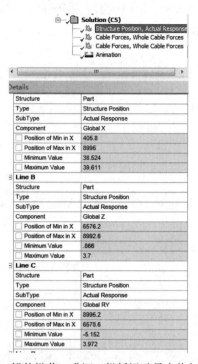

图 5.94　输出 CSV 格式时域结果　　　　图 5.95　船体纵荡、升沉、纵摇运动最大值与最小值

与第 4 章一致，这里计算 5 个不同波浪种子条件下系泊船体的运动与缆绳张力结果，这里需要使用参数结果定义方法。下面介绍批量计算参数化的设置。

回到不规则波浪定义的位置，单击 Irregular Wave 1，勾选 Seed 复选框，使其显示为"P"，如图5.96所示。

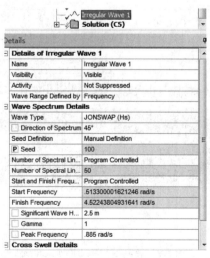

图 5.96　使波浪种子数成为参数定义状态

来到结果定义位置在 Structure Position，分别勾选纵荡、横荡、升沉、横摇、纵摇、艏摇
最大值和最小值复选框，使其显示为"P"，如图 5.97 所示。

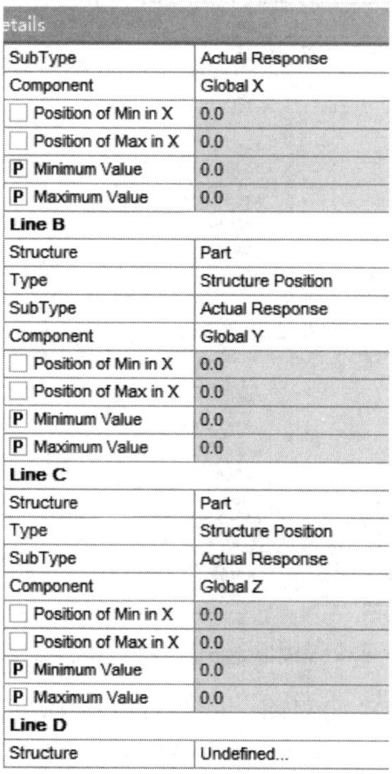

SubType	Actual Response
Component	Global X
☐ Position of Min in X	0.0
☐ Position of Max in X	0.0
P Minimum Value	0.0
P Maximum Value	0.0
Line B	
Structure	Part
Type	Structure Position
SubType	Actual Response
Component	Global Y
☐ Position of Min in X	0.0
☐ Position of Max in X	0.0
P Minimum Value	0.0
P Maximum Value	0.0
Line C	
Structure	Part
Type	Structure Position
SubType	Actual Response
Component	Global Z
☐ Position of Min in X	0.0
☐ Position of Max in X	0.0
P Minimum Value	0.0
P Maximum Value	0.0
Line D	
Structure	Undefined...

图 5.97　使船体纵荡、横荡、升沉运动最大值和最小值成为参数定义状态

来到结果定义位置，单击第一个 Cable Force，在四个缆绳的张力最大值前勾选复选框，
使其显示为"P"，如图 5.98 所示。来到结果定义位置，单击第二个 Cable Force，在四个缆绳
的卧链长度最小值勾选复选框，使其显示为"P"，如图 5.99 所示。

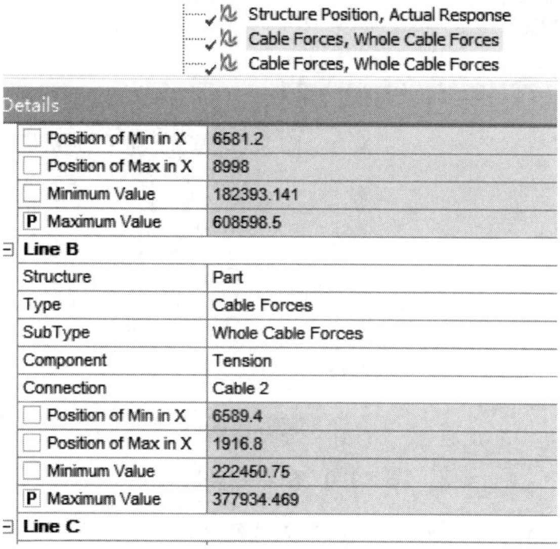

Structure Position, Actual Response	
Cable Forces, Whole Cable Forces	
Cable Forces, Whole Cable Forces	
☐ Position of Min in X	6581.2
☐ Position of Max in X	8998
☐ Minimum Value	182393.141
P Maximum Value	608598.5
Line B	
Structure	Part
Type	Cable Forces
SubType	Whole Cable Forces
Component	Tension
Connection	Cable 2
☐ Position of Min in X	6589.4
☐ Position of Max in X	1916.8
☐ Minimum Value	222450.75
P Maximum Value	377934.469
Line C	

图 5.98　使四个缆绳张力最大值成为参数定义状态

| Structure Position, Actual Response |
| Cable Forces, Whole Cable Forces |
| Cable Forces, Whole Cable Forces |

Details of Cable Forces, Whole Cable Forces

Name	Cable Forces, Whole Cable Forces
Presentation Method	Line
Axes Selection	Force/Moment vs Time
Export CSV File	Select CSV File...
Line A	
Structure	Part
Type	Cable Forces
SubType	Whole Cable Forces
Component	Laid Length
Connection	Cable 1
☐ Position of Min in X	8999.4
☐ Position of Max in X	6582.6
☑P Minimum Value	193.577
☐ Maximum Value	286.642
Line B	
Structure	Part
Type	Cable Forces
SubType	Whole Cable Forces
Component	Laid Length
Connection	Cable 2
☐ Position of Min in X	8207.4
☐ Position of Max in X	1695
☑P Minimum Value	276.355
☐ Maximum Value	347.73

图 5.99　使四个缆绳卧链长度最小值成为参数定义状态

　　设定完参数后保存项目，并关闭界面，此时可以在主界面发现在时域计算模块下出现了参数定义界面，如图 5.100 所示，双击参数定义界面可以进行参数设置。

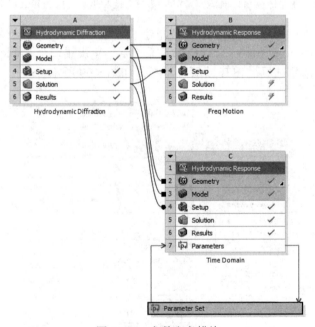

图 5.100　参数定义模块

　　参数设置界面左侧为输入参数与输出参数列表，可以用来检查参数定义是否正确；右侧界面为参数定义界面，主要对输入参数进行设置，如图 5.101 所示。之前我们设定不规则波种子数为输入参数，这里在输入参数设定位置（P1）分别输入四个不同的波浪种子数，如图 5.102 所示。

图 5.101　输入参数及输出参数

图 5.102　定义四个不同的波浪种子数

输入完毕以后，单击界面左上方的 Update All Design Points，如图 5.103 所示，程序开始自动进行顺序批量计算。

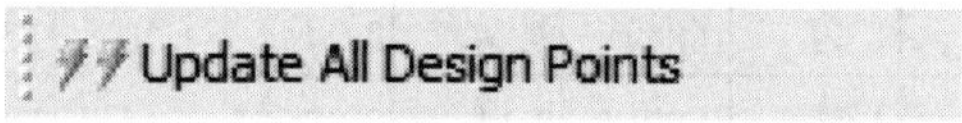

图 5.103　对应不同种子数的计算结果

将计算结果复制出来进一步处理。从计算结果（表 5.2 和表 5.3）来看，45°浪向下缆绳最大张力为（1.20E+06）N（122.3t），安全系数 3.07>1.67。缆绳最小卧链长度为 20m，大于 0 但比较临界。系泊工作船在平衡位置最大纵荡偏移 41.5m，最大横荡偏移 6.22m，最大升沉幅值 1.1m，最大横摇幅值 2.2°，最大纵摇幅值 4.9°，最大艏摇幅值 8.02°。

由分析结果得知，45°给定海况作用下，系泊工作船能够正常工作，但系泊缆卧链长度不太够，有必要对系泊系统进行调整。

表 5.2　给定海况下工作船时域系泊分析缆绳响应计算结果

缆绳张力	Line 1	Line 2	Line 3	Line 4
波浪种子 1 结果	6.03E+05	3.37E+05	8.96E+05	1.39E+06
波浪种子 2 结果	5.57E+05	3.28E+05	9.14E+05	1.23E+06
波浪种子 3 结果	5.05E+05	3.31E+05	8.38E+05	1.08E+06
波浪种子 4 结果	4.96E+05	3.12E+05	8.58E+05	1.13E+06
波浪种子 5 结果	5.63E+05	3.37E+05	8.31E+05	1.18E+06
缆绳张力设计值	5.45E+05	3.29E+05	8.67E+05	1.20E+06
安全系数 SF	6.79	11.25	4.27	3.07
卧链长度	**Line 1**	**Line 2**	**Line 3**	**Line 4**
波浪种子 1 结果	194	304	28	15
波浪种子 2 结果	214	313	26	20
波浪种子 3 结果	226	319	34	22
波浪种子 4 结果	230	323	34	23
波浪种子 5 结果	209	300	40	22
设计值	215	312	32	20

表 5.3　给定海况下工作船时域系泊分析船体运动响应计算结果

	纵荡[m]		横荡[m]		升沉[m]		横摇[°]		纵摇[°]		艏摇[°]	
	最大值	最小值	最大值	最小值	最大值	最小值	最大值	最小值	最大值	最小值	最大值	最小值
种子 1	41.96	38.50	6.49	1.72	0.65	3.43	2.30	-1.60	3.96	-5.22	8.34	-1.68
种子 2	41.47	38.52	6.68	1.76	0.70	3.40	2.08	-1.76	3.43	-5.37	8.79	-1.87
种子 3	41.12	38.57	6.03	1.69	0.84	3.24	2.24	-1.30	2.94	-4.61	7.95	-1.24
种子 4	41.39	38.59	5.92	1.91	0.87	3.11	2.07	-1.45	2.89	-4.47	7.28	-1.14
种子 5	41.51	38.54	6.01	1.51	0.74	3.30	2.20	-1.44	3.27	-5.02	7.71	-1.55
平均值	41.49	38.55	6.22	1.72	0.76	3.30	2.18	-1.51	3.30	-4.94	8.02	-1.50
重心	38.67		0.00		2.20		0		0		0	
最大运动幅值	2.82		6.22		1.10		2.18		4.94		8.02	

AQWA Workbench 会生成经典 AQWA 格式的模型文件和计算文件，一般可以在 Workbench 运行目录（通常是用户目录）下找到，文件夹名称一般为 AQWA-Line_files。对于本章的计算，在该文件夹下有三个子目录，dp0 文件夹中有三个文件夹，其中 AQW 为水动力计算模型及计算结果文件，AQW-1 为频域计算模型及计算结果文件，AQW-2 为时域计算模型及计算结果文件。这些文件均为经典 AQWA 的格式，计算模型和结果可以通过 AQWA-AGS 打开、查看并对结果进行后处理。

另外，参数设置的计算结果保存在 user_files 文件夹下，格式为 CSV 文件，该文件保存了参数设置的内容及对应计算结果。如图 5.104 所示。

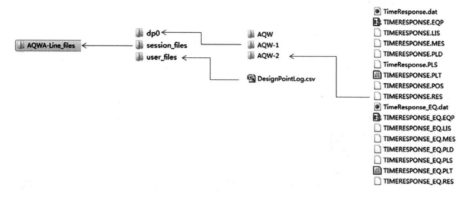

图 5.104   AQWA Workbench 保存的经典 AQWA 文件

总地来说，使用 Workbench 界面进行 AQWA 的计算分析在建模前处理、模型参数设置、水动力计算、频域分析、时域计算模型的建立等方面界面美观，整个操作过程清晰、界面友好，尤其是在进行复杂模型的建模、连接部件的建立等方面较为直观方便，初学者使用 Workbench 界面可以较快了解 AQWA 软件的基本运行方式和运行原理。

将 AQWA 整合到 Workbench 需要时间，当前的 Workbench 在 AQWA 运行的批处理、结果查看的方便程度上同经典 AQWA 还有些差距，工程上的浮体分析工作使用 AQWA Workbench 界面还不够方便。从具体工作开展角度来看，使用 AQWA Workbench 进行建模前处理，使用经典 AQWA 进行批量计算和批量后处理是较为理想的方式。

相信随着技术发展，未来 AQWA 与 Workbench 的整合程度、界面实用性以及后处理的功能将逐步得到提升和完善，以便更好地满足海洋工程浮体分析工作的需求。

6

分析实例

6.1 多体耦合分析示例

这里以 Goo.J 等[39]论文中对多体水动力的研究作为参考，介绍使用经典 AQWA 建立多体耦合分析模型的流程，并进行耦合分析计算的结果对比。

6.1.1 圆柱与方驳多体耦合分析建模

圆柱与方驳尺度信息如表 6.1 所示。圆柱直径 95.8m，方驳长 109.7m，宽 101.4m，二者相距 50m，吃水均为 30m，方驳位于圆柱右侧，波浪从方驳一侧向圆柱传播，如图 6.1 所示。

表 6.1　圆柱与方驳尺度信息

	单位	圆柱	方驳
长度	m	\	109.7
宽度	m		101.4
直径	m	95.8	\
吃水	m	30	30
排水量	ton	216200	333700
重心距离基线高度	m	29.9	29.8
X 方向惯性半径	m	31.2	30.4
Y 方向惯性半径	m	31.2	30.4

使用 ANSYS APDL 建立面模型并划分单元，如图 6.2 所示，此时建模原点位于水面位置，与图 6.1 一致，并对模型水线位置进行切割。限于篇幅，这里不再详细介绍面模型的建立过程，具体可参考第 3 章相关内容。

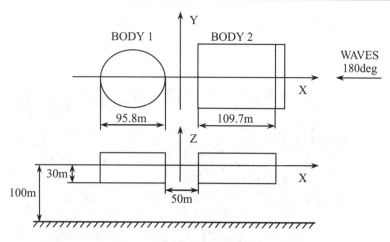

图 6.1　圆柱与方驳多体耦合分析[39]

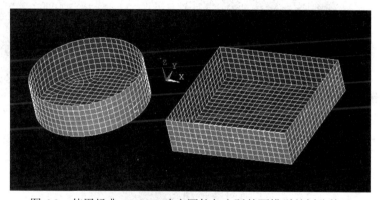

图 6.2　使用经典 ANSYS 建立圆柱与方驳的面模型并划分单元

经典 ANSYS 建立的多体模型需要分别输出成 AQWA 模型格式并进行"组装",才能在 AQWA 中进行多体计算。在经典 ANSYS 界面,单击 Select→Entities,选择 Areas→By Num/Pick→From Full,如图 6.3 所示,单击 OK 按钮。表示在所有模型中通过单击选取面模型。

图 6.3　从整体模型中点击选取需要的面模型

在弹出的 Select Areas 对话框中选择 Pick→Box，勾选 List of items。按住鼠标左键，在模型显示范围内框选择右侧的方驳模型，单击 OK 按钮。表示通过框选选择了右侧的方驳面模型，如图 6.4 所示。

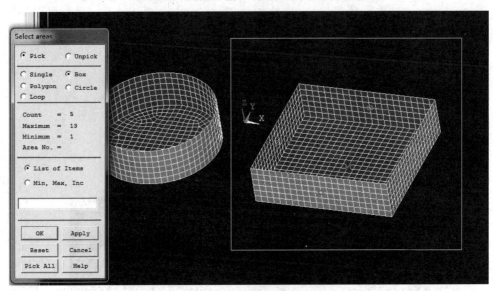

图 6.4　通过框选选择右侧方驳面模型

单击 Select→Entities，选择 Elements→Attached to→Areas→From Full，如图 6.5 所示，单击 OK 按钮。选择对应上一步已选中的面上的所有单元。

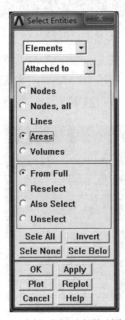

图 6.5　选择对应面上的所有单元

此时单击 Plot→Plot Elements，模型显示界面会显示刚刚选中的方驳单元单元模型，如图 6.6 所示。

图 6.6　经过操作后显示的已选择的单元模型

在 ANSYS 命令输入框中输入 AnstoAQWA，将已经选择的单元模型输出成 AQWA 模型（文件位于 ANSYS 对应建模目录下，后缀名为*.aqwa）。找到该文件，将其命名为"XX1.aqwa"。

回到经典 ANSYS 界面，单击 Select→Select Everything，将所有模型内容都选中。重复之前步骤，将左侧圆柱模型选出并输出成 AQWA 模型，将其重命名为"XX2.aqwa"，如图 6.7 所示。

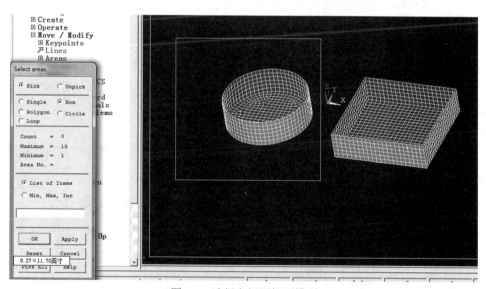

图 6.7　选择左侧圆柱面模型

至此，两个 AQWA 独立的物体模型就建立并输出完毕，需要把这两个模型文件合并成一个可运行的多体计算模型文件，基本步骤包括：新建一个文本文件；在新文件中合并节点信息；将单元信息拷贝到新文件中；修改重量、计算周期等信息。

新建一个后缀名为"6-1-couple.dat"的文本文件，首先将 XX1.aqwa 文件中的所有内容拷贝进来，并将重心对应位置节点 99999 重新命名为 99991，表示其对应 XX1.aqwa 中的方驳模型重心。

将 XX2.aqwa 文件中的节点信息（Category01）拷贝到 6-1-couple.dat 文件的 Category 1 位置。将节点 99999 重命名为 99992，表示其对应 XX2.aqwa 中的圆柱模型重心。

```
   01 1812            -90.176    -23.038   -30.000
 * cog1
    0199991            79.850     -0.000     -0.2
 * cog2
    0199992           -72.900      0.001     -0.1
 END01
 *
```

在 6-1-couple.dat 中，将 02ELM1 中的 PMAS 点质量单元节点 99999 改为 99991。

```
   02QPPL DIFF    (1) ( 1022) ( 163) ( 162) (  476)              978
   02PMAS         (1) (99991) (   1) (   1)                       979
 END02
```

将 XX2.aqwa 文件中 Category2 中的 ELM1 改为 ELM2，在 02ZLWL 之后新输入 02HYDI 选项，表示考虑耦合影响，HYDI 后边的 "1" 表示考虑 1 号体（即方驳）与 2 号体（即圆柱体）的水动力耦合影响。将该文件中 Category2 的所有内容拷贝到 6-1-couple.dat 文件中 END02 之后的位置。

```
 *
   02    ELM2
   02ZLWL        (    0.000)
   02HYDI       1
```

修改 6-1-couple.dat 中的以下内容：

- ELM2 对应的 PMAS 对应重心节点改为 99992，材料代号为 2，几何属性代号为 2；
- 在 Category3 中分别输入方驳和圆柱体的质量，1 对应方驳，2 对应圆柱体；
- 在 Category4 中分别输入方驳和圆柱体的惯性质量，1 对应方驳，2 对应圆柱体；
- 在 Category5 中定义全局变量；
- 在 Category6 中对 1 号体、2 号体定义计算波浪周期和波浪方向，FDR1 对应方驳，FDR2 对应圆柱体。

```
   02PMAS        (1) (99992) (   2) (   2)                        758
 END02
   02    FINI
 *
   03    MATE * Material properties (may need editing)
 * 1 方驳船
 * 2 圆柱
   03            1 3.522E+08
   03            2 2.213E+08
 END03
 *
   04    GEOM * Geometric properties (may need editing)
   04PMAS        1 2.105E+11  0.00      0.00      2.105E+11  0.00      2.105E+11
   04PMAS        2 3.064E+11  0.00      0.00      3.084E+11  0.00      3.084E+11
 END04
 *
   05    GLOB * Global analysis parameters (may need editing)
   05DPTH   1000.0
   05DENS 1.025E+03
 END05ACCG    9.810
 *
   06    FDR1 * Frequencies and directions (may need editing)
   06FREQ       30     0.2      1.0
 END06DIRN     25   -180.0    180.0
   06    FDR2 * Frequencies and directions (may need editing)
   06FREQ       30     0.2      1.0
 END06DIRN     25   -180.0    180.0
   07    NONE
   08    NONE
```

至此，耦合计算模型建立完毕。回到模型文件最顶端，修改 OPTIONS，添加 GOON 选项。修改 RESTART 为"1　3"即可开始计算。

```
JOB AQWA  LINE
TITLE
OPTIONS REST GOON END
RESTART    1  3
*
```

运行 6-1-couple.dat 文件，通过 AGS 查看模型，如图 6.8 所示。

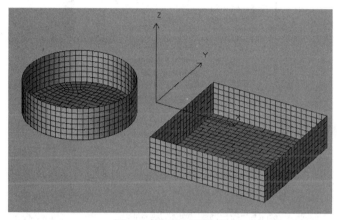

图 6.8　方驳与圆柱体

单击 AGS Plot，单击 Select→Options 命令，如图 6.9 所示。在弹出菜单中单击 Show 按钮，选择 Hyd/Interaction Distances 命令，如图 6.10 所示。这时模型中显示方驳和圆柱之间的耦合距离，以一系列黄色的线表示，如图 6.11 所示，当模型显示窗口可以出现这些线的时候，就表示两个体之间具有耦合影响，并在计算中予以考虑。

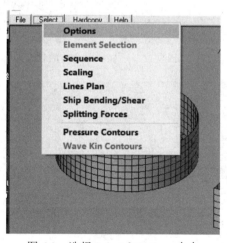

图 6.9　选择 Select→Options 命令

在 Options 菜单中单击 Show 按钮，选择 Centre of Gravity 命令，这时模型中显示方驳和圆柱的重心，如图 6.12 所示，方驳为黄色标记的数字 1，圆柱为黄色标记的数字 2。

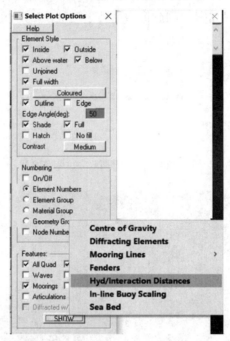

图 6.10　选择显示水动力耦合距离

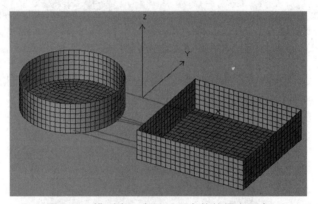

图 6.11　模型窗口中显示两个体的耦合距离

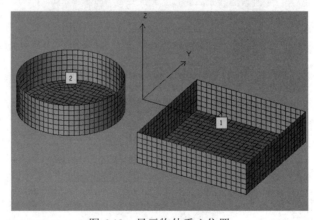

图 6.12　显示物体重心位置

6.1.2 圆柱与方驳多体耦合分析计算

本节对比考虑多体耦合和不考虑多体耦合对计算结果的影响，并将耦合计算结果与文献结果进行比较。

在运行完 6-1-couple.dat 文件后，新建两个文件夹，一个命名为 couple，另一个命名为 non couple，将计算模型、过程文件和结果文件拷贝到 couple 文件夹。

将 6-1-couple.dat 拷贝到 non couple 文件夹，并重命名为 6-1-non-couple.dat。打开 6-1-non-couple.dat 文件，将 ELM2 中对应的 HYDI 行删除并运行 6-1-non-couple.dat 文件。

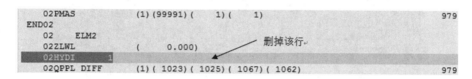

计算完毕后打开 AGS，单击 Graphs→Select→Files 命令，打开 6-1-non-couple.plt，选择第一个体（方驳）对应 180°浪向的纵荡运动曲线。

打开 6-1-couple.plt，选择第一个体对应 180°浪向的纵荡运动曲线，单击 OK 按钮，选中两幅图后单击 Merge，如图 6.13 所示。

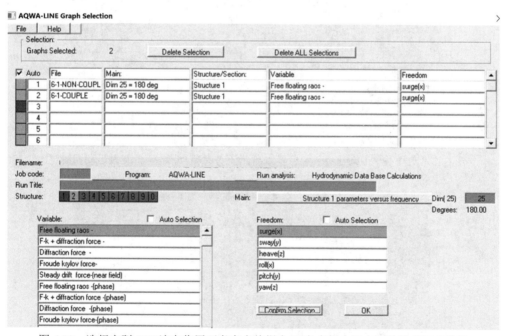

图 6.13 选择方驳 180°浪向作用下考虑多体耦合/不考虑耦合状态下的纵荡运动曲线

重复之前操作，将方驳的升沉运动、圆柱的纵荡运动、圆柱的升沉运动曲线提取并进行对比，如图 6.14 至图 6.17 所示。从对比计算结果可以发现，当圆柱与方驳距离 50m 时，二者的水动力耦合作用较为明显，考虑耦合影响和不考虑耦合影响时，两个体的纵荡运动、升沉遇运动趋势变化不大，但运动特性发生了变化。

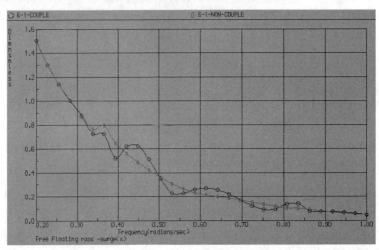

图 6.14　方驳 180°浪向作用下考虑多体耦合/不考虑耦合状态下的纵荡运动曲线对比

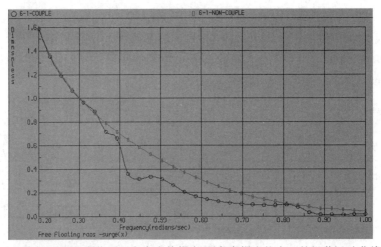

图 6.15　圆柱 180°浪向作用下考虑多体耦合/不考虑耦合状态下的纵荡运动曲线对比

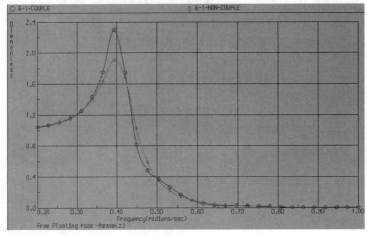

图 6.16　方驳 180°浪向作用下考虑多体耦合/不考虑耦合状态下的升沉运动曲线对比

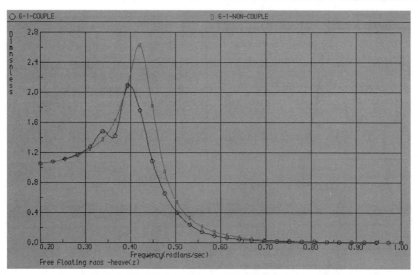

图 6.17　圆柱 180°浪向作用下考虑多体耦合/不考虑耦合状态下的升沉运动曲线对比

　　将耦合计算结果中的圆柱体和方驳的纵荡运动和升沉运动 RAO 提取出来，同文献计算结果进行对比，如图 6.18 至图 6.21 所示。

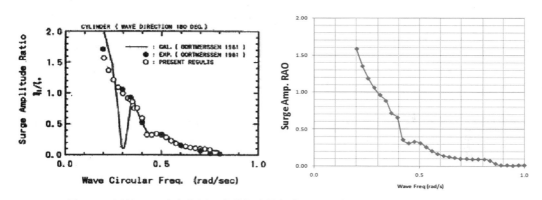

图 6.18　圆柱 180°浪向作用下多体耦合的纵荡运动曲线对比（左图为文献结果）

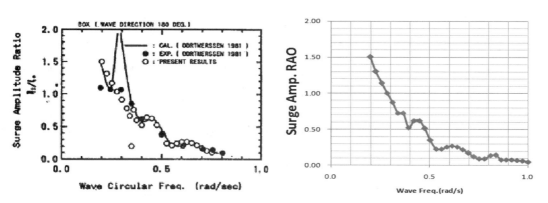

图 6.19　方驳 180°浪向作用下多体耦合的纵荡运动曲线对比（左图为文献结果）

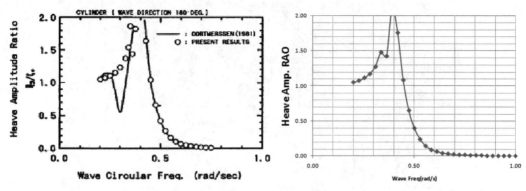

图 6.20　圆柱 180°浪向作用下多体耦合的升沉运动曲线对比（左图为文献结果）

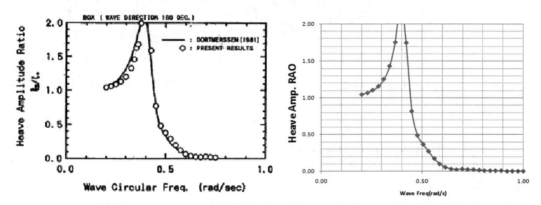

图 6.21　方驳 180°浪向作用下多体耦合的升沉运动曲线对比（左图为文献结果）

　　从对比结果来看，AQWA 计算的结果在结果趋势、固有周期位置等方面与文献结果一致，这证明 AQWA 在多体水动力分析方面具有较好的适应性与计算精度。

6.2　半潜钻井船的运动分析

6.2.1　拖曳力线性化

　　第 2.2.2 节对拖曳力线性化进行了简单介绍。拖曳力线性化是在频域范围内对莫里森公式中的拖曳力的非线性项进行了线性化处理，通过给定海况进行迭代分析，从而使得莫里森公式拖曳力项可以在频域中进行求解，这样莫里森杆件的阻尼效果可以通过更直观的方法进行估计。

　　对于同时兼有横撑、斜撑等小尺度结构与大型浮箱和立柱结构的海工结构物，通常需要充分考虑小尺度结构件对整体浮体水动力性能的影响，以正确估计此类结构的在给定海况下的运动性能。

　　本节以 AQWA 程序自带的半潜钻井船例子进行给定海况下的拖曳力线性化计算，如图 6.22 所示，比较拖曳力系数变化对钻井平台运动性能影响，并计算给定海况下钻井平台的频域运动统计计算结果。

图 6.22　中海油服"南海 8 号"半潜式钻井平台（源自中海油服）

6.2.2　参数设置

新建一个文件夹用于计算。找到 AQWA 安装目录下 demo 文件夹中的 alsemi.bat 文件，拷贝至计算文件夹，并将该文件重命名为 alsemi_cd.bat。

打开 alsemi_cd.bat，修改 OPTIONS 行，加上 LDRG 选项，RESTART 行修改为 1～5。

```
JOB MESH  LINE
TITLE                   MESH FROM LINES PLANS/SCALING
OPTIONS REST GOON LDRG END
RESTART   1  5
   01     COOR
   01     1           -59.132      30.326      9.145
   01     2           -59.132      28.323      9.145
   01     3           -59.132      25.323      9.145
   01     4           -59.132      23.323      9.145
```

向下翻至文件末尾，查看 Category3～4，可以发现该模型中的 TUBE 单元拖曳力系数均为 0.75，附加质量系数均为 1.0。

```
   02     FINI
   03     MATE
   01          1   0.00100   0.000000   0.000000
END01           2   4.18E7    0.000000   0.000000
   04     GEOM
   04TUBE       1   7.01000   0.00100    0.000000   0.000000   0.000000
   04CONT       1   0.75000   1.00000
   04TUBE       2   3.53500   0.00100    0.000000   0.000000   0.000000
   04CONT       2   0.75000   1.00000
   04TUBE       3   2.59100   0.00100    0.000000   0.000000   0.000000
   04CONT       3   0.75000   1.00000
   04TUBE       4   1.82900   0.00100    0.000000   0.000000   0.000000
   04CONT       4   0.75000   1.00000
END04PMAS       5   3.591E10  0.000000   0.000000   3.585E10   0.000000   4.985E10
```

修改 Category6 中的计算周期。添加 Category13，输入给定海况：

- JONSWAP 谱；
- Gamma=1.8；
- 有义波高 H_s=12m；
- 谱峰频率 ω_p=0.4189rad/s（相当于谱峰周期为 15s）。

其余 Category 均为 NONE。

```
   05    GLOB
   05DPTH      600.0
   05DENS     1025.0
END05ACCG      9.806
   06    FDR1
   06PERD    1    6      46.0      45.0      42.0      41.0      40.0      38.0
   06PERD    7   12      36.0      34.0      32.0      30.0      28.0      26.0
   06PERD   13   18      24.0      22.0      20.0      19.0      18.0      17.0
   06PERD   19   24      16.0      15.5      15.0      14.5      14.0      13.5
   06PERD   25   30      13.0      12.5      12.0      11.5      11.0      10.5
   06PERD   31   36      10.0       9.5       9.0       8.5       8.0       7.5
   06PERD   37   41       7.0       6.5       6.0       5.5       4.9
   06DIRN    1    6       0.0      22.5      45.0      67.50     90.00     112.5
END06DIRN    7    9     135.0     157.5     180.0
   07    WFS1
END07ZCGE            -7.0706
   08    NONE
   09    NONE
   10    NONE
   11    NONE
   12    NONE
   13    SPEC
   13JONH                0.2       2.0       1.8                 12       0.4189
END13
   14    NONE
   15    NONE
   16    NONE
   17    NONE
   18    NONE
```

运行 alsemi_cd.bat 文件，通过 AGS→Plot 命令查看模型，如图 6.23 所示。可以发现该平台为八立柱，两浮箱，多横撑、多斜撑形式的半潜平台。

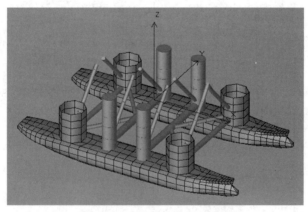

图 6.23 半潜钻井船混合模型

6.2.3 拖曳力线性化及其影响

计算完毕后，打开 lis 文件查看平台运动固有周期。该平台升沉运动固有周期为 22.7s，横摇运动固有周期为 45.5s，纵摇运动固有周期为 41.6s。

PERIOD	PERIOD			UNDAMPED NATURAL PERIOD(SECONDS)			
NUMBER	(SECONDS)	SURGE(X)	SWAY(Y)	HEAVE(Z)	ROLL(RX)	PITCH(RY)	YAW(RZ)
1	46.00	0.00	0.00	22.69	45.54	41.58	0.00
2	45.00	0.00	0.00	22.69	45.54	41.58	0.00
3	42.00	0.00	0.00	22.69	45.55	41.58	0.00
4	41.00	0.00	0.00	22.69	45.55	41.58	0.00
5	40.00	0.00	0.00	22.69	45.55	41.59	0.00
6	38.00	0.00	0.00	22.69	45.56	41.59	0.00
7	36.00	0.00	0.00	22.69	45.57	41.59	0.00
8	34.00	0.00	0.00	22.70	45.58	41.60	0.00
9	32.00	0.00	0.00	22.70	45.60	41.61	0.00
10	30.00	0.00	0.00	22.71	45.61	41.61	0.00
11	28.00	0.00	0.00	22.71	45.64	41.62	0.00
12	26.00	0.00	0.00	22.73	45.67	41.64	0.00
13	24.00	0.00	0.00	22.75	45.71	41.66	0.00
14	22.00	0.00	0.00	22.78	45.76	41.68	0.00
15	20.00	0.00	0.00	22.84	45.85	41.72	0.00
16	19.00	0.00	0.00	22.88	45.90	41.75	0.00

针对平台固有周期，对模型文件计算周期进行修改，并重新计算。

```
06     FDR1
06PERD    1    6    46.0    45.0    42.0    41.0    40.0    38.0
06PERD    7   12    36.0    34.0    32.0    30.0    28.0    26.0
06PERD   13   18    23.0    22.0    20.0    19.0    18.0    17.0
06PERD   19   24    16.0    15.5    15.0    14.5    14.0    13.5
06PERD   25   30    13.0    12.5    12.0    11.5    11.0    10.5
06PERD   31   36    10.0     9.5     9.0     8.5     8.0     7.5
06PERD   37   41     7.0     6.5     6.0     5.5     4.9
06DIRN    1    6     0.0    22.5    45.0   67.50   90.00   112.5
END06DIRN    7    9   135.0   157.5   180.0
```

计算完毕后，通过 AGS 查看给定海况下拖曳力线性化对平台运动 RAO 的影响。打开 AGS→Graphs，打开 alsemi_cd.plt，浪向为 0°，选择升沉运动的 Free Floating RAO 及 Free Floating RAO（+drag），后面一项对应的即为拖曳力线性化后的运动 RAO，如图 6.24 所示。

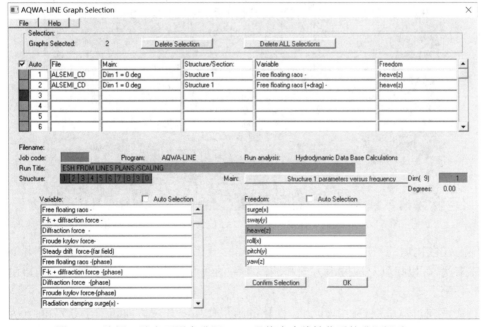

图 6.24　选择 0°浪向下平台升沉 RAO 及拖曳力线性化后的升沉运动 RAO

单击 OK 按钮，在图片查看界面选中两幅图并单击 Merge，以周期作为横坐标显示图片，如图 6.25 所示。可以发现在固有周期附近，拖曳力对升沉运动起到了一定程度的阻尼作用。

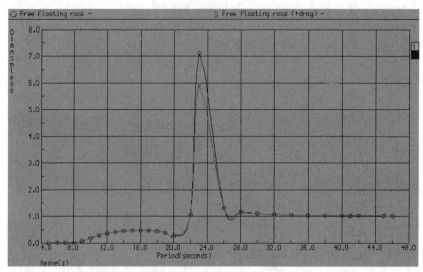

图 6.25　0°浪向升沉 RAO 对比（红色为拖曳力线性化结果）

重复之前的操作，将 0°浪向下的纵荡运动、纵摇运动以及 90°浪向下的横摇运动 RAO 显示出来并进行比较，如图 6.26 至图 6.28 所示。可以发现拖曳力对纵摇、横摇运动固有周期附近的运动起到了一定程度的阻尼作用。

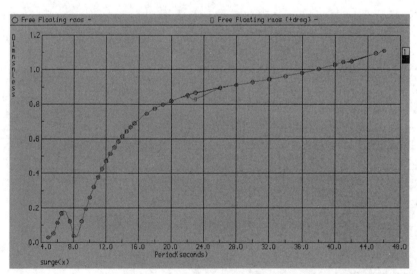

图 6.26　0°浪向纵荡 RAO 对比（红色为拖曳力线性化结果）

拖曳力线性化后的阻尼作用相对于临界阻尼百分比可以通过 lis 文件查看。打开 lis 文件，翻至文件末尾，可以找到对应波浪方向和波浪频率的线性化拖曳力相对于对应运动自由度的临界阻尼百分比。

对于 0°浪向，莫里森杆件拖曳力线性化的阻尼作用在升沉方向相当于 0.7%的升沉运动临界阻尼，在纵摇方向相当于 0.7%的纵摇运动临界阻尼，这个阻尼量还是比较小的。

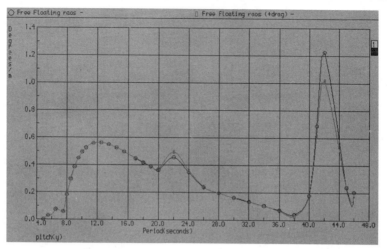

图 6.27　0°浪向纵摇 RAO 对比（红色为拖曳力线性化结果）

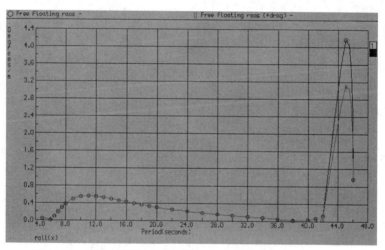

图 6.28　90°浪向横摇 RAO 对比（红色为拖曳力线性化结果）

```
* * * * L I N E A R I S E D   D R A G   P A R A M E T E R S   F O R   S T R U C T U R E  1 * * * *
- - - - - - - - - - - - - - - - - - - - - - - - - - - - - - - - - - - - - - - - - - - - - - - - - -

                        WAVE DIRECTION =   0.00
```

FREQUENCY NUMBER	FREQUENCY (RAD/S)	SURGE (X)	APPROXIMATE SWAY (Y)	PERCENTAGE HEAVE (Z)	ROLL (RX)	TOTAL CRITICAL DAMPING PITCH (RY)	YAW (RZ)
1	0.137	0.0	0.0	0.7	0.4	0.7	0.0
2	0.140	0.0	0.0	0.7	0.4	0.7	0.0
3	0.150	0.0	0.0	0.7	0.4	0.7	0.0
4	0.153	0.0	0.0	0.7	0.4	0.7	0.0
5	0.157	0.0	0.0	0.7	0.4	0.7	0.0
6	0.165	0.0	0.0	0.7	0.4	0.7	0.0
7	0.175	0.0	0.0	0.7	0.4	0.7	0.0
8	0.185	0.0	0.0	0.7	0.4	0.7	0.0
9	0.196	0.0	0.0	0.7	0.4	0.7	0.0
10	0.209	0.0	0.0	0.7	0.4	0.7	0.0
11	0.224	0.0	0.0	0.7	0.4	0.7	0.0
12	0.242	0.0	0.0	0.7	0.4	0.7	0.0
13	0.273	0.0	0.0	0.7	0.4	0.7	0.0
14	0.286	0.0	0.0	0.7	0.4	0.7	0.0
15	0.314	0.0	0.0	0.7	0.5	0.7	0.0
16	0.331	0.0	0.0	0.8	0.6	0.8	0.0
17	0.349	0.0	0.0	1.0	0.8	0.8	0.0
18	0.370	0.0	0.0	1.3	1.0	1.0	0.0
19	0.393	0.0	0.0	1.6	1.5	1.2	0.0
20	0.405	0.0	0.0	2.1	1.9	1.4	0.0

进一步比较拖曳力系数变化对阻尼效果的影响。复制 alsemi_cd.bat 文件并重命名为 alsemi_cd1.bat。打开 alsemi_cd1.bat，将杆件拖曳力系数由 0.75 改为 1.2，保存并运行。

04	GEOM						
04TUBE		1	7.01000	0.00100	0.000000	0.000000	0.000000
04CONT		1	1.20000	1.00000			
04TUBE		2	3.53500	0.00100	0.000000	0.000000	0.000000
04CONT		2	1.20000	1.00000			
04TUBE		3	2.59100	0.00100	0.000000	0.000000	0.000000
04CONT		3	1.20000	1.00000			
04TUBE		4	1.82900	0.00100	0.000000	0.000000	0.000000
04CONT		4	1.20000	1.00000			
END04PMAS		5	3.591E10	0.000000	0.000000	3.585E10	0.000000	4.985E10

打开 AGS，比较拖曳力系数变化对平台运动 RAO 的影响，如图 6.29 至图 6.31 所示。当拖曳力系数增大以后，其起到的阻尼效果更加明显。

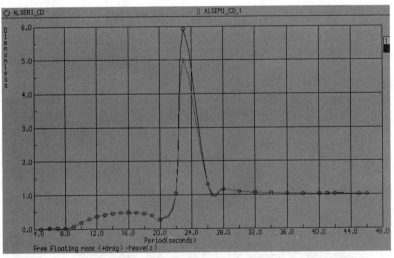

图 6.29 0°浪向升沉 RAO 对比（红色为拖曳力变化后的结果）

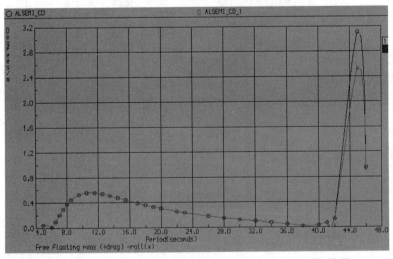

图 6.30 90°浪向横摇 RAO 对比（红色为拖曳力变化后的结果）

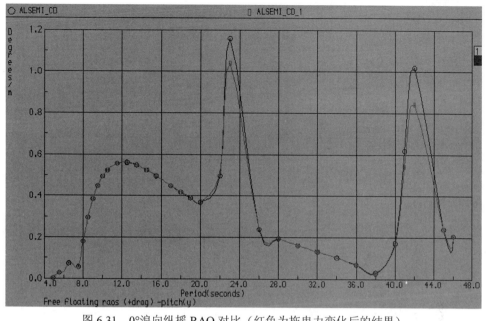

图 6.31　0°浪向纵摇 RAO 对比（红色为拖曳力变化后的结果）

查看 alsemi_cd1.lis 文件，拖曳力线性化起到的阻尼相对于临界阻尼比由 0.7%增加至 1.1%。

```
* * * * L I N E A R I S E D   D R A G   P A R A M E T E R S   F O R   S T R U C T U R E  1 * * * *
- - - - - - - - - - - - - - - - - - - - - - - - - - - - - - - - - - - - - - - - - - - - - - - - -

                        WAVE DIRECTION =   0.00

FREQUENCY  FREQUENCY              APPROXIMATE   PERCENTAGE  - TOTAL CRITICAL DAMPING
NUMBER     (RAD/S)    SURGE(X)    SWAY(Y)       HEAVE(Z)    ROLL(RX)    PITCH(RY)    YAN(RZ)
- - - - - - - - - - - - - - - - - - - - - - - - - - - - - - - - - - - - - - - - - - - - - - -
   1        0.137      0.0         0.0           1.1         0.5         1.1          0.0
   2        0.140      0.0         0.0           1.1         0.5         1.1          0.0
   3        0.150      0.0         0.0           1.1         0.5         1.1          0.0
   4        0.153      0.0         0.0           1.1         0.5         1.1          0.0
   5        0.157      0.0         0.0           1.1         0.5         1.1          0.0
   6        0.165      0.0         0.0           1.1         0.5         1.1          0.0
   7        0.175      0.0         0.0           1.1         0.5         1.1          0.0
   8        0.185      0.0         0.0           1.1         0.5         1.1          0.0
   9        0.196      0.0         0.0           1.1         0.5         1.1          0.0
  10        0.209      0.0         0.0           1.1         0.5         1.1          0.0
  11        0.224      0.0         0.0           1.1         0.5         1.1          0.0
  12        0.242      0.0         0.0           1.1         0.5         1.1          0.0
  13        0.273      0.0         0.0           1.1         0.6         1.1          0.0
  14        0.286      0.0         0.0           1.1         0.6         1.1          0.0
  15        0.314      0.0         0.0           1.1         0.7         1.1          0.0
  16        0.331      0.0         0.0           1.2         0.8         1.1          0.0
  17        0.349      0.0         0.0           1.4         0.9         1.2          0.0
  18        0.370      0.0         0.0           1.6         1.2         1.3          0.0
  19        0.393      0.0         0.0           2.1         1.7         1.6          0.0
  20        0.405      0.0         0.0           2.5         2.0         1.7          0.0
  21        0.419      0.0         0.0           3.0         2.5         2.0          0.0
```

6.2.4　给定海况频域运动分析

AQWA 进行频域运动分析时不能引用拖曳力线性化后的 RAO 计算结果，需要将拖曳力线性化影响以线性阻尼的形式加到水动力计算模型中重新计算。

对平台升沉、横摇、纵摇三个方向计算临界阻尼，计算 1%临界阻尼对应量。

	Z	RX	RY
Mass	4.18E+07	3.59E+10	5.85E+09
Added mass	5.41E+07	3.98E+10	3.83E+10
stiffness	7.27E+06	1.44E+09	1.70E+09
Critical damping	5.28E+07	2.09E+10	1.73E+10
Percentage	1%	1%	1%
Damping added	5.28E+05	2.09E+08	1.73E+08

复制 alsemi_cd.bat 文件并重命名为 alsemi.bat，将三个运动方向的额外阻尼添加到 Category7 的 FIDD 行。

```
06    FDR1
06PERD    1    6    46.0    45.0    42.0    41.0    40.0    38.0
06PERD    7    12    36.0    34.0    32.0    30.0    28.0    26.0
06PERD    13    18    23.0    22.0    20.0    19.0    18.0    17.0
06PERD    19    24    16.0    15.5    15.0    14.5    14.0    13.5
06PERD    25    30    13.0    12.5    12.0    11.5    11.0    10.5
06PERD    31    36    10.0    9.5    9.0    8.5    8.0    7.5
06PERD    37    41    7.0    6.5    6.0    5.5    4.9
06DIRN    1    6    0.0    22.5    45.0    67.50    90.00    112.5
END06DIRN    7    9    135.0    157.5    180.0
07    WFS1
07FIDD                  5.28E05    2.09E8    1.73E8
END07ZCGE    -7.0706
08    NONE
```

修改 OPTIONS，将 LDRG 删去。修改 RESTART，改为 1～3，运行该文件。

```
OPTIONS REST GOON END
RESTART   1   3
```

计算完毕后，检查升沉、横摇、纵摇运动 RAO 曲线是否与之前拖曳力线性化的计算结果一致，如图 6.32 所示。

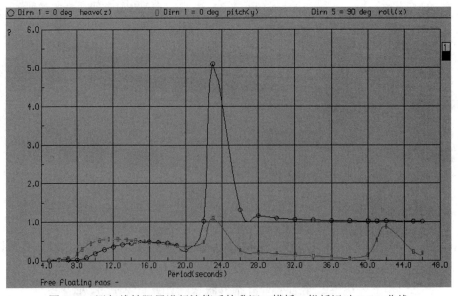

图 6.32　添加线性阻尼进行计算后的升沉、横摇、纵摇运动 RAO 曲线

　　新建 afsemi.bat，用于给定海况下平台频域运动分析。由于没有系泊系统，这里的频域运动计算仅包括波频运动。这里仅计算 0°浪向作用下的平台运动响应情况。

　　运行 afsemi.bat。

```
JOB TANK FER   WFRQ
TITLE
OPTIONS REST END
RESTART   4  5     alsemi
      09   NONE
      10   NONE
      11   NONE
      12   NONE
      13   SPEC
      13JONH            0.2    2.0    1.8          12    0.4189
END13
      14   NONE
      15   NONE
      16   NONE
      17   NONE
      18   NONE
      19   NONE
      20   NONE
```

　　打开 afsemi.lis，找到运动有义值计算结果。

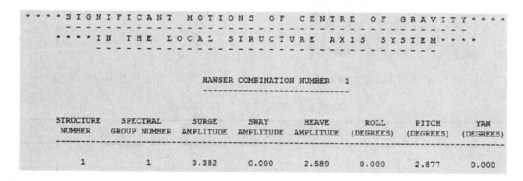

```
* * * * S I G N I F I C A N T   M O T I O N S   O F   C E N T R E   O F   G R A V I T Y * * * *
--------------------------------------------------------
* * * * I N   T H E   L O C A L   S T R U C T U R E   A X I S   S Y S T E M * * * *


                    HAWSER COMBINATION NUMBER   1
                    ----------------------------

STRUCTURE  SPECTRAL     SURGE      SWAY      HEAVE      ROLL      PITCH      YAW
NUMBER   GROUP NUMBER AMPLITUDE  AMPLITUDE AMPLITUDE (DEGREES) (DEGREES) (DEGREES)
--------------------------------------------------------------------------------

   1          1        3.382     0.000     2.589     0.000     2.877     0.000
```

　　近似认为运动最大值为运动标准差的 3.72 倍（有义值的 1.86 倍），则平台在 0°浪向给定海况下的运动最大值为：

- 纵荡运动最大值：6.29m；
- 升沉运动最大值：4.82m；
- 纵摇运动最大值：5.35°。

6.3　工作船靠帮系泊分析

6.3.1　系泊与护舷布置

　　以第 4 章的工作船为例，假设其停靠在长 200m、宽 50m、深 20m 的码头，通过系泊缆与码头连接，码头配备护舷并与船体右舷相接触，以减轻船体对码头的撞击载荷。船体与码头相距 5m。

船体船艏、船艉各两根斜向缆与码头系缆桩连接，船舯位置有两根交叉缆与码头系缆桩连接，护舷与系泊缆布置示意如图 6.33 所示。系泊缆材质为 100mm 尼龙缆，具体属性为：

- 重量 w=5kg/m；
- 轴向刚度 EA=1180kN；
- 最小破断力 167t。

假定码头与船体之间的护舷有两个，分别位于船艏和船艉对应的码头位置。护舷碰撞力与变形关系如图 6.34 所示。船舶、码头与环境条件如表 6.2 所示。

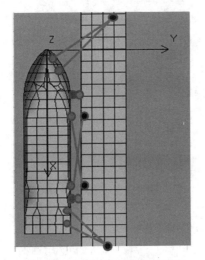

图 6.33 护舷与系泊缆布置示意

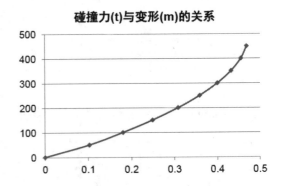

图 6.34 护舷碰撞力与变形关系

表 6.2 船舶、码头与环境条件

船舶数据		码头尺度	
垂线间长 L_{pp}（m）	76	长（m）	200
型宽 B（m）	20.4	宽（m）	50
型深 D（m）	8	深（吃水）（m）	20
排水量（kg）	6281.83	船体与码头间距（m）	5
吃水（m）	5.6	环境条件	
X 向重心位置 K_x（m）	38.7		
Y 向重心位置 K_y（m）	0	流速（m/s）	0.5
Z 向重心位置 K_z（m）	7.8	风速（m/s）	15
初稳高 GMT（m）	3.38	有义波高（m）	0.25
X 方向惯性质量 I_{xx}（kg·m）	3.35E+08	Gamma	1.7
X 方向惯性质量 I_{yy}（kg·m）	3.21E+09	谱峰周期（s）	5
X 方向惯性质量 I_{zz}（kg·m）	3.18E+09	环境条件方向（°）	90

6.3.2   多体耦合模型的建立

使用经典 ANSYS 建立工作船与靠泊码头模型，如图 6.35 所示。使用 6.1 节所述方法，将船体模型和码头模型分别输出并命名为 dock.bat 和 ship.bat，分别对应码头和工作船。

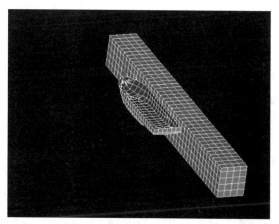

图 6.35   使用经典 ANSYS 建立工作船和靠泊码头模型

新建 Hydrody 文件夹，新建 al_dock_Mooring.bat 文件，组装码头模型和船体模型。码头模型为 ELM1，工作船模型为 ELM2，各自重心位置分别对应节点 99999 和 99998。

在码头模型 ELM1 的 ZLWL 行之后添加 FIXD 行，表明码头模型是固定不动的。

```
   01 1620              36.577    10.200     3.400
*码头重心位置
   0199999              40.000    25.200     0.000
*船体重心位置
END0199998              38.700     0.018       2.2
* harb
   02    ELM1
   02ZLWL          (     0.000)
   02FIXD
```

在船体模型 ELM2 的 ZLWL 行之后添加 HYDI 行，表明在计算中考虑码头与船体的水动力耦合作用。

```
* ship
   02    ELM2
   02ZLWL              (      0.0000)
   02HYDI       1
```

对 Category3～7 进行修改：

- Category3 中的 1 对应码头质量，2 对应工作船质量。
- Category4 中的 1 对应码头惯性质量，2 对应工作船惯性质量。由于码头固定不动，在水动力计算中仅考虑其绕射和反射作用，惯性质量可以采用 ANSYS 输出模型时自动计算的结果。
- Category5 设定水深 25m。这里需要注意，码头深度 20m，海底需要同码头最底部单元有一定的距离，这里假设水深为 25m。

● Category6 设定码头、工作船的水动力计算周期和波浪方向。两个体的计算周期和波浪方向一致。

```
  02    FINI
  03    MATE
  03          1 8.200E+07
END03         2 6.391E+06
  04    GEOM
  04PMAS      1 3.792E+09  0.00      0.00      2.050E+11  0.00      2.217E+11
  04PMAS      2 3.084E+08  0.00      0.00      2.454E+09  0.00      2.654E+09
END04
  05    GLOB
  05DPTH   25
  05DENS 1025
END05ACCG  9.8060
  06    FDR1 * Frequencies and directions (may need editing)
  06PERD   1  6      18       16        15        14        13.5       13
  06PERD   7  12     12.5     12        11.5      11        10.5       10
  06PERD  13  18     9.5      9         8.5       8         7.5        7
  06PERD  19  21     6.5      6         5.5       5.0
  06DIRN   1  6      -180     -135      -90       -45       0          45
END06DIRN  7  9      90       135       180
  06    FDR2 * Frequencies and directions (may need editing)
  06PERD   1  6      18       16        15        14        13.5       13
  06PERD   7  12     12.5     12        11.5      11        10.5       10
  06PERD  13  18     9.5      9         8.5       8         7.5        7
  06PERD  19  21     6.5      6         5.5       5.0
  06DIRN   1  6      -180     -135      -90       -45       0          45
END06DIRN  7  9      90       135       180
```

● Category7 设定工作船附加线性阻尼，这里仅对工作船施加横摇附加阻尼，阻尼量为 8%的横摇临界阻尼。

```
  07    WFS1
END07
  07    WFS2
END07FIDD                                          4.37E+07
  08    NONE
```

修改完毕后运行 al_dock_Mooring.bat 文件。使用 AGS 查看计算模型，如图 6.36 所示。可以通过 AGS 查看水动力计算结果，这里不再赘述。

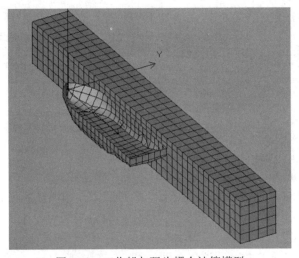

图 6.36 工作船与码头耦合计算模型

6.3.3 靠泊分析模型的建立

建立靠泊分析模型的主要步骤包括：对水动力计算文件进行修改，增加定义系泊缆、护舷所需要使用的节点；新建静平衡计算文件；新建时域计算文件。

（1）新建节点。

工作船靠泊模型需要建立 6 根系泊缆和两个护舷单元。工作船船艏两根系泊缆引向船艏斜前方的码头上的同一个系缆桩；船舯两根等长度的交叉缆连接两个不同位置的系缆桩；船艉两根系泊缆引向船艉斜后方码头上的同一个系缆桩。建立系泊缆模型需要新定义 10 个点，其中 6 个为船上导缆孔点，4 个为码头上的系缆桩点。

本次计算中需要定义的护舷类型是固定护舷，即护舷弹性受力部件位于固定的码头上，接触面位于船上。定义一个此类舷需要 4 个点，即船上两个点，负责指定单元方向；固定体上两个点，负责定义接触面及法线方向。整个模型需要定义两个护舷，因而针对护舷系统需要新定义 8 个点。

点的名称及坐标信息如图 6.37 所示。

船上导缆孔		No.	X	Y	Z
	FS1	8001	5	5	3
	FS2	8002	10	8	3
	FS3	8003	25	10.4	3
	FS4	8004	50	10.4	3
	FS5	8005	65	10.4	3
	FS6	8006	70	10.4	3
岸上系缆桩		No.	X	Y	Z
	A1	8201	-40	25	3
	A2	8202	25	15	3
	A3	8203	50	15	3
	A4	8204	115	25	3
船上护舷点		No.	X	Y	Z
	F1	8101	20	10.2	0
	F2	8102	60	10.2	0
		No.	X	Y	Z
	F11	8111	20	15	0
	F12	8112	60	15	0
岸上护舷点		No.	X	Y	Z
	FH1	8301	20	10.7	0
		8311	20	10	0
	FH2	8302	60	10.7	0
		8312	60	10	0

图 6.37 定义系泊缆和护舷需要新定义的点及对应坐标信息

打开 al_dock_Mooring.bat 文件，输入需要添加的节点代号及坐标信息。输入完毕后运行该文件。

```
JOB MESH  LINE
TITLE
OPTIONS REST GOON END
RESTART    1  3
   01    COOR
   01NOD5
* fairlead on ship
   01 8001            5        5        3
   01 8002           10        8        3
   01 8003           25      10.4       3
   01 8004           50      10.4       3
   01 8005           65      10.4       3
   01 8006           70      10.4       3
* fender on ship
   01 8101           20      10.2       0
   01 8111           20      15         0
   01 8102           60      10.2       0
   01 8112           60      15         0
* anchor
   01 8201          -40      25         3
   01 8202           25      15         3
   01 8203           50      15         3
   01 8204          115      25         3
* fender on harb
   01 8301           20      10.7       0
   01 8311           20      10.0       0
   01 8302           60      10.7       0
   01 8312           60      10.0       0
```

（2）新建静平衡计算文件。

在计算模型文件夹下新建静平衡计算文件 eqp.bat，打开该文件并输入以下内容：

● JOB 输入 LIBR，进行静平衡分析。

● RESTART 为 4～5，引用 al_dock_mooring 文件的水动力计算结果。

● 在 Category10 中输入工作船的风流力系数（参考 4.7.1 节）。

```
JOB TANK  LIBR
TITLE                      Dock mooring
OPTIONS REST END
RESTART    4  5     AL_dock_mooring
   09    NONE
   10    HLD2
   10DIRN  1  6     -180     -135      -90      -45        0       45
   10DIRN  7  9       90      135      180
*
   10CUFX  1  6 -1.38E+04 -9.78E+03  0.00E+00  9.78E+03  1.38E+04  9.78E+03
   10CUFX  7  9  0.00E+00 -9.78E+03 -1.38E+04
****
   10CUFY  1  6 -5.35E-11 -3.09E+05 -4.37E+05 -3.09E+05  0.00E+00  3.09E+05
   10CUFY  7  9  4.37E+05  3.09E+05  0.00E+00
*
   10CURZ  1  6  0.00E+00 -6.18E+05 -8.73E+05 -6.18E+05  0.00E+00  6.18E+05
   10CURZ  7  9  8.73E+05  6.18E+05  0.00E+00
*
   10WIFX  1  6 -1.41E+02 -9.94E+01  0.00E+00  9.94E+01  1.41E+02  9.94E+01
   10WIFX  7  9  0.00E+00 -9.94E+01 -1.41E+02
****
   10WIFY  1  6  0.00E+00 -2.58E+02 -3.65E+02 -2.58E+02  0.00E+00  2.58E+02
   10WIFY  7  9  3.65E+02  2.58E+02  0.00E+00
*
*
   10WIRZ  1  6 -2.00E+03 -1.41E+03  0.00E+00 1.41E+035  2.00E+03  1.41E+03
END10WIRZ  7  9  0.00E+00 -1.41E+03 -2.00E+03
```

- 在 Category12 中限制码头的运动（6 个自由度都锁住）。
- 在 Category13 中输入一个较小的波浪条件，用于计算近似无外部载荷时，系统处于静平衡状态下的系泊缆预张力。

```
  11     NONE
  12     CONS
  12DACF     1      1
  12DACF     1      2
  12DACF     1      3
  12DACF     1      4
  12DACF     1      5
END12DACF     1      6
  13     SPEC
  13SPDN                 90
END13JONH              0.300    2.0000      1.7    0.010    1.2566
```

- 在 Category14 定义系泊系统和护舷单元。

考虑到系泊缆为尼龙材质，出于简便考虑，这里以线弹性绳来模拟尼龙材质系泊缆。

通过 Line 选项定义线弹性绳，这里需要输入尼龙缆的轴向刚度和施加预张力后的长度。这里假设在无环境条件作用时，各个系泊缆预张力为 5t 左右。各个缆绳预张力对应绳长可以通过计算系泊缆两节点之间的距离并考虑尼龙缆的弹性伸长近似求得。

```
  14     MOOR
  14LINE     2 8001    0 8201    1.18E6    49.25
  14LINE     2 8002    0 8201    1.18E6    52.82
  14LINE     2 8003    0 8203    1.18E6    25.42
  14LINE     2 8004    0 8202    1.18E6    25.4
  14LINE     2 8005    0 8204    1.18E6    52.1
  14LINE     2 8006    0 8204    1.18E6    47.32
  14POLY                         3E6       1E7
  14FEND                         0.5                  0.06          0.02
  14FLIN     1       1 8301 8311         2 8101 8111
END14FLIN     1       1 8302 8312         2 8102 8112
```

在 AQWA 中定义护舷单元需要输入三个选项：①POLY 用来定义护舷变形量与受力之间的关系；②FEND 定义护舷大小以及阻尼和摩擦力系数；③FLIN 定义护舷类型、位置以及受力方向。

对应 POLY 行，对图 6.34 的变形—载荷曲线进行拟合，如图 6.38 所示。这里需要注意，POLY 表示的是变形量与受力载荷之间的关系。POLY 可以使用五阶多项式来表达非线性刚度变化，这里拟合曲线使用二阶函数即可得到较好的结果，变形量和碰撞力的表达式为 $F = 1.0E7x^2 + 3E6x - 772.4$。POLY 行可以输入 5 个参数，5 个参数按照阶数增长排列：

$$T = P_1E + P_2E^2 + P_3E^3 + P_4E^4 + P_5E^5 \tag{6.1}$$

因而在 POLY 行第一个参数位置输入 3E6，第二个参数位置输入 1.0E7。

对应 FEND 行，该护舷受压变形量为 0.5m，假设其阻尼系数和摩擦力系数分别为 0.06 和 0.02。

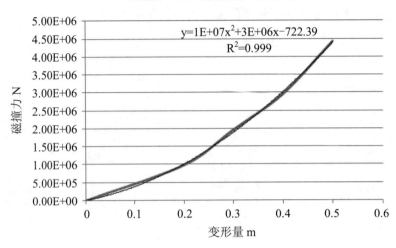

图 6.38　护舷碰撞力与变形量的拟合

对应 FLIN 行，1 表示护舷单元为固定类型护舷。"1　8301　8311"定义护舷单元中弹性单元位于结构 1 上（也就是码头），8301 表示护舷变形弹性单元所在位置，8311 表示该护舷的受力法线方向由 8301 指向 8311。"2　8101　8111"定义护舷单元中的接触面，这个面位于船体右侧，法线方向由船体指向码头，即从点 8011 指向 8111。护舷单元的组成如图 6.39 所示。

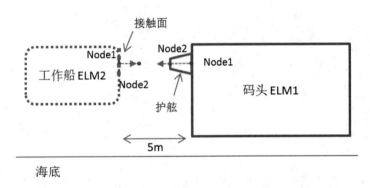

图 6.39　护舷单元的组成

- 在 Category15 定义两个体的重心位置。
- 在 Category16 定义静态计算迭代步数。

```
 15    STRT
 15POS1              40.000    25.000     0.000     0.000     0.000     0.000
END15POS2            38.700      0.00     2.200     0.000     0.000     0.000
 16    LMTS
END16MXNI     1000
```

至此，无环境作用下的静态计算文件编写完成，运行 eqp.bat 文件。计算完毕后打开 eap.lis 文件，翻至文件末尾查看预张力情况。系泊缆预张力在（5.0E+04）N 左右，接近 5t。船艏护舷受力（7.32E+04）N，船艉护舷受力（3.75E+04）N。

```
****MOORING FORCES AND STIFFNESS FOR STRUCTURE 2****
-------------------------------------------------------

     SPECTRAL GROUP NUMBER  1      MOORING COMBINATION  1     (NUMBER OF LINES=  6)      NOTE - STRUCTURE 0 IS FIXED

LINE  TYPE LENGTH  LENGTH- NODE TENSION   FORCE X  POSN X AT  NODE TENSION   FORCE X  POSN X           STIFFNESS
                   RANGE        VERT ANGLE      Y       Y  STRUC      VERT ANGLE      Y       Y      X        Y        Z
                                          Z       Z                 LAID IN    Z       Z
------------------------------------------------------------------------------------------------------------------------

  1   LINE  49.26   0.05 8001 5.93E+04 -5.41E+04   4.99  0  8201 5.93E+04  5.41E+04  -40.00   9.83E+05 -4.40E+05 -7.56E+03
                                       2.92E+04    4.85               -2.42E+04   25.00  -4.40E+05  1.98E+05  3.39E+03
                                       4.16E+02    2.65               -4.16E+02    3.00  -7.56E+03  3.39E+03  1.26E+03

  2   LINE  52.82   0.03 8002 4.10E+04 -3.88E+04   9.99  0  8201 4.10E+04  3.88E+04  -40.00   1.06E+06 -3.62E+05 -7.05E+03
                                       1.33E+04    7.85               -1.33E+04   25.00  -3.62E+05  1.25E+05  2.42E+03
                                       2.60E+02    2.67               -2.60E+02    3.00  -7.05E+03  2.42E+03  8.23E+02

  3   LINE  25.42   0.04 8003 4.22E+04  4.15E+04  24.99  0  8203 4.22E+04 -4.15E+04   50.00   1.14E+06  2.16E+05  1.10E+04
                                       7.89E+03   10.24               -7.89E+03   15.00   2.16E+05  4.28E+04  2.09E+03
                                       1.00E+02    2.76               -4.00E+02    3.00   1.10E+04  2.09E+03  1.76E+03

  4   LINE  25.40   0.04 8004 4.96E+04 -4.88E+04  49.99  0  8202 4.96E+04  4.88E+04   25.00   1.14E+06 -2.17E+05 -2.38E+03
                                       9.29E+03   10.24               -9.29E+03   15.00  -2.17E+05  4.32E+04  4.54E+02
                                       1.02E+02    2.95               -1.02E+02    3.00  -2.38E+03  4.54E+02  1.96E+03

  5   LINE  52.10   0.04 8005 4.88E+04  4.68E+04  64.99  0  8204 4.88E+04 -4.68E+04  115.00   1.09E+06  3.20E+05 -1.32E+03
                                       1.38E+04   10.24               -1.38E+04   25.00   3.20E+05  9.55E+04 -3.91E+02
                                      -5.72E+01    3.06                5.72E+01    3.00  -1.32E+03 -3.91E+02  9.38E+02

  6   LINE  47.32   0.05 8006 5.63E+04  5.35E+04  69.99  0  8204 5.63E+04 -5.35E+04  115.00   1.07E+06  3.49E+05 -2.34E+03
                                       1.75E+04   10.24               -1.75E+04   25.00   3.49E+05  1.16E+05 -7.67E+02
                                      -1.17E+02    3.10                1.17E+02    3.00  -2.34E+03 -7.67E+02  1.19E+03

  7   FLIN   0.00   0.55 8101 7.32E+04 -1.96E+01  20.02  1  8301 7.32E+04  1.96E+01   20.00   2.47E-01  9.68E+02 -8.26E+00
                                      -7.92E+04   10.02                7.32E+04   10.50   9.26E+02  3.45E+06 -2.94E+04
                                       6.25E+02   -0.28               -6.25E+02    0.00  -7.59E+00 -2.95E+04  2.51E+02

  8   FLIN   0.00   0.49 8102 3.75E+04 -9.97E+00  60.02  1  8302 3.75E+04  9.97E+00   60.00   2.52E-01  8.82E+02 -7.52E+00
                                      -3.75E+04   10.01                3.75E+04   10.50   8.69E+02  3.24E+06 -2.76E+04
                                       3.20E+02    0.03               -3.20E+02    0.00  -7.90E+00 -2.76E+04  2.36E+02
```

（3）新建时域计算文件。

在进行时域分析之前需要新建两个文件：ab_d_m.bat 和 ad_d_m.bat。ab_d_m.bat 用来计算给定环境条件作用下的船体平衡位置，并作为初始条件输入到时域计算模型；ad_d_m.bat 为时域耦合计算模型。

ab_d_m.bat 文件内容同 eqp.bat 基本一致，唯一不同点在于 Category13 需要输入时域计算需要使用的环境条件：

- 风为定常风，风速 15m/s，风向 90°，参考高度 10m；
- 流为定常流 0.5m/s，流向 90°；
- 波浪为 JONSWAP 谱，Gamma=1.7，有义波高 0.25m，谱峰频率 1.2566rad/s（相当于谱峰周期 5s）。

```
13     SPEC
13CURR                  0.5           90
13WIND                  15            90            10
13SPDN                  90
END13JONH               0.300       2.0000          1.7       0.250       1.2566
```

拷贝 ab_d_m.bat 文件，重命名为 ad_d_m.bat 并打开，对 JOB 位置进行修改，WFRQ 表示时域计算中进行波频和低频分析。

OPTIONS 中添加 RDEP 选项，RESTART 输入 ab_d_m，表示引用静平衡计算的平衡位置作为时域计算起始条件。

```
JOB TANK  DRIF  WFRQ
TITLE                       Dock mooring
OPTIONS REST RDEP END
RESTART    4  5        ab_d_m
```

由于引用 ab_d_m.bat 计算的平衡位置，Category15 为 NONE。Category16 设定时域分析模拟时间和计算步长，模拟时间 3 小时，步长 0.2s。

Category18 设置 plt 曲线文件包括系泊缆张力计算结果（PTEN 1 表示输出连接结构 1 的缆绳计算结果，PTEN 2 表示输出连接结构 2 的缆绳计算结果）。

```
    15     NONE
    16     TINT
END16TIME      54000    0.2
    17     NONE
    18     PROP
18PPRV 1
18PREV99999
18PTEN      1
END18PTEN      2
    19     NONE
    20     NONE
```

文件编写完毕后，先运行 ab_d_m.bat，随后运行 ad_d_m.bat 文件，完成时域计算。

6.3.4 时域耦合分析结果处理

时域计算完成后，可以通过 AGS 查看模型及仿真动画，如图 6.40 和图 6.41 所示，具体方法可参照 4.7.4 节内容，在此不再赘述。

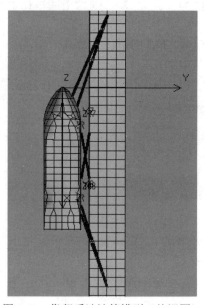

图 6.40 靠帮系泊计算模型（俯视图）

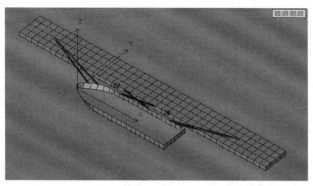

图 6.41　横浪作用下的靠帮工作船

计算结果时域曲线可通过 AGS→Graphs 打开查看，如图 6.42 和图 6.43 所示。

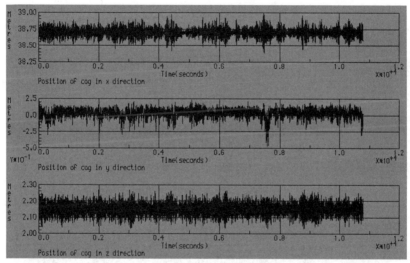

图 6.42　工作船重心位置运动时域计算结果（纵荡、横荡、升沉）

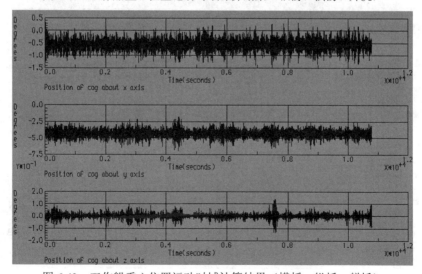

图 6.43　工作船重心位置运动时域计算结果（横摇、纵摇、艏摇）

查看护舷受力情况可以单击 AGS→Graphs，选择时域计算曲线文件，单击 Fender Line，然后可以选择护舷受力及压缩量等结果，如图 6.44 所示。选择 Fender Line#7 和 Fender Line #8，查看两个护舷整体受力以及变形情况，如图 6.45 所示。

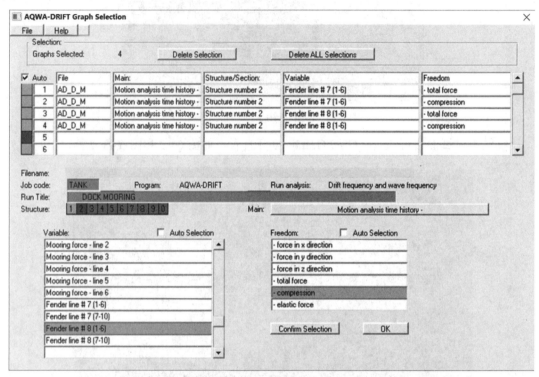

图 6.44 查看护舷受力及变形

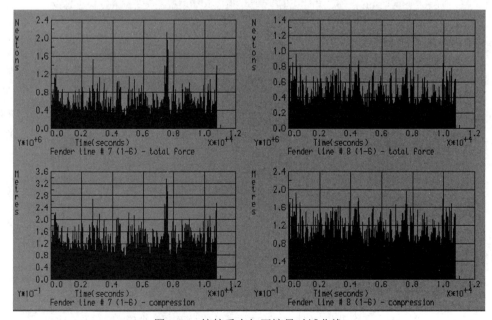

图 6.45 护舷受力与压缩量时域曲线

对时域计算结果进行整理。可以通过打开 lis 文件查看统计结果，也可以通过 AGS 直接读取时域曲线的统计结果。工作船在给定海况下的运动统计结果如表 6.3 所示。护舷受力及系泊缆张力情况如表 6.4 和表 6.5 所示。

表 6.3　工作船运动统计结果

船体运动计算结果		
	横荡	单位
最小值	-0.468	m
最大值	0.234	m
平均值	0.000	m
有义值	0.143	m
	横摇	
最小值	-1.494	°
最大值	0.305	°
平均值	-0.575	°
有义值	0.493	°

工作船在给定海况作用下，最大横荡为 0.468m，最大横摇为 1.494°。

船艏护舷受力最大为（2.137E+06）N（218t），对应最大变形量 0.336m。船艉护舷受力最大为（9.952E+05）N（101t），对应最大变形量 0.197m。根据护舷刚度数据可知，护舷最大变形量为 0.5m 对应碰撞力为 500t，给定海况下护舷受力与变形量均该值，能够保证护舷安全。

表 6.4　护舷受力统计结果

护舷受力与变形量		
	船艏护舷	单位
碰撞力最大值	2.137E+06	N
碰撞力平均值	1.362E+05	N
碰撞力有义值	4.11E+05	N
最大变形量	0.336	m
	船艉护舷	
碰撞力最大值	9.952E+05	N
碰撞力平均值	1.084E+05	N
碰撞力有义值	2.997E+05	N
最大变形量	0.197	m

系泊缆最大张力为（6.012E+05）N（61t），缆绳破断力为（1.639E+06）N（167t），对应安全系数为 2.726>1.67，满足要求。

表 6.5 系泊缆张力统计结果

缆绳张力计算结果					
No.	最大值/N	平均值/N	有义值/N	最大缆绳张力/N	系泊缆最小破断力/N	安全系数
1	6.012E+05	3.551E+04	1.292E+05	6.012E+05	1.639E+06	2.726
2	3.899E+05	2.509E+04	9.187E+04			
3	3.892E+05	3.718E+04	1.018E+05			
4	3.446E+05	3.584E+04	1.020E+05			
5	3.107E+05	2.817E04	8.718E+04			
6	3.186E+05	3.003E+04	9.320E+04			

需要注意，这里的时域计算仅是一个随机种子的模拟结果，如要得到合理结果，需要多个种子的模拟结果。

另外，在该例中对一些参数作了简化，比如码头尺寸、水深、环境条件以及系泊缆绳模拟方式等。在实际的工程计算中，需要充分考虑这些参数。

6.4 内转塔单点 FPSO 的系泊分析

6.4.1 基本数据与风流力系数

本节主要是从整体上介绍使用 AQWA 进行内转塔 FPSO 系泊分析的流程，处于简便考虑，目标 FPSO 船体型线使用 AQWA demo 自带的 15 万吨级 VLCC 代替，环境条件采用南海某油田的数据，系泊系统为 3×3 的内转塔单点系泊系统，具体参数如表 6.6 至表 6.8 所示。限于篇幅，这里仅对目标 FPSO 满载吃水工况进行系泊分析。

表 6.6 目标 FPSO 主尺度

目标船主尺度		
垂线间长 L_{BP}	m	267
型宽 B	m	50.0
型深 D	m	25.1
满载吃水 t	m	16.5
纵向重心位置 LXG（相对于船舯）	m	0.0
横向重心位置 BXG	m	0.0
垂向重心位置 ZXG（相对于船底基线）	m	14.3
X 轴回转半径 K_{xx}	m	17.0
Y 轴回转半径 K_{yy}	m	68.4
Z 轴回转半径 K_{zz}	m	68.4
横初稳性高 GMT	m	6.9

续表

升沉固有周期 NP_heave	s	11.0
横摇固有周期 NP_Roll	s	14.5
纵摇固有周期 NP_Pitch	s	10.4
横剖面方向迎风面积 A_T	m²	1300
纵剖面方向迎风面积 A_L	m²	4200

　　FPSO 的系泊系统为典型 3×3 布置，三组系泊缆间距 120°，组内系泊缆间距 5°，系泊半径（系泊缆上端悬挂点到锚点的水平距离）877m。单根系泊缆从锚点至上端悬挂点由钢链－钢缆－钢链－钢缆组成，悬挂段钢链配备额外两股同材质的配重链，起到增大系泊系统恢复刚度的作用。

表 6.7　系泊缆信息

由锚点至锚链盘	直径/mm	空气中重量 kg/m	水中重量 kN/m	腐蚀折减后破断强度/kN	轴向刚度/kN	长度/m
R4 无档锚链	142	407.3	3.473	17400	1.19E6	51
Spiral Strand 钢芯钢缆	134	93.7	0.733	17800	1.78E6	501
R4 无档锚链（配备配重链）	142	407.3×3	3.473×3	17400	1.19E6	101
Spiral Strand 钢芯钢缆	134	93.7	0.733	17800	1.78E6	251

　　用于系泊分析的环境条件为南海某海域百年一遇环境条件[41]，分别包括波浪、风、流主导的环境条件数据。

表 6.8　环境条件

参数	百年一遇		
	波浪主导环境条件	风主导环境条件	流主导环境条件
H_s/m	12.8	11.8	11.4
T_p/s	15.0	14.3	14.0
Gamma	2.6	2.6	2.6
1 小时平均风速/(m/s)	41.2	43.4	39.4
表层流速/(m/s)	2.20	2.15	2.36
中层流速/(m/s)	1.79	1.75	1.92
低层流速/(m/s)	1.00	0.97	1.07

　　在正式开始建模之前，首先需要计算目标 FPSO 的风流力系数。一般而言，通过风洞试验得到 FPSO 的风流力系数是较为准确可靠的方法。在缺乏风洞试验数据时，对风力系数的估算一般有两种做法：

　　（1）在了解上层模块布置情况前提下，可以通过考虑形状系数和高度系数，对 FPSO 上层模块以及船体受风力作用部分进行计算，给出风力系数和受风面积的估计值。

（2）根据 OCIMF Prediction of Wind and Current Loads on VLCC（1994）（以下简称为 OCIMF）对风力系数进行估计。对于 FPSO 的流力系数，一般可以参考 OCIMF 对流力系数的建议[24]。

由于缺乏上层模块布置情况，因而本节对于目标 FPSO 的风力、流力系数估算均参考 OCIMF 建议值。

OCIMF 对 VLCC 所受风力的定义为：

$$F_{XW} = \frac{1}{2} C_{XW} \rho_W V_W^{\ 2} A_T \tag{6.2}$$

$$F_{YW} = \frac{1}{2} C_{YW} \rho_W V_W^{\ 2} A_L \tag{6.3}$$

$$M_{XYW} = \frac{1}{2} C_{XYW} \rho_W V_W^{\ 2} A_L L_{BP} \tag{6.4}$$

其中：C_{XW} 为 X 方向（横截面）风力系数，C_{YW} 为 Y 方向（纵截面）风力系数，M_{XYW} 为艏摇方向风力系数，ρ_W 为空气密度，V_W 为风速，A_T 为横截面迎风面积，A_L 为纵剖面迎风面积，L_{BP} 为垂线间长。

OCIMF 对 VLCC 所受流力定义为：

$$F_{XC} = \frac{1}{2} C_{XC} \rho_C V_C^{\ 2} L_{BP} T \tag{6.5}$$

$$F_{YC} = \frac{1}{2} C_{YC} \rho_C V_C^{\ 2} L_{BP} T \tag{6.6}$$

$$M_{XYC} = \frac{1}{2} C_{XYC} \rho_C V_C^{\ 2} L_{BP}^{\ 2} T \tag{6.7}$$

其中：C_{XC} 为 X 方向（横截面）流力系数，C_{YC} 为 Y 方向（纵截面）流力系数，M_{XYC} 为艏摇方向流力系数，ρ_C 为海水密度，V_C 为流速，T 为吃水，L_{BP} 为垂线间长。

OCIMF 对于坐标系的定义为：船艉指向船艏为 X 轴正方向，右舷指向左舷为 Y 轴正方向。风/流角度定义为去向与 X 轴的夹角，当风/流去向沿着 X 轴正向时为 0°，当风/流去向沿着 X 轴负向时为 180°，坐标轴及方向定义如图 6.46 所示。

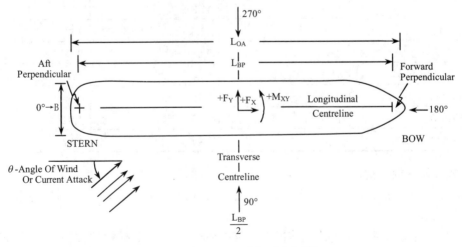

图 6.46 OCIMF 坐标系定义[24]

　　由于本节针对目标 FPSO 满载状态进行系泊分析，下面仅给出与本次计算有关的 OCIMF 关于 VLCC 风力系数和流力系数的数据。

　　OCIMF 针对 VLCC 船舶形状的不同，给出了关于不同风向的、对应球鼻艏船艏（Conventional）和非球鼻艏船艏（Cylindrical）的船体横截面方向风力系数 C_{Xw}，如图 6.47 所示。针对 VLCC 吃水状态的不同，给出了纵截面方向关于风向的风力系数 C_{Yw} 及艏摇方向关于风向的风力系数 C_{XYw}，如图 6.48 和图 6.49 所示。

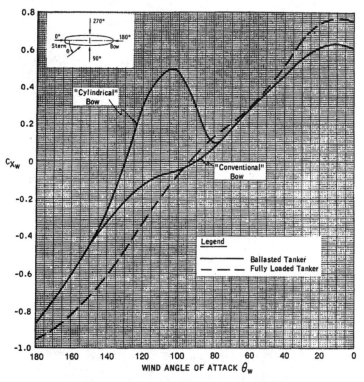

图 6.47　VLCC 横剖面方向风力系数[24]

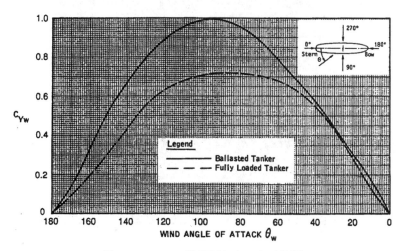

图 6.48　VLCC 纵截面方向风力系数[24]

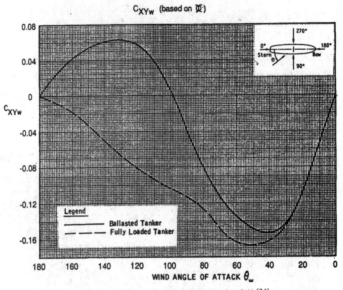

图 6.49　VLCC 艏摇方向风力系数[24]

　　OCIMF 针对 VLCC 船艏形状不同，给出了关于不同流向的、对应球鼻艏船艏（Conventional）和非球鼻艏船艏（Cylindrical）的横截面方向流力系数 C_{Xc}。这里给出水深与吃水比大于 4.4 时的流力系数，如图 6.50 所示。

　　VLCC 满载状态纵截面方向关于流向的流力系数 C_{Yw} 如图 6.51 所示。VLCC 满载状态艏摇方向关于风向的流力系数 C_{XYw} 如图 6.52 所示。

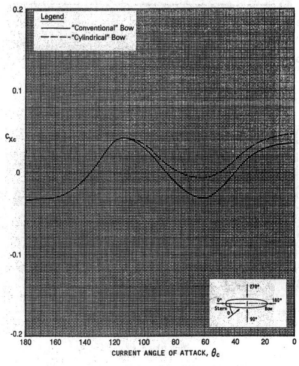

图 6.50　VLCC 横剖面方向流力系数（WD/T>4.4）[24]

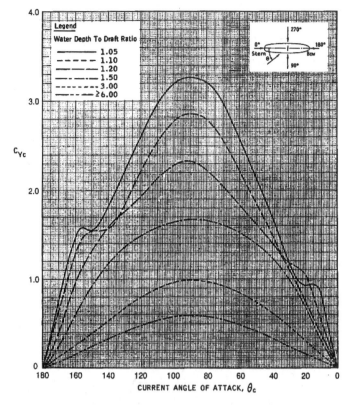

图 6.51 VLCC 满载状态纵截面方向流力系数[24]

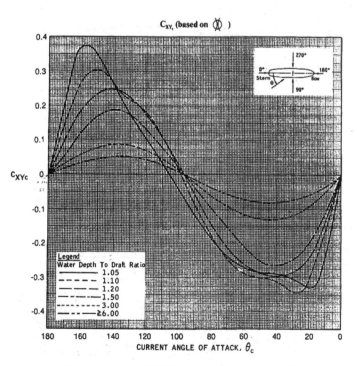

图 6.52 VLCC 满载状态艏摇方向流力系数[24]

根据 OCIMF 提供的数据，提取球鼻艏型 VLCC 满载状态对应的风/流力系数，如图 6.53和图 6.54 所示，用于后续系泊分析使用。

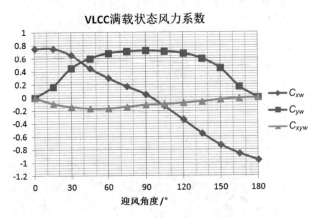

图 6.53　目标 FPSO 风力系数

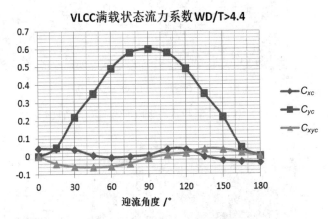

图 6.54　目标 FPSO 流力系数

OCIMF 中对船体坐标系的定义与 AQWA 一致。在 AQWA 中，风/流力系数的定义方式为不关于风速、流速的项，即式（6.2）—式（6.7）中将风速和流速去掉。重新计算适用于 AQWA程序读取的风流力系数如表 6.9 所示。

表 6.9　用于 AQWA 分析的目标 FPSO 风流力系数

风向/流向	C_{XW} N/(m/s)^2	C_{YW} N/(m/s)^2	C_{XYW} N·m/(m/s)^2	C_{XC} N/(m/s)^2	C_{YC} N/(m/s)^2	C_{XYC} N·m/(m/s)^2
0	5.97E+02	0.00E+00	0.00E+00	1.01E+05	0.00E+00	0.00E+00
15	5.97E+02	4.37E+02	-6.14E+04	9.41E+04	1.12E+05	-2.38E+07
30	5.18E+02	1.16E+03	-9.54E+04	8.52E+04	4.93E+05	-3.38E+07
45	3.58E+02	1.54E+03	-1.12E+05	1.34E+04	7.84E+05	-3.56E+07
60	2.39E+02	1.75E+03	-1.12E+05	-1.34E+04	1.10E+06	-3.38E+07
75	1.35E+02	1.83E+03	-9.54E+04	0.00E+00	1.30E+06	-2.38E+07

续表

风向/流向	C_{XW} N/(m/s)^2	C_{YW} N/(m/s)^2	C_{XYW} N·m/(m/s)^2	C_{XC} N/(m/s)^2	C_{YC} N/(m/s)^2	C_{XYC} N·m/(m/s)^2
90	3.98E+01	1.85E+03	-7.50E+04	1.79E+04	1.34E+06	-5.94E+06
105	-1.04E+02	1.83E+03	-6.82E+04	8.96E+04	1.30E+06	4.75E+06
120	-2.71E+02	1.75E+03	-5.45E+04	8.96E+04	1.10E+06	1.07E+07
135	-4.38E+02	1.54E+03	-4.09E+04	0.00E+00	7.84E+05	2.38E+07
150	-5.81E+02	1.16E+03	-2.05E+04	-4.93E+04	4.93E+05	2.26E+07
165	-6.85E+02	4.37E+02	-6.82E+03	-6.72E+04	1.12E+05	1.19E+07
180	-7.64E+02	0.00E+00	0.00E+00	-7.62E+04	0.00E+00	0.00E+00

6.4.2 文件设置与预张力计算

文件设置主要包括：依据型线文件生成计算模型；修改计算模型并添加节点；新建平衡计算文件，用于预张力的计算。

（1）依据型线文件生成计算模型。

打开 AQWA 程序目录，找到 demo 文件夹下的 altest2.lin，此文件为 VLCC 的型线文件。将其拷贝到计算文件夹，并用 AGS Line Plan 打开，如图 6.55 所示。

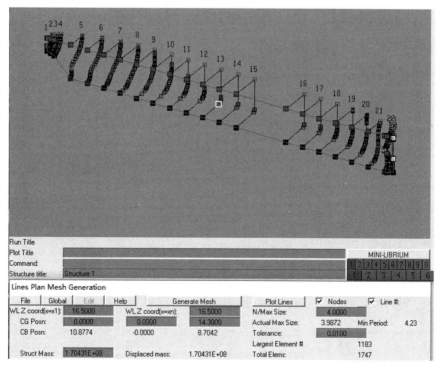

图 6.55　目标 FPSO 型线文件

输入 FPSO 满载吃水、重心位置，设置网格大小，生成计算模型文件，如图 6.56 所示，找到该模型文件并将其重命名为 Full_loaded.bat。

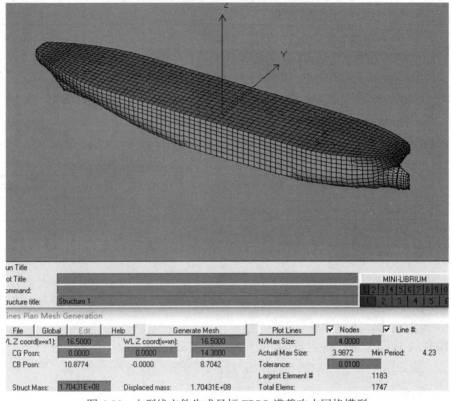

图 6.56　由型线文件生成目标 FPSO 满载吃水网格模型

（2）修改计算模型并添加节点。

打开 Full_loaded.bat 文件，检查重心位置、吃水、重量信息。

```
      01 1828          137.7000     0.0000     28.4597
      END0199999         0.0000     0.0000     14.3000
         02    ELM1
         02SYMX
         02ZLWL         (     16.5000)

      02    FINI
      03    MATE
   END03        1 1.70431E8  0.000000  0.000000
      04    GEOM
      04PMAS       1 4.9254E10  0.000000  0.000000 7.9737E11  0.000000 7.9737E11
   END04
```

修改整体参数以及波浪周期和波浪方向，运行该文件。

```
   05    GLOB
   05DPTH  120
   05DENS 1025
END05ACCG    9.81
   06    FDR1
   06PERD   1    6      30.0      28.0      26.0      24.0      22.0      21.0
   06PERD   7   12      20.0      19.0      18.0      17.5      17.0      16.5
   06PERD  13   18      16.0      15.5      15.0      14.5      14.0      13.5
   06PERD  19   24      13.0      12.5      12.0      11.5      11.0      10.5
   06PERD  25   30      10.0       9.5       9.0       8.5       8.0       7.5
   06PERD  31   36       7.0       6.5       6.0       5.5       5.0       4.5
   06DIRN   1    6       0.0      15.0      30.0      45.0      60.0      75.0
   06DIRN   7   12      90.00    105.00    120.00    135.00    150.00    165.00
END06DIRN  13   13     180.00
```

查看运动固有周期，提取横摇恢复刚度及固有周期附近的附加质量，计算临界阻尼，将 8%的临界阻尼作为横摇阻尼修正添加到模型文件，并再次运行。添加 8%横摇临界阻尼后，FPSO 横浪状态下横摇运动峰值为 4 左右，较为合理。

```
          1. STIFFNESS MATRIX AT THE CENTRE OF GRAVITY
          ---------------------------------------------
       C.O.G       GX=    0.0000  GY=    0.0000  GZ=   -2.2000

       HEAVE( Z) =    1.14698E+08  -4.77864E+02  -9.70417E+07
       ROLL(RX)  =   -4.77864E+02   1.16738E+10   6.66084E+02
       PITCH(RY) =   -9.70417E+07   6.66084E+02   5.15249E+11
```

```
* * * * N A T U R A L   F R E Q U E N C I E S / P E R I O D S   F O R   S T R U C T U R E   1 * * * *
-----------------------------------------------------------------------------------

       N.B. THESE NATURAL FREQUENCIES DO *NOT* INCLUDE STIFFNESS DUE TO MOORING LINES.


   PERIOD    PERIOD                       UNDAMPED  NATURAL  PERIOD(SECONDS)

   NUMBER   (SECONDS)   SURGE(X)   SWAY(Y)   HEAVE(Z)   ROLL(RX)   PITCH(RY)   YAW(RZ)
   ----------------------------------------------------------------------------------

      2      28.00      0.00      0.00      13.29     14.54     12.41     0.00
      3      26.00      0.00      0.00      13.10     14.54     12.42     0.00
      4      24.00      0.00      0.00      12.89     14.55     12.42     0.00
      5      22.00      0.00      0.00      12.65     14.56     12.39     0.00
      6      21.00      0.00      0.00      12.53     14.56     12.36     0.00
      7      20.00      0.00      0.00      12.29     14.57     12.42     0.00
      8      19.00      0.00      0.00      12.16     14.57     12.33     0.00
      9      18.00      0.00      0.00      12.00     14.57     12.25     0.00
     10      17.50      0.00      0.00      11.91     14.57     12.20     0.00
     11      17.00      0.00      0.00      11.82     14.57     12.14     0.00
     12      16.50      0.00      0.00      11.72     14.57     12.08     0.00
     13      16.00      0.00      0.00      11.62     14.57     12.00     0.00
     14      15.50      0.00      0.00      11.51     14.56     11.91     0.00
     15      15.00      0.00      0.00      11.41     14.56     11.82     0.00
     16      14.50      0.00      0.00      11.30     14.55     11.71     0.00
     17      14.00      0.00      0.00      11.21     14.54     11.58     0.00
     18      13.50      0.00      0.00      11.12     14.52     11.45     0.00
     19      13.00      0.00      0.00      11.04     14.51     11.31     0.00
     20      12.50      0.00      0.00      10.95     14.49     11.18     0.00
     21      12.00      0.00      0.00      11.08     14.48     10.85     0.00
     22      11.50      0.00      0.00      11.04     14.46     10.72     0.00
     23      11.00      0.00      0.00      11.02     14.45     10.60     0.00
     24      10.50      0.00      0.00      11.03     14.44     10.50     0.00
     25      10.00      0.00      0.00      11.05     14.43     10.43     0.00
     26       9.50      0.00      0.00      11.07     14.41     10.38     0.00
     27       9.00      0.00      0.00      11.11     14.39     10.34     0.00
     28       8.50      0.00      0.00      11.16     14.37     10.29     0.00
```

```
    07    WFS1
    07FIDD                                        4.32E9
 END07
    08    NONE
```

复制 Full_loaded.bat 并重命名为 Full_load_1.bat，打开文件，添加定义系泊系统所需要的节点信息。

内转塔单点 FPSO 立管通过内转塔向上与船体链接，因而在系泊分析中需要针对内转塔位置进行平面位移（Offset）的校核。现在，船体的建模原点在船舯，也就是重心所在位置，为了便于考虑，**可以将船体整体向后移动，将船体原点放置在内转塔水面位置，以方便后续 Offset 的计算校核**，如图 6.57 所示。

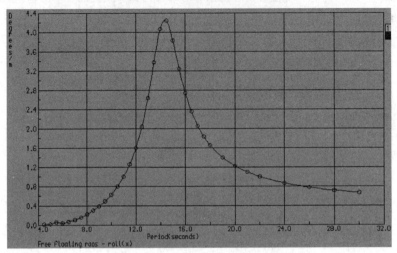

图 6.57　经阻尼修正后的 FPSO 横摇运动 RAO

系泊缆上端悬挂点位于船艏垂线后 18m，距离重心 117.65m，由于后续会将船体模型原点移动到该位置，故该点坐标可以设置为（x=0,y=0,z=0）。系泊缆上端悬挂点与锚点水平距离为877m，预张力为 300kN，悬挂点与锚点坐标如表 6.10 所示。

表 6.10　系泊缆悬挂点及锚点坐标

系泊缆序号	布缆角度（全局坐标系）	悬挂点（相对与船体原点）				锚点（全局坐标系）			
		编号	X/m	Y/m	Z/m	编号	X/m	Y/m	Z/m
1	-5	8001	0	0	0	8011	873.7	-76.4	-120
2	0	8002	0	0	0	8012	877.0	0.0	-120
3	5	8003	0	0	0	8013	873.7	76.4	-120
4	115	8004	0	0	0	8014	-370.6	794.8	-120
5	120	8005	0	0	0	8015	-438.5	759.5	-120
6	125	8006	0	0	0	8016	-503.0	718.4	-120
7	235	8007	0	0	0	8017	-503.0	-718.4	-120
8	240	8008	0	0	0	8018	-438.5	-759.5	-120
9	245	8009	0	0	0	8019	-370.6	-794.8	-120

另外，在时域计算中会针对 FPSO 添加艏摇拖曳力系数（Yaw Drag Rate），需要使用船艏船艉各吃水位置一个节点。为了简便，在此定义两个点，对应船艏吃水线位置和船艉吃水线位置。

在 AQWA 中移动模型的时候，构成模型各个单元的对应节点是一并移动的，但其他节点信息不受影响，因而在这里添加的节点都应该是相对于船体原点移动后的坐标位置。

对 Full_load1.bat 添加以下节点信息：

● 8001～8009 为系泊缆悬挂位置，即原点位置；
● 8011～8019 为对应系泊缆锚点位置，与悬挂点位置水平距离 877m；
● 9100 为船体原点移动后的位置，即内转塔与水线相交的位置；

- 9001 为船艏水线点；
- 9002 为船艉水线点。

```
JOB MESH  LINE
TITLE                 MESH FROM LINES PLANS/SCALING
OPTIONS REST GOON END
RESTART   1 3
    01    COOR
    01NOD5
*悬挂点
    01 8001              0        0        0
    01 8002              0        0        0
    01 8003              0        0        0
    01 8004              0        0        0
    01 8005              0        0        0
    01 8006              0        0        0
    01 8007              0        0        0
    01 8008              0        0        0
    01 8009              0        0        0
*锚点
    01 8011          873.7    -76.4     -120
    01 8012          877.0      0.0     -120
    01 8013          873.7     76.4     -120
    01 8014         -370.6    794.8     -120
    01 8015         -438.5    759.5     -120
    01 8016         -503.0    718.4     -120
    01 8017         -503.0   -718.4     -120
    01 8018         -438.5   -759.5     -120
    01 8019         -370.6   -794.8     -120
*移动至
    01 9100         117.65      0.0      0.0
*船艏水线位置
    01 9001         18.350      0.0     16.5
*船艉水线位置
    01 9002        -252.65      0.0     16.5
```

在 Category2 最后一行添加 MSTR 行，将船体模型原点移动到 9100 节点位置，即模型原点由重心移动到单点位于水线的位置，如图 6.58 所示。

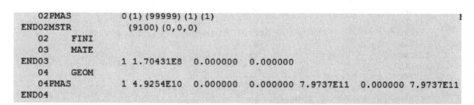

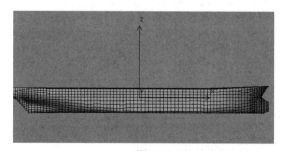 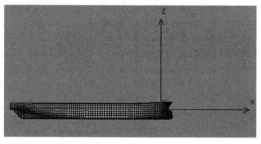

图 6.58　船体坐标原点由重心水面移动到船艏单点位置

修改 Category6，引用 Full_loaded.bat 计算的水动力数据。因为此时我们只添加了若干个节点并平移了模型，没有对计算模型进行修改，因而不需要重新进行水动力计算，引用之前的计算结果可以节省屡次重复计算水动力耗费的时间。

```
06      FDR1
06FILE              Full_loaded.HYD
06CSTR    1
END06CPDB
```

（3）新建平衡计算文件。

新建用于计算系泊缆预张力的静平衡计算文件 eqp.bat。在 Category12 中输入限制位移条件，将 FPSO 五个自由度锁住，释放纵荡自由度，计算满载吃水对应条件下的系泊缆预张力。

```
JOB TANK  LIBR
TITLE                   SPM mooring
OPTIONS REST END
RESTART   4   5     Full_loaded1
    09    NONE
    10    NONE
    11    NONE
    12    CONS
    12DACF    1   2
    12DACF    1   3
    12DACF    1   4
    12DACF    1   5
END12DACF    1   6
    13    SPEC
    13SPDN            0
END13JONH         0.300    2.0000      1.7     0.010    1.2566
```

在 Category14 中输入缆绳参数，系泊缆由四段组成，第一段为锚附近的钢链，随后是趟底段钢缆，悬挂段为加了配重链的钢链，顶端与 FPSO 连接段为钢缆。

```
    14    MOOR
    14COMP  20   30          4      100      110
    14ECAT                        407.3   0.05197   1.19E9   1.740E7      51
    14ECAH                         1.00              2.4
    14ECAT                         93.7   0.01852   1.78E9   1.780E7     501
    14ECAH                         1.00              1.2
    14ECAT                       1221.9   0.15592   1.19E9   1.740E7     101
    14ECAH                         1.00              2.4
    14ECAT                         93.7   0.01852   1.78E9   1.780E7     251
    14ECAH                         1.00              1.2
    14NLIN   1   8001   0   8011
    14NLIN   1   8002   0   8012
    14NLIN   1   8003   0   8013
    14NLIN   1   8004   0   8014
    14NLIN   1   8005   0   8015
    14NLIN   1   8006   0   8016
    14NLIN   1   8007   0   8017
    14NLIN   1   8008   0   8018
END14NLIN   1   8009   0   8019
    15    STRT
END15POS1         -117.65   0.000   -2.200   0.000    0.000    0.000
    16    LMTS
END16MXNI    1000
    18    NONE
    19    NONE
    20    NONE
```

运行 eqp.bat 文件，计算完毕后打开 lis 文件，查看缆绳预张力。9 根缆绳的预张力为 294kN 至 296kN，与目标值 300kN 较为接近。

```
****M O O R I N G   F O R C E S   A N D   S T I F F N E S S   F O R   S T R U C T U R E   1****

      SPECTRAL GROUP NUMBER 1    MOORING COMBINATION 1   (NUMBER OF LINES= 9)     NOTE - STRUCTURE 0 IS FIXED

LINE TYPE LENGTH LENGTH- NODE TENSION  FORCE X  POSN X  AT   NODE TENSION   FORCE X  POSN X              STIFFNESS
               RANGE      VERT ANGLE      Y      Y   STRUC      VERT ANGLE     Y       Y      X           Y         Z
                                          Z      Z           LAID IN          Z       Z
-------------------------------------------------------------------------------------------------------------------------
 1  COMP  904.00 -20.93 8001 2.94E+05  2.17E+05 117.65  0   8011 2.18E+05 -2.17E+05 991.30  2.04E+04 -1.76E+03 -8.72E+0
                   42.3 -1.90E+04  0.00          0.00 1.90E+04  -76.40 -1.76E+03  4.02E+02  7.62E+0
                        -1.98E+05 -16.50         651.62 0.00E+00 -120.00 -8.71E+03  7.62E+02  4.87E+0

 2  COMP  904.00 -20.86 8002 2.96E+05  2.19E+05 117.65  0   8012 2.19E+05 -2.19E+05 994.70  2.11E+04  0.00E+00 -8.99E+0
                   42.3  0.00E+00  0.00          0.00 0.00E+00   76.40  0.00E+00  2.50E+02  0.00E+0
                        -1.99E+05 -16.50         651.57 0.00E+00 -120.00 -8.96E+03  0.00E+00  4.97E+0

 3  COMP  904.00 -20.93 8003 2.94E+05  2.17E+05 117.65  0   8013 2.18E+05 -2.17E+05 991.30  2.04E+04  1.76E+03 -8.72E+0
                   42.3  1.90E+04  0.00          0.00 1.90E+04   76.40  1.76E+03  4.02E+02 -7.62E+0
                        -1.98E+05 -16.50         651.62 0.00E+00 -120.00 -8.71E+03 -7.62E+02  4.87E+0

 4  COMP  904.00 -20.94 8004 2.94E+05 -9.19E+04 117.65  0   8014 2.17E+05  9.19E+04 -253.00  3.87E+03 -7.76E+03  3.69E+0
                   42.4  1.97E+05  0.00          0.00 -1.97E+05 794.80 -7.76E+03  1.69E+04 -7.91E+0
                        -1.98E+05 -16.50         651.63 0.00E+00 -120.00  3.69E+03 -7.91E+03  4.86E+0

 5  COMP  904.00 -20.89 8005 2.95E+05 -1.09E+05 117.65  0   8015 2.18E+05  1.09E+05 -320.90  5.40E+03 -8.92E+03  4.44E+0
                   42.3  1.89E+05  0.00          0.00 -1.89E+05 759.50 -8.92E+03  1.57E+04  7.69E+0
                        -1.99E+05 -16.50         651.59 0.00E+00 -120.00  4.43E+03 -7.68E+03  4.93E+0

 6  COMP  904.00 -20.90 8006 2.95E+05 -1.25E+05 117.65  0   8016 2.18E+05  1.25E+05 -385.40  7.01E+03 -9.66E+03  5.09E+0
                   42.3  1.79E+05  0.00          0.00 -1.79E+05 718.40 -9.66E+03  1.40E+04 -7.26E+0
                        -1.99E+05 -16.50         651.60 0.00E+00 -120.00  5.08E+03 -7.25E+03  4.92E+0

 7  COMP  904.00 -20.90 8007 2.95E+05 -1.25E+05 117.65  0   8017 2.18E+05  1.25E+05 -385.40  7.01E+03  9.66E+03  5.09E+0
                   42.3 -1.79E+05  0.00          0.00 1.79E+05 -718.40  9.66E+03  1.40E+04  7.26E+0
                        -1.99E+05 -16.50         651.60 0.00E+00 -120.00  5.08E+03  7.25E+03  4.92E+0

 8  COMP  904.00 -20.89 8008 2.95E+05 -1.09E+05 117.65  0   8018 2.18E+05  1.09E+05 -320.90  5.40E+03  8.92E+03  4.44E+0
                   42.3 -1.89E+05  0.00          0.00 1.89E+05 -759.50  8.92E+03  1.57E+04  7.69E+0
                        -1.99E+05 -16.50         651.59 0.00E+00 -120.00  4.43E+03  7.68E+03  4.93E+0

 9  COMP  904.00 -20.94 8009 2.94E+05 -9.19E+04 117.65  0   8019 2.17E+05  9.19E+04 -253.00  3.87E+03  7.76E+03  3.69E+0
                   42.4 -1.97E+05  0.00          0.00 1.97E+05 -794.80  7.76E+03  1.69E+04  7.91E+0
                        -1.98E+05 -16.50         651.63 0.00E+00 -120.00  3.69E+03  7.91E+03  4.86E+0
```

6.4.3　系泊系统整体刚度

对于分组多根系泊系统，一般存在两个典型方向（图6.59）：

- Inlines 方向：此时系泊系统主要由一组系泊缆提供恢复力，此时系泊刚度最大，相应位移最小。
- Betweenlines 方向：此时系泊系统主要由两组系泊缆提供恢复力，此时系泊刚度最小，平面位移最大。

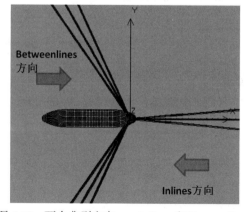

图 6.59　两个典型方向——Inlines 和 Betweenlines

拷贝 eqp.bat 文件，分别命名为 eqp+x.bat 和 eqp-x.bat。修改两个文件 Category12，释放纵荡运动。

```
JOB TANK  LIBR
TITLE                          SPM mooring
OPTIONS REST END
RESTART   4  5      Full_loaded1
      09     NONE
      10     NONE
      11     NONE
      12     CONS
      12DACF  1   2
      12DACF  1   3
      12DACF  1   4
      12DACF  1   5
   END12DACF  1   6
```

打开 eqp+x.bat 文件，修改 Category15，取其初始位移为重心前方 70m 的位置，即-47.65（-117.65+70），对应 Betweenlines 方向。此时整体刚度较小，位移较大，因而可以将起始位置设得大一点。

```
   15    STRT
END15POS1           -47.65   0.000   -2.200   0.000   0.000   0.000
```

打开 eqp-x.bat 文件，修改 Category15，取其初始位移为重心后方 40m 的位置，即-157.65（-117.65-40），对应 Inlines 方向。此时整体刚度较大，位移较小，需要将起始位置设得小一些。

```
   15    STRT
END15POS1          -157.65   0.000   -2.200   0.000   0.000   0.000
```

分别运行两个文件，计算完毕后打开 AGS，查看船体位移与系泊系统恢复力之间的关系。打开 AGS→Graphs，选择 eqp+x.plt，选择 position of cog in x direction，选择 mooring force in x direction，单击 Confirm Selection 按钮。

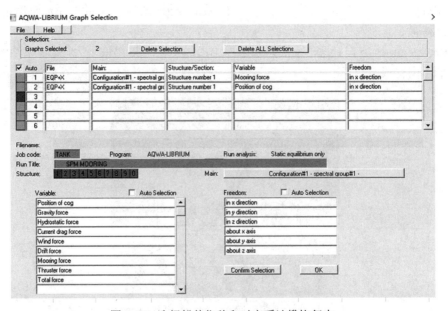

图 6.60　选择船体位移和对应系泊缆恢复力

选中两个图片，单击 Hardcopy→ASC II Table（*.PTA）命令，如图 6.61 所示，将位移与恢复力曲线输出成文本格式。

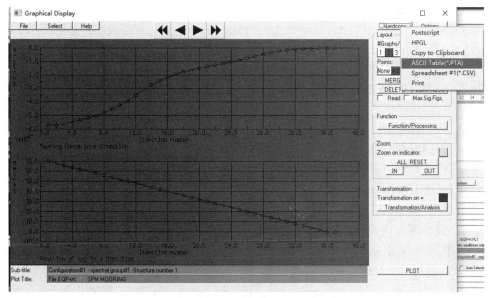

图 6.61　输出船体位移和对应系泊缆恢复力

同样地，输出 eqp-x.bat 计算的位移与系泊系统恢复力数据。打开对应文本文件进行处理，目标 FPSO 的系泊系统在两个典型方向的恢复力曲线如图 6.62 所示。

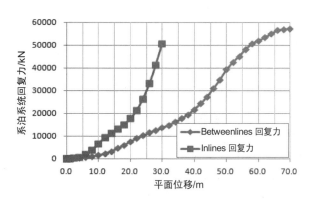

图 6.62　目标 FPSO 系泊系统典型方向恢复力曲线

6.4.4　扫掠分析与工况设置

内转塔 FPSO 在风、浪、流的共同作用下绕着单点旋转，始终保持船头朝向环境载荷合力最下的方向，即"风向标效应"（Weather Vane）。由于 FPSO 的最终朝向是风、浪、流三种载荷合力最小的方向，在研究 FPSO 位移和系泊缆张力时就需要考虑多种环境条件方向的组合，即针对系泊定位的单点 FPSO 进行多种风、浪、流方向组合条件下的系泊分析，这也就是我们一般所说的"扫掠分析"（Screen Analysis）。通过对极端条件下确定的/假定的风、浪、流环境方向组合作用下，FPSO 平面位移（Offset）和系泊系统的张力响应进行分析，从而得到较为准确的 FPSO 平面位移结果和系泊缆张力结果。

关于风、浪、流的方向组合，最好根据环境条件数据确定，但一般情况下，环境条件数据很难给出三者的对应关系，所以更多时候或者说在设计的初始阶段，需要依靠假定方向组合来进行扫掠分析。

关于风、浪、流三个环境条件方向的组合，有些船级社规范给出了建议：

（1）ABS 规范对环境条件方向组合建议。

ABS Floating Production Installations（FPI）[40]对风浪流方向角度组合有如下建议：当缺乏环境条件方向关系数据时，除了考虑风浪流方向共线外，可以考虑两种风浪流非共线组合：

1）风、流与波浪方向均相差 30°；

2）风与波浪方向相差 30°，流与波浪方向相差 90°。

（2）DNV-GL 规范对环境条件方向组合建议。

DNV-GL OS E301 Position Mooring[31]对风浪流方向角度组合有如下建议：当缺乏环境条件方向关系数据时，有如下建议：

1）风、浪、流方向共线，计算的方向绕着 FPSO 旋转，步长为 15°；

2）风与波浪方向相差 30°，流与波浪方向相差 45°，三者从 FPSO 的同一侧向 FPSO 传播。

（3）BV 规范对于环境条件方向组合建议。

BV NR493 Classfication of mooring systems for permanent offshore units[33]对环境方向组合给出的建议比较多，这里仅以热带风暴影响海区为例，说明规范相关要求。

对于热带风暴影响海域（如美国墨西哥湾、东南亚、西北澳大利亚等地），热带风暴影响大、方向变化迅速，应慎重考虑环境方向组合。规范对不同条件极值下风浪流夹角给出了建议：

1）对于波浪主导环境条件，风与波浪夹角为-45°～+45°，流与波浪夹角为-30°～+30°；

2）对于风主导环境条件，风与波浪夹角为-45°～+45°，流与波浪夹角为-30°～+30°；

3）对于流主导环境条件，风与波浪夹角为-45°～+45°，流与波浪夹角为-120°～-60°；

4）处于波浪主导和流主导的环境条件之间的情况，可以考虑流与波浪夹角为-60°～-30°；

5）当考虑环境条件不共线时，可以考虑对非共线条件进行折减，折减规则如表 6.11 所示。

表 6.11　热带风暴海区风浪组合与折减系数[33]

环境组合	波浪	风	流
波浪主导	1.0	$0.9q_v{}^*$	0.5
风主导	$0.9q_v$	1.0	0.5
流主导	$0.7q_v$	$0.6q_v$	1.0

*当风浪夹角小于或等于 30°时，$q_v=1$；当风浪夹角大于 30°、小于或等于 45°时，$q_v=2-|V\text{-}H|/30$，V 为风方向，H 为波浪方向，$|V\text{-}H|$ 为风浪夹角绝对值。

整体而言，ABS、DNV-GL 对环境条件方向的建议较为简单。BV 的建议略微复杂，除了考虑方向组合范围较大以外，还需要考虑相应的折减系数。

对于本节例子，出于简便考虑，可以将 ABS 与 DNV-GL 的相关建议组合[38]：

（1）当风浪流同向时，计算角度（波浪、风、流）为 120°、135°、150°、165°、180°。

（2）当风浪流不同向时，计算角度（波浪、风、流）为（a,a+30°,a+90°），a 分别为 120°、

135°、150°、165°、180°。

　　因为例子中 FPSO 的系泊系统实际上是关于 X 轴对称的，因而 120°～180°、步长 15°的波浪方向就可以完整地覆盖计算要求。对于各个波浪方向考虑风浪夹角 30°，流浪夹角 90°，三者均从 FPSO 同一侧向 FPSO 传播。

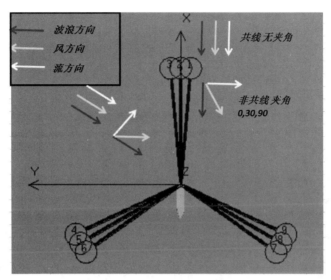

图 6.63　环境条件方向组合

作为示例，本节仅对波浪主导条件下的三个环境方向组合进行计算：

（1）波浪 180°，风 180°，流 180°，对应 Inlines 方向。

（2）波浪 120°，风 120°，流 120°，对应 Betweenlines 方向。

（3）波浪 180°，风 210°，流 270°，对应 180°波浪的非共线方向。

6.4.5　文件设置

　　新建计算工况文件夹 180_180_180，将 eqp.bat 文件拷贝至该文件夹，重命名为 ab180_180_180.bat，将波浪主导环境条件输入到该文件。

● Category10 加一行 DDEP，FPSO 满载吃水 16.5m，这里假设以-8m 水深流速计算流力。

● Category11 定义剖面流，底层流速 1.0m/s，中层流速 1.8m/s，表层流速 2.2m/s。

● Category13 定义波浪条件，有义波高 12m，谱峰周期 15s，Gamma 为 2.6。

● 流向、风向、波向均为 180°。

定义完毕后运行该文件。

```
END10DDEP              -8
    11     ENVR
    11CPRF    -120      1.0       180
    11CPRF     -60      1.8       180
END11CPRF       0       2.2       180
    12     NONE
    13     SPEC
    13NPDW
    13WIND            41.6       180        10
    13SPDN             180
END13JONH          0.300    2.0000      2.6       12.0    0.41888
```

新建 ad180_180_180_1.bat 用于时域计算，拷贝 ab180_180_180.bat 文件内容至该文件。修改 JOB，在 OPTIONS 中加入 RDEP，"RESTART 4 5"后加入 ab180_180_180，即引用 ab180_180_180.bat 计算的静平衡位置作为计算起始位置。OPTIONS 中加入 NOCP，不考虑流速对波浪耦合影响。

```
JOB TANK  DRIF  WFRQ
TITLE                          SPM mooring
OPTIONS REST RDEP NOCP END
RESTART   4   5           ab180_180_180
      09     DRM1
 END09YRDP 9001 9002          5812
```

Category13 中加入 SEED 行，定义波浪种子为 123456789。

```
END10DDEP                  -8
   11    ENVR
   11CPRF      -120      1.0        180
   11CPRF       -60      1.8        180
END11CPRF         0      2.2        180
   12    NONE
   13    SPEC
   13SEED 123456789
   13NPDW
   13WIND              41.6        180        10
   13SPDN               180
END13JONH            0.300     2.0000       2.6      12.0   0.41888
```

Category14 修改 NLIN 为 NLID，表示考虑缆绳动态响应，在 NLID 之前加入"NCEL 100"，表示每根系泊缆用 100 个单元进行动态计算。在每段系泊缆对应的 ECAT 行中定义等效直径。如不定义，程序将引用 ECAT 中定义的截面积来计算等效直径，其计算公式为$(4A/\pi)^{1/2}$。

```
   14    MOOR
   14COMP   20    30         4       100       110
   14ECAT                          407.3   0.05197  1.19E9  1.740E7       51
   14ECAH                           1.00             2.4    0.142
   14ECAT                           93.7   0.01852   1.78E9  1.780E7      501
   14ECAH                           1.00             1.2    0.134
   14ECAT                         1221.9   0.15592   1.19E9  1.740E7      101
   14ECAH                           1.00             2.4    0.426
   14ECAT                           93.7   0.01852   1.78E9  1.780E7      251
   14ECAH                           1.00             1.2    0.134
   14NCEL   100
   14NLID   1   8001    0   8011
   14NLID   1   8002    0   8012
   14NLID   1   8003    0   8013
   14NLID   1   8004    0   8014
   14NLID   1   8005    0   8015
   14NLID   1   8006    0   8016
   14NLID   1   8007    0   8017
   14NLID   1   8008    0   8018
END14NLID   1   8009    0   8019
   15    NONE
   16    TINT
END16TIME   54000   0.2
   17    NONE
   18    PROP
   18NODE   1 8001
   18PPRV 1
   18PREV99999
END18PTEN    1
```

拷贝 ad180_180_180_1.bat，建立另外 4 个文件，这 4 个文件的波浪种子数不同。

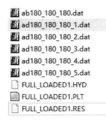

至此，风、浪、流均为 180°的工况定义完毕，按照同样的步骤定义另外两个工况，分别为 4.120_120_120 文件夹和 5.180_210_270 文件夹。

由于工况较多，可以考虑建立批处理文件进行批量运行。在上一级目录建立 runaqwa.bat 批处理文件和名称为 stdtests.com 的 AQWA 命令行执行文件。

```
1.Full
1.Hydrody
2.mooring stiffness
3.180_180_180
4.120_120_120
5.180_210_270
Altest2.lin
input.xlsx
runaqwa.bat
stdtests.com
```

在 Runaqwa.bat 中输入以下内容，输入正确的 AQWA 对应的安装路径：

```
rem "C:\Program Files\ANSYS Inc\v162\AQWA\bin\winx64\aqwa" std
"C:\Program Files\ANSYS Inc\v162\AQWA\bin\winx64\aqwa" std
```

以文本文件打开 stdtests.com，输入以下内容：

```
REM --------------------------
REM 6.4 FPSO SPM Mooring Example
REM --------------------------
REM --------------------------
REM  wave=180 wind=180 current=180
REM --------------------------
RUNDIR C:\6.4FPSO_SPM_Mooring_Example\3.180_180_180
RUN ab180_180_180
RUN ad180_180_180_1
RUN ad180_180_180_2
RUN ad180_180_180_3
RUN ad180_180_180_4
RUN ad180_180_180_5
REM   Run FINISH!
REM --------------------------
REM  wave=120 wind=120 current=120
REM --------------------------
RUNDIR C:\6.4FPSO_SPM_Mooring_Example\4.120_120_120
RUN ab120_120_120
RUN ad120_120_120_1
RUN ad120_120_120_2
RUN ad120_120_120_3
RUN ad120_120_120_4
RUN ad120_120_120_5
REM   Run FINISH!
REM --------------------------
REM  wave=180 wind=210 current=270
REM --------------------------
RUNDIR C:\6.4FPSO_SPM_Mooring_Example\5.180_210_270
RUN ab180_210_270
RUN ad180_210_270_1
RUN ad180_210_270_2
RUN ad180_210_270_3
RUN ad180_210_270_4
RUN ad180_210_270_5
REM   Run FINISH!
END ALL RUNS COMPLETE
```

REM 表示显示信息，RUNDIR 表示运行目录（RUNDIR 对应的目录名称必须连续、不能有特殊字符、不能使用中文目录），RUN 表示运行计算文件。编辑完成后双击 ruaaqwa.bat，进行三个工况 18 个计算文件的批量自动计算。

6.4.6　计算结果处理与分析

计算完毕后可对各个计算结果进行整理。对于 180°共线的工况，只需提取 8001 点的 X 方向运动即可得到 FPSO 单点位置的平面位移，但另外两个工况就稍微复杂一点。由于另外两个工况 FPSO 发生了旋转，8001 点对应位置产生了变化，此时的平面位移应为 8001 点 X 方向位移和 Y 方向位移在 FPSO 朝向角度对应方向相对于原坐标原点位置的相对位移，即统计每一时刻下的 Offset $= \sqrt{X^2 + Y^2}$，从中找出最大值。

可以将 8001 点的 X、Y 运动时域曲线通过 Hardcopy 输出来进一步处理，也可以通过 AGS 强大的后处理功能进行进一步数据处理。

打开 AGS→Graphs，打开 5.180_210_270 文件夹任意时域计算曲线结果文件，选择 8001 点对应的 X、Y 方向位移曲线。

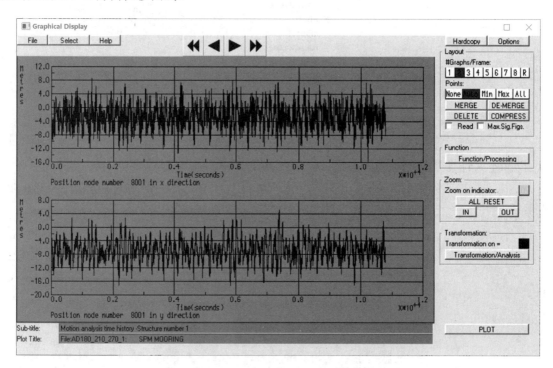

单击 X 运动曲线，选择右下侧的 Transformation/Analysis→Algebraic/Combination→Square 命令，对 8001 点 X 运动曲线求平方。

单击 Y 运动曲线，选择右下侧的 Transformation/Analysis→Algebraic/Combination→Square 命令，对 8001 点 Y 运动曲线求平方。

选中已经求完平方的两条运动曲线，选择右下侧的 Transformation/Analysis→Algebraic/Combination→Sum 命令，求平方和。求完的结果显示在图中。

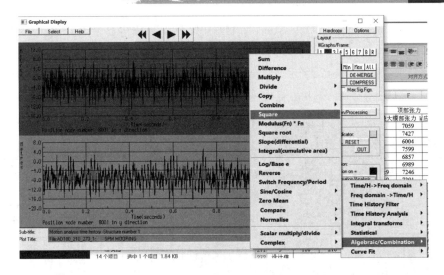

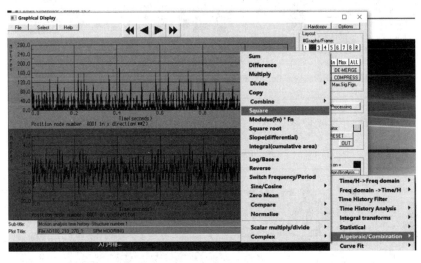

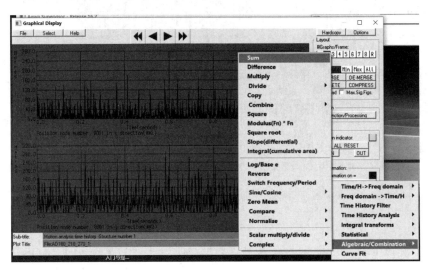

单击运动平方和曲线，选择右下侧的 Transformation/Analysis→Algebraic/Combination→ Square root，求 8001 点的位移曲线。

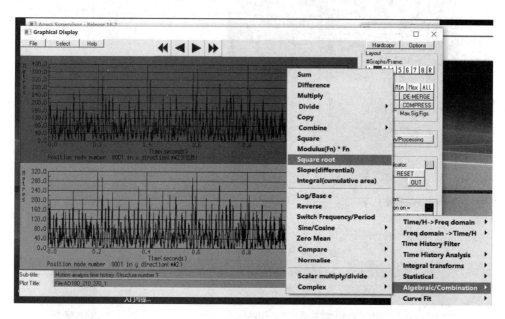

勾选 Read 复选框，读取位移曲线的统计结果，可以发现当前 8001 点的平面位移最大值为 19.04m。

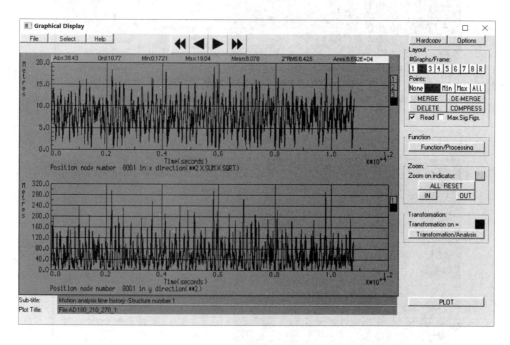

当计算工况较少时，可以通过 AGS 处理数据。但当计算工况较多时，AGS 的数据操作就显得复杂烦琐，此时可以通过 AQWA 自带的 AQL 与 Excel VBA 联合编写专门后处理程序，

或者通过其他编程软件进行后处理编程，直接读取二进制计算结果文件。

对三个工况的计算结果进行整理，结果如表 6.12 所示。仅就这三个工况而言，FPSO 最大位移 31.1m；最大张力 8961kN 对应安全系数 1.84，大于 1.67；船体在非共线环境条件作用下产生了比较明显的艏摇运动，艏摇幅值为 12.5°。

表 6.12　三个工况计算结果汇总

Run	百年一遇波浪主导			系泊缆顶部张力			平面位移		艏摇运动	
	波方向/°	风方向/°	流方向/°	受力最大缆	顶部张力/kN	安全系数	均值/m	最大值/m	艏朝向/°	艏摇运动幅值/°
1	180	180	180	2	7059	2.52	7.1	20.2	0.0	0.0
2	180	180	180	2	7427	2.40	7.1	22.7	0.0	0.0
3	180	180	180	2	6004	2.96	7.1	18.3	0.0	0.0
4	180	180	180	2	7599	2.34	7.1	19.2	0.0	0.0
5	180	180	180	2	6857	2.60	7.1	20.4	0.0	0.0
平均值				2	6989	2.55	7.1	20.1	0.0	0.0
1	120	120	120	1&9	7246	2.46	11.1	32.9	-60.0	0.0
2	120	120	120	1&9	7391	2.41	11.0	32.0	-60.0	0.0
3	120	120	120	1&9	7972	2.23	10.9	30.1	-60.0	0.0
4	120	120	120	1&9	7388	2.41	11.0	30.5	-60.0	0.0
5	120	120	120	1&9	7223	2.46	11.1	30.0	-60.0	0.0
平均值				1&9	7444	2.39	11.0	31.1	-60.0	0.0
1	180	210	270	5	8739	2.04	8.1	19.0	55.3	15.9
2	180	210	270	5	8336	2.14	8.0	19.2	55.4	12.7
3	180	210	270	5	8430	2.11	8.0	21.7	55.3	11.1
4	180	210	270	5	9615	1.85	8.0	19.2	55.1	12.4
5	180	210	270	5	9686	1.84	8.1	19.8	55.1	10.6
平均值				5	8961	1.99	8.0	19.8	55.2	12.5

当然，单从这三个工况的结果不能完全评估系泊系统和 FPSO 位移的真实情况，想要得到这些设计结果，需要进行完整的扫掠计算。

需要说明的是，本节案例在时域计算中并没有考虑船体的阻尼影响，忽略了立管影响及系泊缆悬挂点所在锚链盘的直径影响。

内转塔 FPSO 的系泊设计和分析较为复杂，各个设计公司对于内转塔单点 FPSO 的系泊分析方法、参照规范、参数的理解等方面都不尽相同，相关工作的开展需要一定工程经验的支撑。

本节案例从整体上介绍了用 AQWA 进行内转塔单点分析的流程，并用三个工况演示了工况设置和工况建立，相关内容仅供参考。

命令查询索引

Category	Category Name	JOB Name	对应页码
0	JOB	\	

Category	Category Name	OPTION Name	对应页码
0	OPTIONS	\	

Category	Category Name	Deck Name	对应页码
1	COOR	\	
2	ELM*	OPPL/TPPL	
		PMAS	
		TUBE	
		STUB	
		DISC	
		SYMX/SYMY	
		HYDI	
		RMXS/RMYS	
		MSTR	
		FIXD	
		VLID	
		ILID	
		ZLWL	
		SEAG	
3	MATE	\	
4	GEOM	\	
5	GLOB	\	
6	FDR*	\	
7	WFS*	FREQ/PERD/HRTZ	
		WAMS/WDMP	
		WDGA/WDGD	
		DIRN	

		TDIF/RDIF/TFKV/RFKV/TRAO/RRAO	
		AAMS/ADMP	
		FIAM/FIDP	
		FIDA/FIDD	
		ZCGE	
		BFEQ	
		GMXX/GMYY	
		ASTF	
		LSTF	
		SSTR	
8	DRC*	\	
9	DRM*	DGAM/DGDP	
		FIDA/FIDD	
		FIAM/FIDP	
		LFAD	
		YRDP	
10	HLD*	CUFX/CUFY/CURZ/CURX/CURY	
		WIFX/WIFY/WIRZ/WIRX/WIRY	
		MDIN	
		THRS	
		NLRD/BOFF/BASE	
		DDEP	
		DPOS	
11	ENVR	CURR/WIND	
		CPRF	
12	CONS	DACF	
		DCON	
		KCON/CCON/FCON	
13	SPEC/WAVE	OCIN/APIR/NPDW/ISOW/UDWD/WIND	
		SPDN	
		SEED	
		PSMZ	
		GAUS	

		JONH	
		IHWT	
		WAMP	
		PERD	
		AIRY	
		WDRM/WVDN	
14	MOOR	LINE/WNCH/FORCE	
		POLY	
		COMP/ECAT	
		ECAX	
		BUOY/CLMP	
		NLIN	
		NLID	
		ECAH	
		ECAB	
		NCEL	
		LBRK	
		DWT0	
		LNDW	
		DWAL	
		PULY	
		FEND	
		FLIN	
15	STRT	POS*	
		VEL*	
		SLP*	
		SLV*	
16	TINT/LMTS/GMCH	TIME	
		HOTS	
		MXNI	
		MMVE	
		MERR	
		STRP	

		SCAL	
		MASS	
		INER	
		NCOG	
		REEP	
17	HYDC	SC1/	
		DRAM/ADMM	
		SLMM	
18	PROP	NODE	
		ALLM	
		PREV	
		PRNT/NOPR	
		PTEN	
		ZRON	
		ZRWS	
		PPRV	
		GREV	
		PRMD	
		PMST	
21	ENLD	ISEL/LSEL	
		RISR	

后　记

本书自 2015 年 12 月写下第一个字到完稿用了将近两年时间。在提笔开始编纂本书的时候，国际油价刚从历史高位跌落，当时虽然对海洋工程行业的前景产生过忧虑，但整体上还是对市场复苏持乐观态度。当本书完稿的时候我才发现，国际油价处于低位似乎是一个长期过程，正如 20 世纪 80 年代和 90 年代所经历的那样。

当我们回顾上一个低油价时期海洋工程行业发展历程，可以发现在这个时期：TLP 概念逐渐得到认可并成为可信赖的干树开发平台；Spar 概念投产，成为了另一种优秀的干树开发平台；水下生产系统迎来了发展，回接距离、可靠性等指标日益提高；浮托法安装技术开始成为海上导管架组块安装的重要方法……过往历史似乎在告诉我们，低油价时期正是技术革新最剧烈、技术发展最蓬勃的时期。

虽然随着时代的发展，石油在能源消耗中的比例在下降，非常规油气的崛起给高投入、高风险的海洋石油行业带来了持续的压力，这一切似乎与上一个低油价时期不同。也有更多的信息表明：石油从战略物资变成了普通大宗商品，成本成为了石油行业，尤其是海洋油气行业发展的巨大瓶颈。看着国内船厂码头泡着的 80 多座钻井平台，不禁要问：海洋油气、海洋工程还有希望么？

从过往的历史和现在的发展趋势来看，浮式开发方案、浮式安装方案乃至基于浮式平台的一体化开发，是降低海上油气田开发成本的重要途径。不同于传统的固定式平台顽强的抵抗环境载荷的作用，浮式平台与生俱来就是顺应环境条件的柔性系统，与环境相伴相生、和谐共存是浮式平台最大的优势。联系到近年来近岸油气资源逐渐枯竭，重大海上发现以深水居多的现状，毫不夸张地说，海洋工程未来的发展很大程度上依赖于浮式平台、浮式开发方案的发展和创新。从这个角度上看，本书似乎又有了更深层的意义。

作为国内为数不多或者说是目前仅有的介绍浮体分析软件的书籍，立足于"用"和"怎么用"是编纂本书的原始初衷。希望本书能够帮助读者较快掌握 AQWA 软件的使用方法，并在全局上对浮体分析有直观的认识，也算是为我国的海洋工程浮体专业发展尽一点绵薄之力。

在此感谢董璐女士在本书编写过程中提供的专业技术和生活上的支持与帮助；感谢黄晶先生在本书编写和出版过程中的大力支持；感谢中国水利水电出版社万水分社的杨元泓女士在本书出版过程中给予的帮助。

编　者

2017 年 7 月 13 日夜

参考资料

[1]   A.P. McCabe.An Appraisal of a Range of Fluid Modeling Software, 2004.10.

[2]   ANSYS Help 16.2, AQWA User Manual [EB/OL], ANSYS, 2016.

[3]   WAMIT Inc.WAMIT User Manual [EB/OL], Version6.4.

[4]   Bentley Systems.MOSES User Manual [EB/OL], Version 7.06.

[5]   BV.Hydrostar User Manual [EB/OL],Version

[6]   BV Ariane User Manual [EB/OL],Version7.01.

[7]   BV.Ariane User Manual [EB/OL],Version8.

[8]   HydroD User Manual [EB/OL],Version4.5-08.

[9]   DeepC User Manual [EB/OL],Version4.5-05.

[10]   Orcina Ltd.Orcaflex User Manual [EB/OL],Version10.0b.

[11]   （挪）O.M.Faltinson 著. 船舶与海洋工程环境载荷. 杨建民，肖龙飞译[M]. 上海：上海交通大学出版社，2007.

[12]   Barltrop N D P.Floating Strcture:A Guild for Design and Analysis[M].Oilfield Publications Limited,1998.

[13]   中华人民共和国国家标准 GBT 31519-2015 台风型风力发电机组[S].2016.2.1

[14]   McMilian.J.D. A Global Atlas of GEO-3 Significant Waveheight Data and Comparison of the Data withNational Buoy Data[R].NASA ContractorReport no.156882,1981.

[15]   DNV-RP-C205.Environmental Conditions and Environmental Loads[S].2014,4.

[16]   API RP 2SK.Recommended Practice for Design and Analysis of Stationkeeping for Floating Structures[S].2005, 10.

[17]   J.M.J. Journée and W.W. Massie, OFFSHORE HYDROMECHANICS（First Edition) [M].Delft University of Technology, 2001,6.

[18]   Torsethaugen K and Haver S, Simplified double peak spectral model for ocean waves[C], Paper No. 2004-JSC-193,ISOPE 2004 Touson, France

[19]   （法）Bernard Molin 著. 海洋工程水动力学. 刘永庚译[M]. 北京：国防工业出版社，2012.

[20]   罗勇. 浮式结构定位系统设计与分析[M]. 哈尔滨：哈尔滨工程大学出版社，2015.

[21]   唐友刚. 高等结构动力学[M]. 天津：天津大学出版社，2002.

[22]   盛振邦，刘应中. 船舶原理[M]. 上海：上海交通大学出版社，2003.

[23]   高巍，张继春，朱为全. 南海浅深水经典 TLP 平台整体运动性能分析[J]. 船舶工程，2017.6.

[24]   Wei Gao,Weiquan Zhu,Lu dong,Xiaolliang Qi.A Study of Spar-FPSO VIM Phenomenon and Its Influence[C].The International Society of Offshore and Polar Engineers.Rhodes,2016,6.

[25]   Oil Companies International Marine Forum(OCIMF).Prediction of Wind and Current Loads on VLCCs,2nd edition [S].1994.

[26] Nuno Fonseca, João Pessoa, Carlos Guedes Soares. CALCULATION OF SECOND ORDER DRIFT FORCES ON A FLNG ACCOUNTING FOR DIFFERENCE FREQUENCY COMPONENTS[A]. Proceedings of the ASME 27th International Conference on Offshore Mechanics and Arctic Engineering[C]. Estoril, Portugal,OMAE2008-57942.

[27] João Pessoa, Nuno Fonseca, C. Guedes Soares. EXPERIMENTAL AND NUMERICAL STUDY OF THE DEPTH EFFECT ON THE FIRST ORDER AND SLOWLY VARYING MOTIONS OF A FLOATING BODY IN BICHROMATIC WAVES[A]. Proceedings of the ASME 29th International Conference on Offshore Mechanics and Arctic Engineering[C]. Shanghai, China,OMAE2010-21188.

[28] 苏志勇,陈刚,杨建民,李欣.深海浮式结构物锚泊阻尼参数研究[J] .海洋工程.2009.27.5: 21-28.

[29] Wichers.J.E.W. Asimulation Model for A Single Point Moores Tanker[R]. MaritimeResearch InstituteNetherlands. Wageningen, The Netherlands. Bublication No.797. 1988.

[30] Subrata K.Chakrabarti. Handbook of Offshore Engineering [M]. Offshore StructureAnalysis, Inc.Plainfield,Illinois, USA.Elsevier, 2005.

[31] DNVGL-OS-E301.Position Mooring[S].2015, 7.

[32] ABS Guidance Notes on The Application of Fiber Rope for Offshore Mooring[S].2011.8.

[33] BV Rule Note NR493 DT R02 E.Classification of Mooring Systems for Permanent Offshore Units[S].2012,4.

[34] Prediction of Wind and Current Loads on VLCCs [EB/OL].2nd Edition.Oil Companies International Mariane Forum, 1994.

[35] ANSYS Help 16.0, .AQWA AGS User Manual [EB/OL], ANSYS, 2016.

[36] Wichers J E W, 1979. Slowly oscillating mooring forces in single point mooring systems. BOSS79 (Second International Conference on Behaviour of Offshore Structures).

[37] Wichers J E W.A Simulation Model for A Single Point Moored Tanker [D]. Delft University of Technology, Wageningen, The Netherlands,1988.

[38] 朱为全，李达，高巍，董璐等. 浅水恶劣环境下单点系泊系统设计[J]. 中国海洋平台，2016,31(2).

[39] Goo, J. and Yoshida, K. Hydrodynamic interaction between multiple three-dimensional bodies of arbitrary shapei nwaves, Journal of the Society of Naval Architects of Japan, 165(1989) 193-202.

[40] ABS Floating Production Installations, 2010.

[41] 高巍，董璐等. 南海某 FPSO STP 单点系泊系统再评估[J]. 船舶工程，2017.7.